Photoshop CC

实战精通 228 例

麓山文化 高其胜 等编著

机械工业出版社

本书共 17 章，可分为两大部分。第 1~6 章为基础知识部分，从 Photoshop CC 的基本操作入手，逐渐深入到选择工具、绘图和润饰工具、蒙版、路径、形状、通道与滤镜等核心功能，使读者快速熟悉并掌握 Photoshop 的基本功能和操作，为后面深入学习打下基础；第 7~17 章为综合案例部分，分别介绍了 Photoshop 在照片处理、文字特效、创意影像合成、标志设计、卡片设计、广告设计、海报设计、装帧设计、包装设计、UI 与网页设计、产品造型等平面设计领域的实战技法。本书将实际应用与软件知识点讲解相结合，使读者在案例操作中轻松掌握 Photoshop CC 的使用方法、设计理念和创意技巧，以提高平面设计水平。

本书附赠 1 张 DVD 光盘，内容丰富，包含了书中 228 个实例、长达 1200 分钟的高清语音视频教学，以及所有实例的素材文件和最终效果分层文件，读者可以书盘结合，轻松学习。此外，还特别赠送了大量的笔刷、照片处理动作、形状、纹理、样式等实用资源。

本书适合 Photoshop 初级用户和从事平面广告设计、网页设计、包装设计、插画设计、照片后期处理的人员学习使用，同时也可以作为高等学校美术相关专业和平面设计培训班的教材或学习辅导书。

图书在版编目（CIP）数据

Photoshop CC 实战精通 228 例/高其胜等编著. —2 版. —北京：
机械工业出版社，2018.3
　　ISBN 978-7-111-45927-9

　Ⅰ. ①P… 　Ⅱ. ①高… 　Ⅲ. ①图像处理软件 　Ⅳ. ①TP391.41
中国版本图书馆 CIP 数据核字 (2014) 第 031860 号

机械工业出版社（北京市百万庄大街 22 号　邮政编码 100037）
责任编辑：曲彩云
印　　刷：北京兰星球彩色印刷有限公司
2018 年 3 月第 2 版第 2 次印刷
184mm×260mm・28 印张・691 千字
4001－5000 册
标准书号：ISBN 978-7-111-45927-9
　　　　　　ISBN 978-7-89405-245-2 　（光盘）
定价：88.00 元（含 1 DVD）
凡购本书，如有缺页、倒页、脱页，由本社发行部调换
销售服务热线电话（010）68326294
　购书热线电话（010）88379639　88379641　88379643
　编辑热线电话（010）68327259
　　封面无防伪标均为盗版

前 言

PREFACE

关于本书

近年来，平面广告设计已经成为热门职业之一。在各类平面设计和制作中，Photoshop 是使用最为广泛的软件，因此很多人都想通过学习 Photoshop 来进入平面设计领域，成为一位令人羡慕的平面设计师。

然而在当今日益激烈的平面设计行业，要想成为一名合格的平面设计师，仅仅具备熟练的软件操作技能是远远不够的，还必须具有新颖独特的设计理论和创意思维、丰富的行业知识和经验。

为了引导平面设计的初学者能够快速胜任本职工作，本书摒弃传统的教学思路和理论教条，从实际的商业平面设计案例出发，详细讲述了 Photoshop 的各项功能以及在各类平面设计的中具体应用。每一个案例与知识点应用的结合，使读者在案例练习中轻松掌握 Photoshop CS5 使用方法、设计理念和创意技巧，以提高平面设计水平。

本书特点

本书完全按照读者希望尽快熟练并掌握应用 Photoshop 软件的要求而写。从实战出发，以案例教学，通过 228 个商业案例的制作过程，使每个工具和命令直观生动的展现在读者面前，让软件知识和实际运用有机地结合起来，读者在学习软件的同时，还能快速提高设计水平，以达到事半功倍的效果。

学习建议

本书讲解的平面设计案例，全部来源于实际商业项目，饱含一流的创意和智慧。初学者要提高自己的平面设计水平，首先要学会欣赏好的作品，培养自己的美感，学会临摹，能够借鉴他人的为己用，然后就是多做练习，这样才能深入了解每个 Photoshop 功能的内在含义。

视频教学

本书光盘附赠了长达了 672 分钟的语音多媒体视频教学，详细讲解了全书 164 个高难度实例的制作过程，手把手式的课堂讲解，即使没有任何软件使用基础的初学者，也可以轻松地制作出本书中的案例效果，学习兴趣和效率可以得到最大程度的提高。

版权声明

本书内容所涉及的公司及个人名称、作品创意、图片和商标素材等，版权仍为原公司或个人所有，这里仅为教学和说明之用，绝无侵权之意，特此声明。

后续服务

本书由麓山文化 高其胜主要编写，参加编写的还有：陈志民、陈运炳、申玉秀、李红萍、李红艺、李红术、陈云香、陈文香、陈军云、彭斌全、林小群、刘清平、钟睦、刘里锋、朱海涛、何晓瑜、廖博、喻文明、易盛、陈晶、张绍华、黄柯、何凯、黄华、陈文轶、杨少波、杨芳、刘有良、刘珊、赵祖欣、齐慧明、胡莹君、包晓颖、黄立、向利平、杜为、邓斌等。

由于作者水平有限，书中错误、疏漏之处在所难免。在感谢您选择本书的同时，也希望您能够把对本书的意见和建议告诉我们。

售后服务 E-mail:lushanbook@gmail.com

麓山文化

目 录

CONTENTS

第 3 章　绘画和修复工具的运用

第 4 章　图层和蒙版的运用

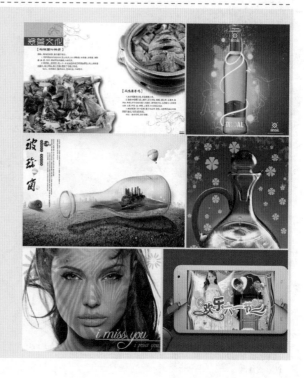

第 5 章　路径和形状的应用

第 6 章　通道与滤镜的运用

第 7 章　数码照片处理

第8章　文字特效

第9章　创意影像合成

第 10 章　标志设计

第 11 章　卡片设计

第 12 章　广告设计

第 13 章　海报设计

第 14 章　装帧设计

第 15 章　包装设计

第 16 章　UI 与网页设计

第 17 章　产品造型设计

第1章
Photoshop CC 快速入门

实例欣赏

Photoshop Creative Cloud 是 Adobe 公司最新推出的图像编辑软件，简称 Photoshop CC，以取代 CS 版本。与之前 CS 版本的最大区别是：CC 版软件将使用一种新的"云端"工作方式，CC 软件取消了传统的购买单个序列号的授权方式，改为在线订阅制。用户可以按月或按年付费订阅，可以订阅单个软件也可以订阅全套产品。CC 在 CS 版本的基本上丰富了许多的功能，同时也增加了许多很实用的功能，是每个从事平面设计、网页设计、影像合成、多媒体制作等专业人士必不可少的工具。

001 快速起步——Photoshop CC 工作界面

Photoshop CC 工作界面主要由菜单栏、工具选项栏、工具箱、图像窗口、浮动控制面板和状态栏六个部分组成，各个部分有各自不同的作用。

难易程度：★★

文件路径：素材\第 1 章\001

视频文件：mp4\第 1 章\001

01 启动 Photoshop CC，执行"文件"｜"打开"命令，或按快捷键 Ctrl+O，弹出"打开"对话框。在该对话框中选择需要打开的图片，单击"打开"按钮，即可打开指定的文件。

02 Photoshop CC 的工作界面中包含菜单栏、图像窗口、工具箱、工具选项栏、面板以及状态栏等组件。如图 1-1 所示。

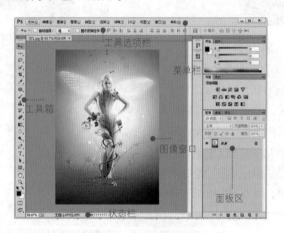

图 1-1

● 菜单栏：菜单栏中可以执行各种命令。利用菜单命令可完成对图像的编辑、调整色彩和添加滤镜效果等操作。

● 工具选项栏：工具选项栏是工具箱中各个工具的功能扩展。通过在工具选项栏中设置不同的选项，可以快速完成多样化的操作。

● 工具箱：工具箱包含各种操作的工具，是 Photoshop 处理图像的"兵器库"，利用不同的工具可以完成对图像的选择、绘制、移动、编辑等操作。

● 面板区：控制面板是 Photoshop 的主要组成部分。通过不同的功能面板，可以完成图像中填充颜色、调整色阶、添加样式等操作。

● 图像窗口：图像窗口是显示和编辑图像的区域。

● 状态栏：状态栏可以提供当前文件的显示比例、文档大小、当前工具、测量比例等信息。

03 为了让设计师更方便地关注设计本身，Photoshop CC 默认采用全黑色工作界面，用户也可以根据需要调节界面颜色。执行"编辑"｜"首选项"｜"界面"命令，打开"首选项"对话框，可在对话框中设置界面颜色，如图 1-2 所示。

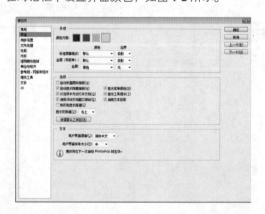

图 1-2

002　文件管理——新建、打开、关闭与储存图像文件

新建、打开、关闭与储存图像文件是 Photoshop CC 软件中最基本最简单的操作，熟练掌握这些操作可以为后面的深入学习打下基础。

📕 难易程度：★★

🖐 文件路径：素材\第 1 章\002

🎬 视频文件：mp4\第 1 章\002

01 启动 Photoshop CC,执行"文件"|"新建"命令，或按快捷键 Ctrl+N，打开"新建"对话框，效果如图 1-3 所示。

图 1-3

02 在对话框中输入文件名，设置文件的名称、尺寸、分辨率、颜色模式和背景内容等选项，单击"确定"按钮，即可创建一个空白文件，如图 1-4 所示，这就是在 Photoshop CC 中如何新建文件的操作方法。

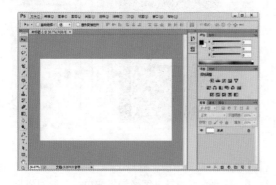

图 1-4

03 启动 Photoshop CC，执行"文件"|"打开"命令，或按快捷键 Ctrl+O，弹出"打开"对话框，如图 1-5 所示。

图 1-5

04 在对话框中选择所需要的文件，单击"打开"按钮，或双击文件即可将其打开，如图 1-6 所示。

图 1-6

05 执行"文件"|"打开"命令，打开"背景"素材，图 1-7 所示。

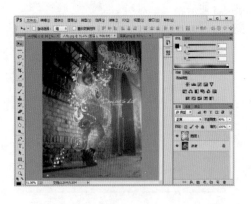

图 1-7

06 选择"背景"素材文件，选择"移动工具"
，按 Shift 键将"背景"素材移动到"人物"素
材图形窗口中，并调整大小和位置，设图层不透明
度为 40%，如图 1-8 所示。

图 1-8

07 执行"文件"|"存储为"命令，弹出"存储
为"对话框，如图 1-9 所示。

图 1-9

08 在"存储为"对话框中设置格式为 PSD，单
击"保存"按钮，即可保存文件。

09 执行"文件"|"关闭"命令，或按快捷键
Ctrl+W，或单击文档窗口右上角的关闭按钮 ✕，即
可关闭当前文件。

10 执行"文件"|"关闭全部"命令，或按快捷
键 Alt+Ctrl+W，即可关闭当前打开的所有文件。

11 执行"文件"|"退出"命令，或单击程序窗
口右上角的关闭按钮 ✕，即可关闭文件并退出
Photoshop CC。

003 控制图像显示——放大与缩小工具

　　缩放工具又称放大镜工具，可以对图像进行
放大或缩小，以方便编辑文件时查看。在放大或
缩小图像显示时，不会影响和改变图像的打印尺
寸、像素数量和分辨率。

📦 难易程度：★★

📷 文件路径：素材\第 1 章\003

🎬 视频文件：mp4\第 1 章\003

01 执行"文件"|"打开"命令，打开附带光盘
的素材，效果如图 1-10 所示。

02 选择工具箱中的"缩放工具" 🔍，或按快捷
键 Z，移动光标指针至图像编辑窗口中，此时光标
指针呈放大镜形状。

图 1-10

技巧：按 Ctrl+ + ，即可放大图像，按 Ctrl+ − ，即可缩小图像。

03 将光标移动到需要放大的位置，单击鼠标左键，即可放大图像文件的显示区域，如图 1-11 所示。

图 1-11

技巧：按 Ctrl+空格键，切换到放大工具，单击鼠标即可放大图像，按 Alt+空格键，切换到缩小工具，单击鼠标即可缩小图像。

04 按住 Alt 键（光标显示为缩小 🔍 形状）并单击鼠标，则可缩小图像的显示比例，如图 1-12 所示。

图 1-12

技巧：执行"编辑"|"首选项"|"常规"命令，或按快捷键 Ctrl+K，打开"首选项"对话框，如图 1-13 所示。在对话框中勾选 "用滑轮缩放"复选框，单击"确定"按钮，即可用鼠标滑轮缩放图像。

图 1-13

004 移动图像显示区域——抓手工具

　　当图像超出图像窗口显示范围时，Photoshop CC 可以使用抓手工具来移动图像显示区域，以改变图像在窗口中的显示位置。

📕 难易程度：★★

📁 文件路径：素材\第 1 章\004

🎬 视频文件：mp4\第 1 章\004

01 执行"文件"|"打开"命令，打开一张图像素材，选择"缩放工具" 🔍，放大图像，效果如图 1-14 所示。

图 1-14

02 选择工具箱中"抓手工具" 🖐，或按快捷键 H，移动光标指针至素材图像处，当光标呈现手形

形状 🖐 时，单击鼠标左键并拖曳，即可移动图像窗口的显示区域，如图 1-15 所示。

图 1-15

技巧： 在使用其他工具时，按住空格键，当光标呈现手形形状 🖐 时，单击鼠标左键并拖曳，即可移动图像窗口的显示区域。

005 调整图像——设置图像分辨率（新功能）

　　Photoshoop CC 调整图像大小的功能有了新的改进，"图像大小"对话框新增了"保留细节"选项，可在放大图像时提供更好的锐度，降低噪点，使图像实现最低的失真度。

📖 难易程度：★★★

🎞 文件路径：素材\第 1 章\005

🎬 视频文件：mp4\第 1 章\005

01 启动 Photoshop CC，执行"文件"|"打开"命令，打开"素材"文件，效果如图 1-16 所示。

图 1-16

02 执行"图像"|"图像大小"命令，弹出"图像大小"对话框，在对话框中将原有的分辨率 72 改为 200，并设置其他的参数，如图 1-17 所示。

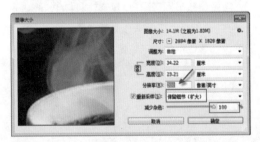

图 1-17

提示：重新采样下拉列表提供了一系列有关图像的选项，选择不同的选项，图像的效果都会有所不同，这是 Photoshop CC 版本中一个增强功能，有助于处理较小的图像文件。

03 设置完成后，单击"确定"按钮，即可改变图像的分辨率，如图 1-18 所示。

图 1-18

提示：像素和分辨率是两个密不可分的重要概念，它们的组合方式决定了图像的数据量，在打印时，高分辨率的图像要比低分辨率的图像包含更多的像素，因此，像素点越小，像素的密度就越高，所以可重现更多细节和更细微的颜色过渡效果。

虽然分辨率越高，图像的质量越好，但这也会增加其占用的存储空间，只有根据图像的用途设置合适的分辨率才能取得最佳的使用效果，如果图像用于屏幕显示或者网络，可以将分辨率设置 72 像素/英寸，这样可减小文件的大小，提高传输和下载速度，如果图像用于喷墨打印机打印，可以将分辨率设置为 100 至 150 像素/英寸，如果用于印刷，则应该设置为 300 像素/英寸。

006　调整画布——设置画布大小

在 PhotoshopCC 中，可以对图像的画布大小进行重新调整。画布大小将影响到照片的输出尺寸和文件大小。

难易程度：★★

文件路径：素材\第 1 章\006

视频文件：mp4\第 1 章\006

01 启动 Photoshop CC，执行"文件"|"打开"命令，打开"素材"文件，效果如图 1-19 所示。

02 执行"图像"|"画布大小"命令，弹出"画布大小"对话框，在对话框中勾选"相对"复选框，设置宽度和高度为 30 像素，如图 1-20 所示。

提示：勾选"相对"复选框，"宽度"和"高度"选项中的数值将代表实际增加或减少的区域的大小，而不再代表整个文档的大小，此时输入正值表示增加画布，输入负值则减少画布。

图 1-19

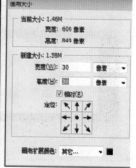

图 1-20

03 单击"画布扩展颜色"色块，在弹出的拾色器中，选择需要的颜色，如图 1-21 所示。

04 设置完成后，单击"确定"按钮，即可在画布的四边各添加 30 像素，如图 1-22 所示。

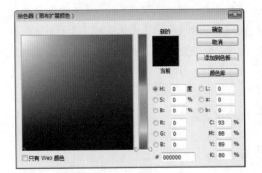

图 1-21

图 1-22

007 管理屏幕——控制屏幕显示

在处理图像的过程中，用户可以选择关闭一些像控制面板、工具栏等工作界面元素，以腾出更多的图像操作空间，满足图像编辑的需要，这就是屏幕的显示控制。

📔 难易程度：★★

🖼 文件路径：素材\第 1 章\007

🎬 视频文件：mp4\第 1 章\007

01 启动 Photoshop CC，执行"文件"|"打开"命令，打开一张素材，此时的屏幕显示为标准屏幕模式，效果如图 1-23 所示。

02 执行"视图"|"屏幕模式"|"带有菜单栏的全屏模式"命令，在该模式下 Photoshop CC 的图像窗口标题栏和状态栏被隐藏起来，如图 1-24 所示。

图 1-24

图 1-23

03 单击工具箱中的"显示模式"按钮 回，在弹出的快捷菜单中选择"全屏模式"选项，弹出信息提示框，如图 1-25 所示。

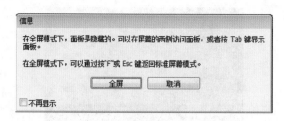

图 1-25

图 1-26

04 单击"全屏"按钮，屏幕切换至全屏模式，如图 1-26 所示。在该模式下 Photoshop CC 隐藏所有窗口的内容，以获得图像的最大显示，并且空白区域将呈黑色显示。

> **技 巧**：按快捷键 F，即可快速在三种屏幕模式之间切换。按下快捷键 Shift + Tab，可显示隐藏面板；按下 Tab 键，可显示隐藏除图像窗口之外的所有组件。

008 变换图像——缩放与旋转

缩放与旋转图像是编辑图像时最基本的操作，而图像的缩放操作包括任意缩放和等比例缩放操作。

📘 难易程度：★★

📂 文件路径：素材\第 1 章\008

🎬 视频文件：mp4\第 1 章\008

01 启动 Photoshop CC，执行"文件"|"打开"命令，打开"余晖"和"汽车"素材，如图 1-27 所示。

02 选择"汽车"素材图像窗口，选择工具箱中的"魔棒工具" 🪄，在背景处单击创建选区，按快捷键 Ctrl+Shift+I，反选选区，按快捷键 Ctrl+J 复制选区内容，如图 1-28 所示。

图 1-27

图 1-28

03 选择"移动工具" ⊹，移动光标至图像编辑窗口中确定要移动的图像上，此光标的指针呈 ⊹，

将"汽车"拖曳至"余晖"图像编辑窗口中，如图 1-29 所示。

图 1-29

04 执行"编辑"|"变换"|"缩放"命令，或按快捷键 Ctrl+T，进入自由变换状态，将光标移至变换控制框右上方的控制柄上，当光标指针呈双向箭头 ⤢ 形状时，按住 Shift 键的同时，单击鼠标左键

并向内拖曳至合适的大小，缩放图像，如图 1-30 所示。

图 1-30

图 1-31

05 执行"编辑"|"变换"|"水平翻转"命令，或单击鼠标右键，在弹出的快捷菜单选择"水平翻转"选项，然后双击鼠标左键，确认缩放、翻转操作，将"汽车"图像水平翻转，如图 1-31 所示。

06 选择工具箱中的"移动工具" ，移动"汽车"至合适的位置，如图 1-32 所示。

图 1-32

009 裁剪图像——裁剪工具

使用裁剪工具可以进行非破坏性裁剪（隐藏被裁掉的区域），因此用户可以精确控制裁剪范围，灵活、快速地进行裁剪操作。

难易程度：★★

文件路径：素材\第 1 章\009

视频文件：mp4\第 1 章\009

01 执行"文件"|"打开"|命令，打开随书附带光盘的"果汁果乐"素材，如图 1-33 所示。

02 选择"裁剪工具" ，可以在工具选项栏中设置相关的参数，将光标放在裁剪框的边界上，单击并向内拖动鼠标可以调整裁剪框的大小，如图 1-34 所示。

03 拖动裁剪框上的控制点也可以缩放裁剪框，按住 Shift 键拖动，可进行等比缩放；将光标放在裁剪框外，单击并拖动鼠标，可以旋转裁剪框。

图 1-33

图 1-34

04 裁剪框的位置确定完毕后，如图 1-35 所示。单击工具选项栏中的"提交当前裁剪操作"按钮 ✓ 或按回车键、双击鼠标左键，即可裁剪图像，最终效果如图 1-36 所示。

技巧：裁剪工具不仅可用于裁剪图像，也可用于增加画布区域。首先改变图像窗口的大小，以显示出灰色的窗口区域，然后拖动裁剪范围框，使其超出当前图像区域，最后按回车键便可得到增加画布区域的结果。

图 1-35　　　　　图 1-36

010　裁剪功能——透视裁剪工具

　　Photoshop CC 的透视裁剪工具也可以矫正图像的透视错误，即对倾斜的图片进行矫正，使画面的构图更加完美。

难易程度：★★★

文件路径：素材\第 1 章\010

视频文件：mp4\第 1 章\010

01 执行"文件"|"打开"|命令，打开随书附带光盘的"外景"素材，如图 1-37 所示，可以看到门墙倾斜，这是透视畸变的明显特征。选择"透视裁剪工具" 🔲，在画面中单击并拖动鼠标，创建矩形裁剪框，如图 1-38 所示。

让顶部的两个角与墙上面的线格保持平行；左下角和右下角的控制点同前面一样拖动，让底部两个角与地面上的线格保持平行，如图 1-39 所示。

03 单击工具选项栏中的"提交当前裁剪操作"按钮 ✓ 或按回车键裁剪图像，即可校正透视畸变，最终效果如图 1-40 所示。

图 1-37　　　　　图 1-38

02 将光标放在裁剪框左上角的控制点上，按住鼠标左键向右侧拖动；右上角的控制点向左侧拖动，

图 1-39　　　　　图 1-40

011 操控角度——标尺工具

标尺工具虽然不能用来编辑图像，但却可以非常精准地测量图像，从而方便图像的修正。

📘 难易程度：★★★

📁 文件路径：素材\第 1 章\011

🎬 视频文件：mp4\第 1 章\011

01 执行"文件"|"打开"命令，打开随书附带光盘的"高楼"素材，如图 1-41 所示。

02 可以看到素材中的建筑物倾斜，这是透视错误的明显特征。选择工具箱的"标尺工具" 📏 ，在图像上需要改变的起点处，按住鼠标左键并向终点处拖动，到达终点后松开鼠标左键，如图 1-42 所示。

图 1-43   图 1-44

05 按回车键确认操作，得到最终效果如图 1-45 所示。

图 1-41   图 1-42

03 单击工具选项栏中的"拉直图层"按钮，即可改变图像方向，如图 1-43 所示。

04 再选择"裁剪工具" 🔲 ，绘制裁剪框，如图 1-44 所示。

📚 **提示**：选择"裁剪工具" 🔲 ，单击工具选项栏中的"拉直"按钮 📐 ，也可进行图像的透视调整。

图 1-45

012　控制图像方向——翻转图像

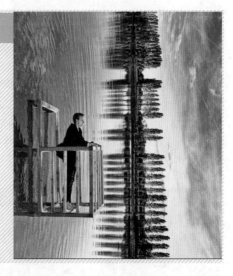

根据编辑需要，Photoshop CC 可对图像进行任意角度的旋转。如果操作的是照片，一般可使用水平翻转和垂直翻转，以快速调整照片方向。

📖 难易程度：★★

🖼 文件路径：素材\第 1 章\012

🎬 视频文件：mp4\第 1 章\012

01 启动 Photoshop CC，并打开一张"风景"素材图片，效果如图 1-46 所示。

图 1-46

02 执行"图像"|"图像旋转"|"90 度（顺时针）"命令，翻转图像，或按快捷键 Ctrl+T，进入自由变换状态，单击鼠标右键，弹出快捷菜单选择"旋转 90 度（顺时针）"选项，得到最终效果如图 1-47 所示。

图 1-47

013　变换图形——旋转

旋转图像是编辑图像最基本的操作，用户可以用鼠标拖动的方式任意旋转，或设定某个角度数值，以精确旋转图像。

📖 难易程度：★★

🖼 文件路径：素材\第 1 章\013

🎬 视频文件：mp4\第 1 章\013

01 启动 Photoshop CC, 执行 "文件" | "打开" 命令, 在 "打开" 对话框中选择 "沙滩" 素材, 单击 "打开" 按钮, 选择 "移动工具", 将素材添加至文件中, 放置在合适的位置, 效果如图 1-48 所示。

02 选择 "矩形工具", 选择工具选项栏中的 "形状", 设填充色为白色, 在图像窗口中按住鼠标并拖动, 绘制矩形, 如图 1-49 所示。

图 1-48   图 1-49

03 按快捷键 Ctrl+T, 进入自由变换状态, 单击鼠标右键, 在弹出的快捷菜单中选择 "旋转" 选项, 此时, 光标呈状态, 旋转对象, 如图 1-50 所示。

04 按回车键, 确认变换操作, 如图 1-51 所示。

图 1-50   图 1-51

> **技巧:** 旋转中心为图像旋转的固定点, 若要改变旋转中心, 可在旋转前将中心点拖移到新位置。按 Alt 键拖动可以快速移动旋转中心。

05 单击图层面板中的 "添加图层样式" 按钮, 在弹出的快捷菜单中选择 "内阴影" 选项, 弹出 "图层样式" 对话框, 设置参数如图 1-52 所示.

06 单击 "确定" 按钮, 退出 "图层样式" 对话框, 为图层添加 "内阴影" 图层样式, 得到效果如图 1-53 所示。

07 按快捷键 Ctrl+O, 弹出 "打开" 对话框, 选择 "人物" 素材, 单击 "打开" 按钮, 选择 "移动工具", 将素材添加至文件中, 如图 1-54 所示。

图 1-52   图 1-53

08 按快捷键 Ctrl+T, 进入自由变换状态, 把光标放置四个顶点的任意一处, 使光标呈状态; 调整人物素材的旋转度, 调至合适的位置, 如图 1-55 所示。

图 1-54   图 1-55

09 运用同样的操作方式, 制作其他图像效果, 如图 1-56 所示。

图 1-56

10 添加文字素材, 完善画面, 得到最终的效果, 如图 1-57 所示。

图 1-57

014　工具管理——应用辅助工具

辅助工具是图像处理必不可少的"好帮手"。例如，使用标尺辅助工具可以进行测量，利用网格工具可处理需对称布局的图像。

难易程度：★★

文件路径：素材\第 1 章\014

视频文件：mp4\第 1 章\014

01 启动 Photoshop CC，打开素材文件，效果如图 1-58 所示。

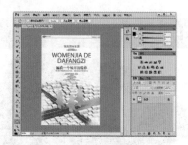

图 1-58

02 执行"视图"|"标尺"命令，在窗口中显示标尺，效果如图 1-59 所示。

图 1-59

> **提示**：双击标尺交界处的左上角，可以将标尺原点重新设置于默认处。执行"视图"|"标尺"命令或按快捷键 Ctrl+R，在图像窗口左侧及上方即显示出垂直和水平标尺。再次按下快捷键 Ctrl+R，标尺则自动隐藏。

03 执行"视图"|"新建参考线"命令，弹出"新建参考线"对话框，在"位置"中输入 11 厘米，如图 1-60 所示。

04 单击"确定"按钮，可为图像添加一条指定位置的垂直参考线，如图 1-61 所示。

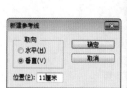

图 1-60　　　　　　　　图 1-61

05 执行"视图"|"显示"|"网格"命令，可在视图中显示网格，如图 1-62 所示。

图 1-62

06 执行"编辑"｜"首选项"｜"参考线、网格和切片"命令，弹出"首选项"对话框，设置"参考线"选项区中的"颜色"为红色（#fb0202）、"网格"选项区的"颜色"为蓝色如图 1-63 所示。

07 单击"确定"按钮，即可改变参考线和网格的颜色，效果如图 1-64 所示。

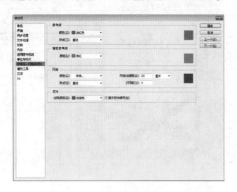

图 1-63

图 1-64

015 管理图像颜色——转换颜色模式

颜色模式决定显示和打印电子图像的色彩模型。在实际工作中，熟悉各种颜色模式的特点和应用领域，掌握不同颜色模式之间的转换是非常重要的。

📕 难易程度：★★

🖼 文件路径：素材\第 1 章\015

🎬 视频文件：mp4\第 1 章\015

01 执行"文件"｜"打开"命令，弹出"打开"对话框，打开所需要的素材，效果如图 1-65 所示。

02 执行"图像"｜"模式"｜"灰度"命令，弹出信息提示框，如图 1-66 所示。

03 单击"确定"按钮，彩色图像即转换为灰度图像，如图 1-67 所示。

04 执行"图像"｜"模式"｜"位图"命令，弹出"位图"对话框，设置"使用"为"扩散仿色"，如图 1-68 所示。

图 1-65　　　　图 1-66

图 1-67

图 1-68

📚 **提示：** 将图像转换为灰度模式后，扔掉了图像的颜色信息，因此无法使用"色彩/饱和度"等用于调整图像色调的命令。

技巧： 由于可用于位图模式图像的编辑选项很少，通常先在灰度模式下编辑图像，然后再将其转换为位图模式。

05 单击"确定"按钮，退出"位图"对话框，转换为扩散仿色的位图模式，如图1-69所示。

06 执行"编辑"|"还原位图"命令，撤销上一步操作，用户也可以在"位图"对话框中设置"使用"为不同的方式，如50%阈值，如图1-70所示。

07 执行"编辑"|"还原位图"命令，撤销上一步操作，执行"图像"|"模式"|"双色调"命令，弹出"双色调选项"对话框，在"类型"列表框中选择"四色调"选项，并在"油墨"后面的颜色图标上单击鼠标左键，在弹出的对话框中选择自己喜欢的颜色，效果如图1-71所示。

08 设置完成后，单击"确定"按钮，转换为双色调模式，效果如图1-72所示。

图 1-69

图 1-70

图 1-71

图 1-72

提示： 常用的颜色模式有 RGB（红色、绿色、蓝色）、CMYK（青色、洋红色、黄色、黑色）、灰度、索引和 Lab 等几种。在所有颜色模式中，Lab 具有最宽的色域，它包括了 RGB 和 CMYK 色域中的所有颜色。

提示： 双色调模式包含 8 位/像素的灰度、单通道图像处理，一种为打印而制定的色彩模式，主要用于专业印刷的图像。

016　优化技术——设置使用内存和暂存盘

Photoshop 在工作中必须保留许多图像数据，如还原操作、历史信息和剪贴板数据等。因为 Photoshop 是使用暂存盘作为补充内存的，所以应正确理解暂存盘对于 Photoshop 工作性能的重要性。

📖 难易程度：★★

📁 文件路径：素材\第 1 章\016

🎬 视频文件：mp4\第 1 章\016

01 单击"编辑"|"首选项"|"性能"命令，弹出"首选项"对话框，拖曳"内存使用情况"选项区下方的滑块至 917，如图 1-73 所示。可使用的内存越大，Photoshop 打开和处理图像的速度会越快。

02 在"暂存盘"选项区中，选中"C 驱动器"复选框，并选中"D驱动器"复选框，如图1-74所示。

03 单击"确定"按钮，即可设置 Photoshop CC 使用内存和暂存盘。

提示： 暂存盘和虚拟内存相似，它们之间的主要区别在于：暂存盘完全受 Photoshop 的控制而不是受操作系统的控制，当 Photoshop 内存用完时，它会使用暂存盘作为虚拟内存。如果暂存盘的可用空间不够，Photoshop 就无法处理、打开图像，因此应设置剩余空间较大的磁盘作为暂存盘。

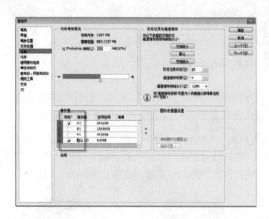

图 1-73

图 1-74

017 新增功能——完美的同步设置

Adobe 宣称 CC 版软件可以将用户的所有设置，包括首选项、窗口、笔刷、资料库等，以及正在创作的文件，全部同步至云端。无论用户是用 PC 或 Mac，即使更换了新的电脑，安装了新的软件，只需登录自己的 Adobe ID，即可立即找回熟悉的工作区。

难易程度：★★★

文件路径：素材\第 1 章\017

视频文件：mp4\第 1 章\017

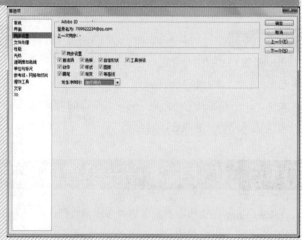

01 启动 Photoshop CC，执行"编辑"|"同步设置"|"立即同步设置"命令，系统将自动进行同步设置。

02 执行"编辑"|"同步设置"|"管理同步设置"命令，弹出"首选项"对话框，如图 1-75 所示。

03 在弹出的对话框中勾选"同步设置"复选框，在"同步设置"底部提供各种不同的设置类型，勾选后，系统将自动地同步到云端上，方便在不同的电脑上操作。

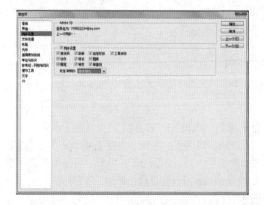

图 1-75

第2章

选区的应用

　　选区在图像编辑过程中扮演着非常重要的角色，它限制着图像编辑的范围和区域。灵活而巧妙地应用选区，能制作出许多精妙绝伦的效果。本章主要讲解选区工具在平面广告设计中的应用。

018 移动选区——青蛙奇幻之旅

本案例主要讲解移动选区内图像的操作方法。

难易程度：★★★

文件路径：素材\第 2 章\018

视频文件：mp4\第 2 章\018

01 启动 Photoshop CC，执行"文件"|"打开"命令，在"打开"对话框中选择"青蛙"、"背景"素材，如图 2-1 所示。

图 2-1

02 选择"青蛙"素材图像窗口，按快捷键 Ctrl+A，全选对象或按住 Ctrl 键，单击图层缩览图，将素材载入选区，如图 2-2 所示。

03 选择工具箱中的"移动工具" ，将光标移至选区内单击鼠标左键拖曳，即可移动选区内的图像。如果当前选择的是创建选区类工具，在工具选项栏选择"新选区"选项，拖曳鼠标，即可移动选框，如图 2-3 所示。

图 2-2　　　　　　图 2-3

04 拖曳鼠标，将素材移动至"背景"图像窗口中，如图 2-4 所示。

图 2-4

05 按快捷键 Ctrl+T 进入自由变换状态，调整素材大小及位置。在背景图层上方新建一个图层，设置前景色为黑色，选择"画笔工具" ，在车轮下方涂抹出阴影，使画面效果更真实，如图 2-5 所示。

图 2-5

提示： 按键盘上的方向键，以像素为单位移动选区，按一次移动一个像素；按住 Shift 的同时按方向键，可以一次移动 10 个像素。

019 矩形选框工具——海豚摄影

本实例是一则"摄影工作室"的宣传广告，主要通过画面的大气和唯美来体现工作室的特色。实例主要使用矩形选框工具选取图像。

难易程度：★★★

文件路径：素材\第 2 章\019

视频文件：mp4\第 2 章\019

01 启动 Photoshop CC，执行"文件"|"打开"命令，打开"海豹""相框"两张素材图片，如图 2-6 所示。

图 2-6

02 选择"海豹"素材图像窗口，选择工具箱中的"移动工具" ，将素材移至"相框"图像窗口中，按快捷键 Ctrl+T，调整素材大小及位置，如图 2-7 所示。

图 2-7

03 选择工具箱中的"矩形选框工具" ，在工具选项栏中选择"新选区"按钮 ，单击鼠标左键并移动鼠标，创建矩形选框，如图 2-8 所示。

图 2-8

技巧：按住 Shift 键的同时，拖动鼠标，即可创建正方形选区；按住快捷键 Alt+Shift 的同时，拖动鼠标，则可以从中心向外创建正方形选区。

04 执行"图像"|"调整"|"反相"命令，或按快捷键 Ctrl+I，对图像进行反相处理，按快捷键 Ctrl+D，取消选区，得到如图 2-9 所示结果。

图 2-9

020 椭圆选框工具——荷塘月色

本实例是一则"荷塘月色"的平面设计展示，画面清新自然。主要运用椭圆选框工具制作动感的水泡，使画面更加传神。

📖 难易程度：★★★

🗂 文件路径：素材\第 2 章\020

🎬 视频文件：mp4\第 2 章\020

01 启动 Photoshop CC，执行"文件"|"打开"命令，打开"荷花"素材，如图 2-10 所示。

图 2-10

02 新建图层，选择工具箱中的"椭圆选框工具" ⭕，单击鼠标左键并拖动，创建一个椭圆选框，如图 2-11 所示。

图 2-11

03 选择工具箱中的"画笔工具" 🖌，设置前景色为白色，在工具选项栏中设置适当的画笔硬度及不透明度值，按"【"【】"调整画笔大小，沿着选框边缘进行涂抹，如图 2-12 所示。按快捷键 Ctrl+D，取消选区。

04 按快捷键 Ctrl+J，复制图层，按快捷键 Ctrl+T，调整图层大小及位置，如图 2-13 所示。

图 2-12   图 2-13

05 运用同样的操作方法，制作其他气泡效果，如图 2-14 所示。

图 2-14

021 单行和单列选框工具——现代厨房

本实例是一个"现代厨房"的平面广告，主要使用单行和单列选框工具制作栅格，使整个广告版面生动、活泼，富有空间感。

難易程度：★ ★ ★

文件路径：素材\第 2 章\021

视频文件：mp4\第 2 章\021

01 启动 Photoshop CC，执行"文件" | "打开"命令，打开"现代厨房"素材，如图 2-15 所示。

图 2-15

02 选择"单行选框工具" ，将光标指针移至素材图像上，单击鼠标左键并拖曳，创建单行选区，如图 2-16 所示。

图 2-16

03 执行"选择" | "修改" | "扩展"命令，弹出"扩展选区"对话框，在对话框中设置参数，如图 2-17 所示。

图 2-17

04 单击"确定"按钮，完成扩展选区，单击图层面板中的"创建新图层"按钮，新建一个图层，设置前景色为白色，按快捷键 Alt+Delete，填充前景色，按快捷键 Ctrl+D，取消选区，如图 2-18 所示。

图 2-18

05 运用同样的操作方法，创建单行选区，并填充颜色。

06 新建一个图层，选择"单列选框工具"，将光标指针移至素材图像上，单击鼠标左键并拖曳，创建单列选区，并扩展选区，将其填充为白色，如图 2-19 所示。

图 2-19

07 运用同样的操作方法，创建单列选区，并填充颜色，效果如图 2-20 所示。

图 2-20

图 2-21

08 新建一个图层，设置前景色为蓝色（＃2dafe6），选择"矩形选框工具" ，在图形窗口中创建矩形选框，按快捷键 Alt+Delete，填充前景色，按快捷键 Ctrl+D，取消选区，设置图层"不透明度"为 53%，如图 2-21 所示。

09 运用同样的操作方法，填充其他颜色，并设置不透明度，如图 2-22 所示。

图 2-22

022 套索工具——乐跑的香蕉

本案例合成的是一幅运动鞋广告，通过运用诙谐幽默的创意手法突出产品的特性！

难易程度：★★★

文件路径：素材\第 2 章\022

视频文件：mp4\第 2 章\022

01 启动 Photoshop CC，执行"文件"|"打开"命令，在弹出的"打开"对话框中选择"香蕉"和"鞋带"素材，如图 2-23 所示。

02 选中"鞋带"文件，选择"套索工具" ，在鞋带上圈选紫色部分，如图 2-24 所示，松开鼠标，自动生成选区，如图 2-25 所示。

图 2-23

图 2-24

图 2-25

03 选择"移动工具" ，拖动"鞋带"选区至"香蕉"文件中，如图 2-26 所示。

图 2-26

04 选中图层，按快捷键 Ctrl+T，进入自由变换状态，调整大小和角度，单击鼠标右键，在弹出的快捷菜单中选择"变形"，调整鞋带的透视，按回车键确定调整，如图 2-27 所示。

图 2-27

05 设置图层的"混合模式"为"正片叠底"，选择"橡皮擦工具" ，擦除边缘多余的部分，如图 2-28 所示。

图 2-28

06 添加"文字"素材至画面中，得到最终效果如图 2-29 所示。

图 2-29

023 多边形套索工具——美丽风景

　　本实例是一则平面广告，主要使用多边形套索工具建立选区，添加另一张图像，使画面看起来更加炫丽夺目。

　难易程度：★★

　文件路径：素材\第 2 章\023

　视频文件：mp4\第 2 章\023

01 启动 Photoshop CC，执行"文件"|"打开"命令，打开"窗户"素材，如图 2-30 所示。

图 2-30

02 选择工具箱中的 "多边形套索工具" ，单击鼠标左键，移动光标至下一个点，再次单击鼠标左键，可以创建边界为直线的多边形选区，如图 2-31 所示。

图 2-31

03 建立如图 2-32 所示的选区。

图 2-32

04 按 Delete 键，删除选区内的图像，按快捷键 Ctrl+D，取消选区，如图 2-33 所示。

05 执行 "文件" | "打开" 命令，在 "打开" 对话框中选择 "人物" 素材，单击 "打开" 按钮，如图 2-34 所示。

图 2-33

图 2-34

06 选择 "移动工具" ，移动素材至 "窗户" 素材中，按快捷键 Ctrl+T，进入自由变换状态，调整素材大小及位置，将图层移至背景图层上方，如图 2-35 所示。

图 2-35

技 巧: 在使用 "多边形套索工具" 时，按住 shift 键，以水平、垂直或以 45° 斜线进行绘制。在绘制选框时，如果要删除最近绘制的直线线段，可以按 Delete 键删除。按住 Ctrl 键单击或双击结束绘制。

024　磁性套索工具——汽车广告

本实例是制作一个汽车展示的广告，主要通过磁性套索工具建立汽车选区，然后将"抠"出的汽车添加至展览台背景素材中，制作出所需的效果。

📖 难易程度：★★★

📁 文件路径：素材\第 2 章\024

🎬 视频文件：mp4\第 2 章\024

01 启动 Photoshop CC，执行"文件"｜"打开"命令，打开"背景"和"兰博基尼"素材，如图2-36 所示。

图 2-36

02 选择"兰博基尼"图像编辑窗口，选择"磁性套索工具" ，在汽车边缘处单击鼠标左键，确定起始点，围绕图像边缘拖曳鼠标，绘制套索路径线，如图 2-37 所示。

图 2-37

03 沿着汽车边缘拖曳光标指针，磁性套索工具将自动根据光标移动创建边界线，当光标指针回到起点时，单击鼠标左键，即闭合选区，如图 2-38 所示。

图 2-38

04 选择"移动工具" ，拖曳选区内的图像至"背景"编辑窗口中，按快捷键 Ctrl+T，调整图像的大小和位置，按回车键确定变换，如图 2-39 所示。

图 2-39

🔖 **技 巧：** 按右方括号键"】"，可将磁性套索边缘宽度增大 1 个像素；按左方括号键"【"，可将磁性套索边缘宽度减小 1 个像素。

025 快速选择工具——梦幻天使

本实例通过运用快速选择工具，制作一个梦幻天使的合成作品，效果时尚唯美。

📖 难易程度：★★★

🖼 文件路径：素材\第 2 章\025

🎬 视频文件：mp4\第 2 章\025

01 启动 Photoshop CC，执行"文件"|"打开"命令，在弹出的"打开"对话框中选择"人物"和"背景"素材，单击"打开"按钮，如图 2-40 所示。

图 2-40

02 选择"人物"图像窗口，选择"快速选择工具" 🖌，在白色背景处单击，快速选择图像中颜色相似的图像，拖曳鼠标，快速选择背景颜色，如图 2-41 所示。

图 2-41

03 按快捷键 Ctrl+Shift+I，反选选区，选择"移动工具" ⊕，将人物图像移至"背景"图像窗口中，如图 2-42 所示。

图 2-42

04 给人物添加图层蒙版，使用黑色的画笔涂抹多余的白色背景，使其隐藏。

05 按快捷键 Ctrl+T，进入自由变换状态，单击鼠标右键，选择"水平翻转"选项，并调整图像大小及位置，按回车键确定变换，如图 2-43 所示。

图 2-43

026 魔棒工具——盛世至尊酒

魔棒工具是依据图像颜色进行选择的工具，它能够选取图像中颜色相同或相近的区域。本实例主要通过魔棒工具，制作一则洋酒广告。

📖 难易程度：★ ★ ★

📁 文件路径：素材\第 2 章\026

🎬 视频文件：mp4\第 2 章\026

01 启动 Photoshop CC，执行"文件"|"打开"命令，在"打开"对话框中选择"时钟背景"和"洋酒"素材，单击"打开"按钮，如图 2-44 所示。

图 2-44

02 选择"洋酒"图像窗口，选择"魔棒工具" 🔍 ，在工具选项栏中按下"添加到选区"按钮 ⬜ ，并设置"容差"为 20，将鼠标移至"洋酒"图像编辑窗口中的白色背景位置上单击，选择所有背景颜色，创建白色背景选区，如图 2-45 所示。

图 2-45

03 在选中的背景上单击鼠标右键，弹出快捷菜单，选择"选择反向"选项，或按快捷键 Ctrl+Shift+I，反选选区，如图 2-46 所示。

04 执行"选择"|"修改"|"羽化"命令，或按快捷键 Shift+F6，弹出"羽化选区"对话框，设置羽化半径为 5 像素，单击"确定"按钮。

05 选择"移动工具" ⊹ ，拖曳选区内的图像至"时钟背景"编辑窗口中，按快捷键 Ctrl+T，调整图像的大小和位置，如图 2-47 所示。

图 2-46

图 2-47

027　色彩范围——我要我的时尚

　　"色彩范围"命令可根据图像的颜色范围创建选区，在这点上它与魔棒工具有很大的相似之处，但该命令提供了更多的控制选项，因此选择精度更高。

　　📖 难易程度：★★★

　　🗂 文件路径：素材\第 2 章\027

　　🎬 视频文件：mp4\第 2 章\027

01 执行"文件"|"打开"|命令，打开随书附带光盘的"少女"素材，效果如图 2-48 所示。

02 执行"选择"|"色彩范围"|命令，打开"色彩范围"对话框。在文档窗口中的少女背景上单击，进行颜色取样，如图 2-49 所示。

图 2-48　　　　　　　图 2-49

> 📚 **提示：** 选区预览图下方包含两个选项：勾选"选择范围"时，预览区域的图像中，白色代表了被选择的区域，黑色代表了未被选择区域，灰色代表了被部分选择的区域(带有羽化效果的区域)；如果勾选"图像"，则预览区内会显示彩色图像。

03 向左侧拖动"颜色容差"滑块，减少"颜色容差"的控制范围，如图 2-50 所示。这样可以让背影与人物亮部区域区分出来并且可以让少女的边缘保留一些半透明的像素，单击"确定"按钮，关闭对话框，选中背景，如图 2-51 所示。

图 2-50　　　　　　　图 2-51

> 📚 **提示：** 颜色容差是用来控制颜色的选择范围，该值越高，包含的颜色越广。

04 执行"选择"|"反向"命令，即可选中人物。打开"背景"文件，如图 2-52 所示。选择"移动工具" ⊕，将少女拖入该文件中，如图 2-53 所示。

图 2-52

图 2-53

05 按快捷键 Ctrl+T,进入自由变换状态。调整少女在画面中的大小，放置合适的位置，如图 2-54 所示。

图 2-54

06 给人物添加图层蒙版，使用黑色的画笔涂抹人物边缘的杂点，使其隐藏。

07 执行"图像"|"调整"|"曲线"命令或按快

捷键 Ctrl+M，弹出"曲线"对话框，向下拖动曲线控制点，如图 2-55 所示。

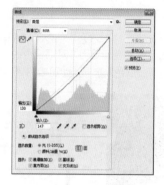

图 2-55

08 单击"确定"按钮，得到最终效果如图 2-56 所示。

图 2-56

028 肤色识别选择——我秀我美丽

肤色识别能自动识别画面中符合"肤色"标准的颜色范围，极大地方便了摄影师（或修图员）的工作。

📙 难易程度：★★★★

📁 文件路径：素材\第 2 章\028

🎬 视频文件：mp4\第 2 章\028

01 执行 "文件" | "打开" |命令，打开随书附带光盘的 "女孩" 素材，如图 2-57 所示。按快捷键 Ctrl+J，复制 "背景" 图层，得到图层 1。

02 执行 "选择" | "色彩范围" 命令，弹出 "色彩范围" 对话框。在 "色彩范围" 对话框中的 "选择" 下拉菜单中选择 "肤色" 选项，如图 2-58 所示。

图 2-57　　　　　　　图 2-58

03 软件会自动识别画面中符合 "肤色" 标准的颜色范围，如图 2-59 所示。向右侧拖动 "颜色容差" 滑块，增加 "颜色容差" 的控制范围，如图 2-60 所示。

图 2-59　　　　　　　图 2-60

提 示： 选中 "肤色" 后，在左上角有一个 "检测人脸" 选项。选中它，软件会自动识别照片中符合 "人脸" 标准的区域，而排除无关区域，使其对人脸的选择更加准确。

04 单击 "确定" 按钮，关闭对话框，形成选区，如图 2-61 所示。

05 执行 "图像" | "调整" | "亮度/对比度" 命令，弹出 "亮度/对比度" 对话框，设置参数，调整人物肤色，如图 2-62 所示。

图 2-61　　　　　　　图 2-62

06 单击 "确定" 按钮，关闭对话框，打开 "圈圈" 素材文件，如图 2-63 所示。选择 "移动工具" ，将素材拖入人物图像窗口中，按快捷键 Ctrl+T，进入自由变换状态，调整素材大小及位置，按快捷键 Ctrl+J，复制图层，将其移动至合适的位置并设置图层的不透明度为 38%，如图 2-64 所示。

图 2-63　　　　　　　图 2-64

07 执行 "文件" | "打开" 命令，打开 "星星" 素材文件，选择 "移动工具" ，将素材拖入人物图像窗口中，按快捷键 Ctrl+T，进入自由变换状态，调整素材大小及位置，得到最终效果如图 2-65 所示。

图 2-65

029 羽化选区——梦幻城堡

羽化选项通过建立选区与选区周围像素之间的转换来对图像的边缘进行模糊处理，可使选区的边缘轮廓产生一种自然柔和的效果。

📖 难易程度：★★★

📁 文件路径：素材\第 2 章\029

🎬 视频文件：mp4\第 2 章\029

01 执行 "文件" | "打开" 命令，分别打开随书附带光盘的 "房子" 和 "渐变背景" 素材文件，如图 2-66、图 2-67 所示。

图 2-66   图 2-67

02 选择 "多边形套索工具" ☑，在图像窗口中建立别墅选区，如图 2-68 所示。

图 2-68

03 执行 "选择" | "修改" | "羽化" 命令，按快捷键 Shift+F6，弹出 "羽化选区" 对话框，设置参数，如图 2-69 所示。

图 2-69

📚 **提 示**：羽化选区的功能常用来制作晕边效果，可以应用在各种选区中。

04 单击 "确定" 按钮，退出 "羽化选区" 对话框。选择 "移动工具" ▶+，将 "房子" 素材，移动至 "渐变背景" 文件中，放置合适的位置，如图 2-70 所示。运用同样的操作方法，添加其他素材，如图 2-71 所示。

图 2-70   图 2-71

030 变换选区——五彩缤纷的世界

变换选区就是对选区进行一系列的变换操作，它可以在一个连续的操作中应用旋转、缩放、斜切、透视和变形命令。

📖 难易程度：★★★

🗂 文件路径：素材\第 2 章\030

💿 视频文件：mp4\第 2 章\030

01 执行"文件"|"打开"|命令，打开随书附带光盘的"人物"素材，如图 2-72 所示。

02 单击图层面板中的"创建新组" 📁 ，创建"组 1"，如图 2-73 所示。

图 2-72　　　　　　　图 2-73

03 在组 1 内按快捷键 Ctrl+Shift+N，新建图层，选择"椭圆选框工具" ⭕ ，按住 Shift 键的同时拖动鼠标，绘制一个正圆选区，如图 2-74 所示。设置前景色为红色（#fd020e），填充选区，如图 2-75 所示。

图 2-74　　　　　　　图 2-75

04 执行"选择"|"变换选区"命令，缩小选区，如图 2-76 所示。

05 在选区填充玫红色（#fd02f5），如图 2-77 所示。

图 2-76　　　　　　　图 2-77

📚 **提示：**变换选区时对选区内的图像没有任何影响，这与使用移动工具操作有根本的区别，初学者应注意区分。

06 运用同样的操作方式，继续变换选区，填充颜色，制作如图 2-78 所示的图形。

07 运用同样的操作方法，制作其他图形，设置不透明度，得到最终效果如图 2-79 所示。

图 2-78　　　　　　　图 2-79

031　反选选区——黑色朦胧

执行"选择"|"反选"命令，或按快捷键 Ctrl + Shift + I，可以反选当前的选区。

难易程度：★★★

文件路径：素材\第 2 章\031

视频文件：mp4\第 2 章\031

01 执行"文件"|"打开"命令，打开随书附带光盘的"反选选区"素材，如图 2-80 所示。

02 选择"椭圆选框工具"⚪，在图像窗口中绘制椭圆选框，如图 2-81 所示。

图 2-80　　　　　图 2-81

03 执行"选择"|"修改"|"羽化"命令或按快捷键 Shift+F6,弹出"羽化选区"对话框设置参数，如图 2-82 所示。

图 2-82

04 单击"确定"按钮，执行"选择"|"反向"命令或按快捷键 Ctrl+Shift+I，如图 2-83 所示。

05 设置前景色为黑色，按快捷键 Alt+Delete,填充前景色，如图 2-84 所示。

06 按快捷键 Ctrl+D，取消选区，设置图层面板中的"填充"为 80%，得到最终效果如图 2-85 所示。

图 2-83

图 2-84

图 2-85

032 运用快速蒙版编辑选区——改变口红颜色

快速蒙版模式可以将任何选区作为蒙版进行编辑,而无需使用"通道"调板,在查看图像时也可如此。

📖 难易程度:★ ★ ★ ★

📁 文件路径:素材\第 2 章\032

🎬 视频文件:mp4\第 2 章\032

01 执行"文件"|"打开"命令,打开随书附带光盘的"美女"素材,如图 2-86 所示。

02 按快捷键 Ctrl+J,复制图层,选择"快速蒙版模式编辑" 🔲,选择"钢笔工具" ✒️,在图像窗口沿美女的嘴唇绘制路径,并按快捷键 Ctrl + Enter,将路径转换为选区。

03 按快捷键 Alt+Delete,填充前景色,按快捷键 Ctrl+D,取消选区,如图 2-87 所示。

图 2-86   图 2-87

04 按 Q 键退出快速蒙版编辑,并自动建立选区,执行"选择"|"反向"命令,或按快捷键 Ctrl+Shift+I,反选选区,效果如图 2-88 所示。按快捷键 Ctrl+J,复制选区内容,如图 2-89 所示。

图 2-88   图 2-89

05 执行"图像"|"调整"|"色相/饱和度"命令或按快捷键 Ctrl+U,弹出"色相/饱和度"对话框,设置参数,如图 2-90 所示。

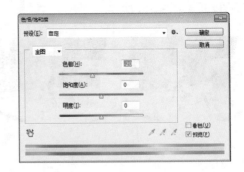

图 2-90

06 单击"确定"按钮,得到最终效果如图 2-91 所示。

图 2-91

033 扩展选区——春满时尚

执行"选择"|"修改"|"扩展"命令，可以在原来选区的基础上向外扩展选区，本实例主要通过扩展选区命令，制作一则春满时尚的广告。

难易程度：★★★

文件路径：素材\第 2 章\033

视频文件：mp4\第 2 章\033

01 执行"文件"|"打开"|命令，打开随书附带光盘的"春满时尚.psd"素材，如图 2-92 所示。

02 按住 Ctrl 键的同时单击图层 2 的缩览图，将其载入选区，如图 2-93 所示。

图 2-92　　　　　　　图 2-93

03 执行"选择"|"修改"|"扩展"命令，弹出"扩展选区"对话框，设置参数，如图 2-94 所示。

图 2-94

04 单击"确定"按钮，可以看到图层 2 选区边缘向外扩张，如图 2-95 所示。

05 按快捷键 Ctrl+Shift+N，创建新图层，设置前景色为白色，按快捷键 Alt+Delete，在选区中填充颜色，按快捷键 Ctrl+D，取消选区，如图 2-96 所示。

06 按快捷键 Ctrl+[，向下调整图层，得到最终效果如图 2-97 所示。

图 2-95

图 2-96

图 2-97

034 描边选区——光电鼠标

本实例主要通过描边选区，制作一则光电鼠标广告，使广告主体在画面中更加醒目、突出。这种效果也经常应用在文字上。

■ 难易程度：★★★

文件路径：素材\第 2 章\034

视频文件：mp4\第 2 章\034

01 执行"文件"|"打开"命令，打开随书附带光盘的"光电鼠标"素材，选择"磁性套索工具" ，对其鼠标进行套索选取建立选区，效果如图 2-98 所示。

图 2-98

02 执行"编辑"|"描边"命令，弹出"描边"对话框，设置参数，如图 2-99 所示。

03 单击"确定"按钮，描边选区，得到最终效果如图 2-100 所示。

图 2-99

图 2-100

第 **3** 章
绘画和修复工具的运用

实例欣赏

　　Photoshop CC 提供了丰富多样的绘图工具和修图工具，具有强大的绘图和修图功能。使用这些绘图工具，再配合画笔面板、混合模式、图层等 Photoshop 其他功能，可以创作出传统绘画技巧难以企及的作品。

035 设置颜色——前景色和背景色

Photoshop 提供了多种绘图工具。在使用工具绘图时，必须先设置一种绘图颜色，然后才能绘制出所需的图像效果。

对于 Photoshop 绘图来说，颜色的设置是绘图的关键。

🔖 难易程度：★★★

🗂 文件路径：素材\第 3 章\035

🎬 视频文件：mp4\第 3 章\035

01 启动 Photoshop CC，执行"文件"|"打开"命令，在"打开"对话框中选择"橘子"素材，单击"打开"按钮，如图 3-1 所示。

图 3-1

02 在工具箱的下方有一个设置前景色和背景色的区域，如图 3-2 所示。

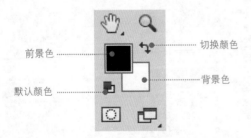

前景色 ———— 切换颜色

默认颜色 ———— 背景色

图 3-2

03 单击工具箱中的"设置前景色"色块按钮，打开"拾色器（前景色）"对话框，如图 3-3 所示。

04 在该对话框的右侧设置 RGB 的数值为（R0，G0，B0），单击"确定"按钮，完成设置。

图 3-3

05 单击"设置背景色"色块按钮，打开"拾色器（背景色）"对话框，设置 RGB 的数值为（R255，G255，B255），单击"确定"按钮，完成设置。

06 新建一个图层，选择工具箱中的"画笔工具"，在工具选项栏中设置画笔硬度为100%，不透明度为 100%，按"【"和"】"调整画笔大小，在图像窗口中单击，绘制眼睛及嘴巴，如图 3-4 所示。

图 3-4

07 新建一个图层，按 X 键，切换前背景色，选择"画笔工具" ，在眼睛的位置单击，绘制眼球，如图 3-5 所示。

图 3-5

08 选择"自定形状工具" ，单击"设置前景色"色块按钮 ，打开"拾色器（前景色）"对话框，在对话框中设置颜色，或在工具选项栏中设置填充颜色，在形状下拉列表中选择"心形"，在绘图窗口中单击鼠标左键，并拖曳鼠标绘制心形，如图 3-6 所示。

图 3-6

提示： 按快捷键 Shift+F5，打开"填充"对话框，在"使用"下拉列表中选择前景色，如图 3-7 所示。单击"确定"按钮，即可填充前景色。

图 3-7

执行"窗口" | "颜色"命令，打开"颜色"面板，如图 3-8 所示，单击前景色色块或背景色色块，选中色块，在右侧的颜色滑杆上拖动三角滑块或在输入框中输入数值设置颜色；在"颜色"面板中，可双击前景色色块或背景色色块，打开"拾色器"对话框，在对话框中设置颜色。

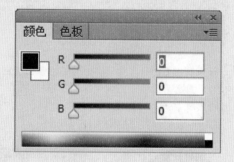

图 3-8

在打开"颜色"面板时，附带着打开了"色板"对话框，如图 3-9 所示，在颜色方框内单击鼠标左键，即可快速设置前景色。

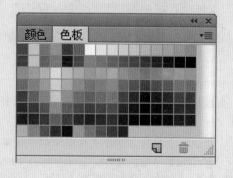

图 3-9

036 画笔工具——上妆

本实例主要通过画笔工具，选用不同颜色给人物化妆，打造出靓丽新人的效果。

📖 难易程度：★ ★ ★ ★

📁 文件路径：素材\第 3 章\036

🎬 视频文件：mp4\第 3 章\036

01 启动 Photoshop CC，执行"文件"|"打开"命令，在"打开"对话框中选择"美女"素材，单击"打开"按钮，如图 3-10 所示。

02 按快捷键 Ctrl+J，复制素材图层，单击图层面板中的"创建新的填充或调整图层"按钮 ⊙，在弹出的菜单中选择"亮度/对比度"选项，在"属性"面板中设置参数，如图 3-11 所示。

图 3-10   图 3-11

03 选择复制的图层，选择工具箱中的"修补工具" ⬚，修补人物脸部瑕疵，如图 3-12 所示。

04 新建一个图层，选择工具箱中的"画笔工具" ✎，设置前景色为粉红色(#fb00bd)，给人物添加眼影，设置图层混合模式为"颜色"，设置图层不透明度为 76%，如图 3-13 所示。

05 运用同样的操作方法，继续给人物添加眼影及眼线，如图 3-14 所示。

图 3-12   图 3-13

06 新建一个图层，选择"画笔工具" ✎，在工具选项栏中选择"柔边圆"笔尖，设置前景色为粉红色，给人物绘制腮红，设不透明度为 50%，如图 3-15 所示。

图 3-14   图 3-15

037 铅笔工具——调皮的"小人物"

现在非常流行的像素画，可以使用铅笔工具轻松绘制。本实例使用铅笔工具绘制调皮的"小人物"，以练习铅笔工具的使用。

📖 难易程度：★★★★

📂 文件路径：素材\第 3 章\037

📹 视频文件：mp4\第 3 章\037

01 启动 Photoshop CC，执行"文件"|"新建"命令，弹出"新建"对话框，设置"宽度"为 50cm，"高度"为 35cm，单击"确定"按钮，新建一个文档。

02 设置前景色为灰色（#c4bdaa），背景色为白色，选择"渐变工具" ▣，单击工具选项栏中的"径向渐变"按钮 ▣，由左往右拖出一条直线，径向填充，如图 3-16 所示。

03 添加"人物"和"文字"素材至画面中，放置合适的位置上，并设文字图层的混合模式为正片叠底，如图 3-17 所示。

图 3-16　　　　　　　图 3-17

04 新建图层，设置前景色为黑色，选择"铅笔工具" ✏，设置工具选项栏中的"大小"为 2 像素，在合适的位置上绘制楼梯的形状，如图 3-18 所示。

05 添加"蘑菇"素材至画面中，如图 3-19 所示。

📚 提示：铅笔工具和画笔工具的区别是画笔工具可以绘制带有柔边效果的线条，而铅笔工具只能绘制硬边线条。

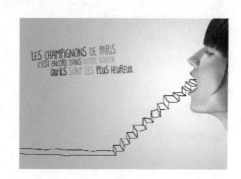

图 3-18

06 复制多份蘑菇至不同的位置上，如图 3-20 所示。

图 3-19　　　　　　　图 3-20

07 新建图层，设置前景色为黑色，选择"铅笔工具" ✏，设置工具选项栏中的"大小"为 1 像素，在左上角的蘑菇身上，绘制"手""腿""五官"，效果如图 3-21 所示。

08 运用相同的方法，完成其他图形的绘制，得到最终效果如图 3-22 所示。

图 3-21

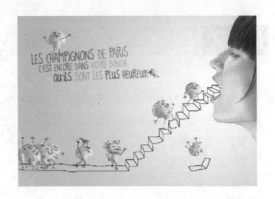

图 3-22

038 颜色替换工具——香浓咖啡豆

本案例通过颜色替换工具，制作一组香浓咖啡豆的静物，改变树叶的颜色，使静物的颜色更协调。

难易程度：★★★

文件路径：素材\第 3 章\038

视频文件：mp4\第 3 章\038

01 启动 Photoshop CC，执行"文件"|"打开"命令，在"打开"对话框中选择"咖啡"文件，单击"打开"按钮，如图 3-23 所示。

02

图 3-23

03 设置前景色为（#3b3601），选择工具箱中的"颜色替换工具" ，设置工具选项栏中的"模

式"为 颜色，"限制"为连续，"容差"为 30%，在绿色的树叶上拖曳鼠标，替换目标颜色，如图 3-24 所示。

04 将其绿色替换为棕色，效果如图 3-25 所示。

图 3-24

图 3-25

039 历史记录画笔工具——水墨风景

本案例通过历史记录画笔工具，找回荷花的颜色，突出荷花，制作一幅水墨图画。

难易程度：★ ★ ★

文件路径：素材\第 3 章\039

视频文件：mp4\第 3 章\039

01 启动 Photoshop CC，执行"文件"|"打开"命令，在"打开"对话框中选择"中国风"素材，单击"打开"按钮，如图 3-26 所示。

图 3-26

02 执行"图像"|"调整"|"去色"命令，或按快捷键 Ctrl+Shift+U，对图像进行去色处理，如图 3-27 所示。

图 3-27

03 选择"历史记录画笔工具" ，执行"窗口"|"历史记录"命令，打开"历史记录"面板，在需要还原的步骤左侧单击鼠标，显示历史记录画笔工具图标，如图 3-28 所示。

图 3-28

04 在荷花上涂抹，还原图像颜色，如图 3-29 所示。

图 3-29

040 混合器画笔工具——郊游

混合器画笔工具可以模拟真实的绘图效果，并且可以混合画布颜色和使用不同绘画湿度。

📗 难易程度：★★★

📂 文件路径： 素材\第 3 章\040

🎬 视频文件： mp4\第 3 章\040

01 启动 Photoshop CC，执行"文件"|"打开"命令，在"打开"对话框中选择"卡通人"和"背景"素材，单击"打开"按钮，如图 3-30 所示。

图 3-30

02 选择"移动工具" ⊕，拖动鼠标，将"卡通人"移动至"背景"图像窗口中，按快捷键 Ctrl+T，调整素材大小及位置，如图 3-31 所示。

图 3-31

03 选择"混合器画笔工具" ✎，在工具选项栏中选择相应的笔尖，在"自定"下拉列表中选择"潮湿，深混合"选项，设置前景色为草绿色，在扫帚尾部涂抹，如图 3-32 所示。

图 3-32

04 执行"文件"|"打开"命令，在"打开"对话框中选择"文字"素材，单击"打开"按钮，打开素材，如图 3-33 所示。

05 选择工具箱中"移动工具" ⊕，拖曳鼠标，将文字移动至图像窗口中，按快捷键 Ctrl+T，调整素材大小及位置，如图 3-34 所示。

📚 **提示：** 混合器画笔有两个绘画色管（一个储槽和一个拾取器）。储槽存储最终应用于画布的颜色，并且具有较多的油彩容量。拾取色管接收来自画布的油彩；其内容与画布颜色是连续混合的。

图 3-33

图 3-34

041 油漆桶工具——温馨天地

利用"油漆桶工具",可以在图像中,将与落笔点像素颜色相同或相近的像素填充为指定的颜色。

📁 难易程度:★ ★ ★

🗂 文件路径:素材\第 3 章\041

🎬 视频文件:mp4\第 3 章\041

01 启动 Photoshop CC,执行"文件"|"打开"命令,在"打开"对话框中选择"猫咪""手"和"房间"素材,单击"打开"按钮,如图 3-35 所示。

图 3-35

02 选择"猫咪"图像窗口,按 Shift 键同时选中除背景外的图层,选择"移动工具" ⊕,将选区内的图像移动至"房间"图像窗口中,按快捷键 Ctrl+T,调整素材大小及位置,并运用同种操作,将"手"素材移至"房间"图像窗口中，如图 3-36 所示。

图 3-36

03 选中"上衣"图层缩览图，按 Ctrl 键的同时单击缩览图，使其载入选区，如图 3-37 所示。

图 3-37

04 选择工具箱中的"油漆桶工具"，在工具选项栏下拉列表中选择"前景"选项，单击前景色色块，在弹出的"拾色器（前景色）"对话框中设置参数，如图 3-38 所示，单击"确定"按钮，确定设置。

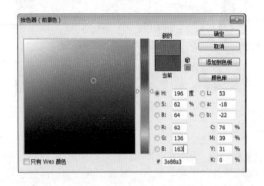

图 3-38

05 移动鼠标，此时，光标变为一个油漆桶的图标，将光标移至"猫咪"衣服的位置单击，完成填充，如图 3-39 所示。

图 3-39

06 按快捷键 Ctrl+D，取消选区，单击前景色色块，更改前景色为粉红色（#f85ccb），采用相同的方法为猫咪头部、蝴蝶结处填充颜色，如图 3-40 所示。

图 3-40

07 运用同种操作，更改前景色，并填充相应的颜色，如图 3-41 所示。

图 3-41

提示： 油漆桶工具用来填充纯色或图案，它不能用于位图模式的图形。

042　渐变工具——时尚生活

　　渐变工具可以表现图像颜色的自然过渡。本实例主要通过渐变工具，制作一副时尚生活广告，灵活应用渐变工具，可以使图像富有立体感。

　难易程度：★★★

　文件路径：素材\第 3 章\042

　视频文件：mp4\第 3 章\042

01 启动 Photoshop CC，执行"文件"|"新建"命令，弹出"新建"对话框，在对话框中设置参数，如图 3-42 所示。单击"确定"按钮，新建一个空白文档。

图 3-42

图 3-43

02 选择"渐变工具" ，单击工具选项栏中的渐变条，打开"渐变编辑器"对话框，双击渐变条下方的三角形按钮，打开"拾色器（色标颜色）"对话框，在对话框中设置颜色。

03 编辑从灰色（#e0e3e9）到白色（#fdfdfe）再到银灰色（#b9b5cf）的渐变，如图 3-43 所示，单击"确定"按钮，完成渐变编辑。

04 按下工具选项栏中的"线性渐变"按钮 ，在图像中按住 Shift 键并由上至下拖动光标，填充渐变效果，如图 3-44 所示。

图 3-44

05 执行"文件"|"打开"命令，在"打开"对话框中选择"都市"素材，单击"打开"按钮，如图 3-45 所示。

图 3-45

06 选择工具箱中的"移动工具" ，选择图层 1，将图层 1 中的素材添加至新建的文档中，如图 3-46 所示。

图 3-46

07 新建一个图层，选择"多边形套索工具" ，在图像窗口中建立选区，如图 3-47 所示。

08 单击工具箱中的"前景色"色块，在弹出的"拾色器（前景色）"对话框中设置颜色为（#98b6e2）；单击工具箱中的"背景色"色块，在弹出的"拾色器（背景色）"对话框中设置颜色为（#224197）。

09 选择工具箱中的"渐变工具" ，单击工具选项栏中的渐变条，在弹出的"渐变编辑器"中选择"前景色到背景色渐变"，单击"确定"按钮，退出对话框。选择"线性渐变"，移动光标至选区内，从左至右拖动光标，释放鼠标后，完成渐变填充，如图 3-48 所示。

图 3-47

图 3-48

10 运用同样的方法，建立出其他选框，并设置相应的渐变填充，如图 3-49 所示。

图 3-49

043　填充命令——楼盘户型图

使用"填充"命令可以在当前图层或选区内填充颜色或图案。本实例使用该命令制作一张楼盘户型图。

难易程度：★★★

文件路径：素材\第 3 章\043

视频文件：mp4\第 3 章\043

01 启动 Photoshop CC，执行"文件"|"打开"命令，在"打开"对话框中选择"图案 1-7"七张图案素材，单击"打开"按钮，打开素材。

02 执行"编辑"|"定义图案"命令，弹出"图案名称"对话框，如图 3-50 所示，在输入框中输入图案名称，单击"确定"按钮，完成图案定义。运用同样的操作方法，定义其他图案。

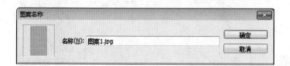

图 3-50

03 按快捷键 Ctrl+Alt+W，快速关闭所有图像窗口。执行"文件"|"打开"命令，在"打开"对话框中选择"平面效果图"素材，单击"打开"按钮，如图 3-51 所示。

04 单击图层面板中的"新建组"按钮 ，得到"组 3"，在图层面板中将"组 3"移动至"组 2"下方，单击图层面板中的"创建新图层"按钮 ，在"组 3"中新建一个图层，如图 3-52 所示。

05 选择工具箱中的"矩形选框工具" ，在图像窗口中绘制矩形选框，按住 Shift 键，可添加绘制的选区，按住 Alt 键，可减去绘制的选区，并绘制如图 3-53 所示的选框。

06 执行"编辑"|"填充"命令，或按快捷键 Shift+F5,打开"填充"对话框，在"使用"下拉列表中选择"图案"，打开"自定图案"，可以看到

之前定义的 7 张图案已经保存在"自定图案"中，如图 3-54 所示。

图 3-51　　　　　　　　图 3-52

 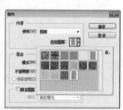

图 3-53　　　　　　　　图 3-54

07 在"自定图案"中选择一个图案，单击"确定"按钮，退出对话框，完成填充，按快捷键 Ctrl+D 取消选区，如图 3-55 所示。

08 在"组 3"中新建图层，运用同样的操作方

法，在图像窗口中建立选区，并填充相应图案，如图 3-56 所示。

案叠加"复选框，如图 3-57 所示，可在"图案"下拉列表中选择相应的图案，单击"确定"按钮，完成填充。

图 3-55　　　　图 3-56

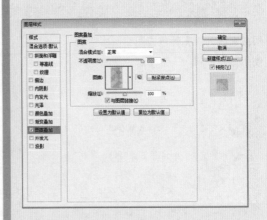

图 3-57

提示：在建立选区后，设置前景色为任意颜色，按快捷键 Alt+Delete 填充，双击图层，弹出"图层样式"对话框，在对话框中勾选"图

044　橡皮擦工具——危机风暴

橡皮擦工具用于擦除图像，使擦除区域成为透明区域，是抠图的一种常用工具。

难易程度：★★★

文件路径：素材\第 3 章\044

视频文件：mp4\第 3 章\044

01 启动 Photoshop CC，执行"文件"|"打开"命令，在"打开"对话框中选择"铁轨"和"脚"素材，单击"打开"按钮，如图 3-58 所示。

图 3-58

02 选择"脚"图像窗口，按住 Alt 键，双击背景图层，将背景图层转换为普通图层，或双击图层，在弹出的"新建图层"对话框中单击"确定"按钮，即可将背景图层转换为普通图层。

03 选择工具箱中的"橡皮擦工具" ，在工具选项栏中设置合适的不透明度及流量，在图像窗口中涂抹背景处，如图 3-59 所示。

04 擦除背景后，选择工具箱中的"移动工具" ，拖曳素材至"铁轨"图像窗口中，按快捷键 Ctrl+T，调整素材大小及位置，按回车键确认调整，如图 3-60 所示。

图 3-59　　　　　　　图 3-60

05 单击图层面板底部的"添加图层蒙版"按钮，为该图层添加蒙版，选择"画笔工具"，设置前景色为黑色，在刀尖处涂抹，制作模糊的效果，如图 3-61 所示。

06 选择背景图层，单击图层面板底部的"创建新图层"按钮，在背景图层上新建一个图层，选择"画笔工具"，在脚的下方涂抹，制作阴影效果，如图 3-62 所示。

图 3-61　　　　　　　图 3-62

045　背景橡皮擦工具——江南风景

背景橡皮擦工具，是一种智能橡皮擦，能自动采集画笔中心的色样，同时删除在画笔内出现的颜色，使擦除区域成为透明区域。

难易程度：★★★

文件路径：素材\第 3 章\045

视频文件：mp4\第 3 章\045

01 启动 Photoshop CC，执行"文件"|"打开"命令，在"打开"对话框中选择"美女"和"水墨画"素材，单击"打开"按钮，如图 3-63 所示。

图 3-63

02 选择"美女"图像窗口，选择工具箱中的"背景橡皮擦工具"，在人物边缘处连续单击鼠标，背景橡皮擦光标中间有一个十字叉，擦物体边缘的

时候，即便画笔覆盖了物体及背景，但只要十字叉在背景的颜色上，就只有背景会被删除掉，物体不会。如图 3-64 所示。

03 选择工具箱中的"移动工具"，将抠出的人物移动至"水墨画"图像窗口中，按快捷键 Ctrl+T，调整大小及位置，如图 3-65 所示。

图 3-64　　　　　　　图 3-65

04 选择背景图层，在背景图层上方新建一个图层，选择工具箱中的"画笔工具" ，设置前景色为黑色，在人物脚下涂抹，制作出阴影的效果，如图 3-66 所示。

> **提示：** 如果当前图层是背景图层，那么使用背景橡皮擦工具擦除后，背景图层的名称将转换为"图层 0"的普通图层。

图 3-66

046 魔术橡皮擦工具——自然能量

魔术橡皮擦工具在功能上与背景橡皮擦工具相似，只是两者的操作方法不同。

📖 难易程度：★★★

🖼 文件路径：素材\第 3 章\046

🎬 视频文件：mp4\第 3 章\046

01 启动 Photoshop CC，执行"文件"|"打开"命令，在"打开"对话框中选择"街道"和"房子"素材，单击"打开"按钮，如图 3-67 所示。

图 3-67

02 选择"房子"图像窗口，选择工具箱中的"魔术橡皮擦工具" ，移动鼠标，将光标移至背景颜色上，单击鼠标左键，即可擦除背景颜色，使背景变为透明，如图 3-68 所示。

03 选择工具箱中的"移动工具" ，或按住 Ctrl 键，在素材上单击并拖动鼠标，将素材移至"街道"图像窗口中，按快捷键 Ctrl+T，调整素材大小及位置，如图 3-69 所示。

图 3-68　　　　图 3-69

04 双击图层，弹出"图层样式"对话框，在对话框左侧选择"投影"选项，并设置参数，如图 3-70 所示。单击"确定"按钮，完成设置。

05 按快捷键 Ctrl+J，复制图层，按快捷键 Ctrl+T，调整素材大小及位置，如图 3-71 所示。

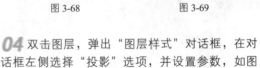

图 3-70　　　　图 3-71

047 模糊工具——气球女孩

模糊工具 ⬭ 可以柔化图像，减少图像的细节，得到一种虚化、失焦的效果。

📖 难易程度：★ ★ ★

📁 文件路径：素材\第 3 章\047

🎞 视频文件：mp4\第 3 章\047

01 执行"文件"|"打开"|命令，打开随书附带光盘的"气球女孩"素材，效果如图 3-72 所示。

02 按快捷键 Ctrl+J，复制"背景"图层，得到"图层 1"，选择"模糊工具" ⬭ ，在工具选项栏中设置"画笔"大小为"柔边 96 像素"，移动光标至图像编辑窗口中，单击鼠标左键并拖曳，模糊图像，如图 3-73 所示。

图 3-72

图 3-73

03 执行"文件"|"打开"命令，打开素材，将素材拖入绘图窗口，调整素材到适当位置，如图 3-74 所示。

04 按快捷键 Ctrl+J，复制最底图层，得到复制图层，将其移到最顶层，如图 3-75 按快捷键 Ctrl+T，进入自由变换状态，调整图像大小及位置，放置合适位置，如图 3-76 所示。

图 3-74　　　　　　　　图 3-75

05 按回车键，然后单击图层面板底部的"添加图层蒙版" ▣ ，为图层添加蒙版，选择"画笔工具" ✐ ，大小为"柔边 25 像素"，设置前景黑色，在绘图窗口涂抹，得到最终效果，如图 3-77 所示。

图 3-76　　　　　　　　图 3-77

048 减淡工具——中国龙

减淡工具🔍用于增强图像部分区域的颜色亮度，从而可以制作出高光、发亮的效果。

📖 难易程度：★ ★ ★

📁 文件路径：素材\第 3 章\048

🎬 视频文件：mp4\第 3 章\048

01 执行"文件"|"打开"命令，打开随书附带光盘的"龙"素材，如图 3-78 所示。按快捷键 Ctrl+J,复制"背景"图层，得到图层 1。

图 3-78

图 3-79

02 选择"减淡工具"🔍，在工具选项栏中设置"画笔"大小为"柔边 63 像素"，"范围"为"中间调"，"容量"为"60%"。

03 移动光标至图像编辑窗口中，单击并在龙图像上方拖曳，如图 3-79 所示。

04 涂抹完毕后，使龙身看上去更有金属质感，效果如图 3-80 所示。

📚 提示：减淡工具和加深工具是一组效果相反的工具，两者常用来调整图像的对比度、亮度和细节。

图 3-80

049　加深工具——公益广告

　　加深工具 ⊘ 用于调整图像的部分区域颜色，以降低图像颜色的亮度。

　　难易程度：★ ★ ★

　　文件路径：素材\第 3 章\049

　　视频文件：mp4\第 3 章\049

01 执行"文件"|"打开"|命令，打开随书附带光盘的"树木"素材，如图 3-81 所示。

02 选择加深工具 ⊘ ，在工具选项栏中设置"画笔"为"柔角 250 像素"，移动光标至图像编辑窗口中，单击并拖曳，加深树叶图像，效果如图 3-82 所示。

> **提 示：** 减淡或加深工具都属于色调调整工具，它们通过增加和减少图像区域的曝光度来变亮或变暗图像。其功能与"图像"|"调整"|"亮度/对比度"命令类似，但由于减淡和加深工具通过鼠标拖动的方式来调整局部图像，因而在处理图像的局部细节方面更为方便和灵活。

图 3-81　　　　　　　　　图 3-82

050　涂抹工具——夏日海滨

　　涂抹工具 ⊘ 通过混合鼠标拖动位置的颜色，从而模拟手指搅拌颜料的效果。

　　难易程度：★ ★ ★ ★

　　文件路径：素材\第 3 章\050

　　视频文件：mp4\第 3 章\050

01 执行"文件"|"打开"|命令，打开随书附带光盘的"夏日海滨"素材，如图3-83所示。

图 3-83

02 选择"横排文字工具" T，设置工具选项栏的"字体"为"方正水柱简体"，输入文字，如图3-84所示。

图 3-84

03 选择"图层"|"栅格化"|"文字"命令，将文字图层转换为普通图层，以方便进行涂抹操作。

04 选择"涂抹工具" ，在文字周围进行涂抹，制作出云彩文字效果，如图3-85。

图 3-85

05 运用同样的操作方法，涂抹其他文字，得到最终效果如图3-86所示。

图 3-86

> **提示：** 运用涂抹工具 进行涂抹时，首先在工具选项栏中选择一个画笔，然后在图像中拖动鼠标即可。选中"手指绘画"选项，涂抹工具使用前景色与图像中的颜色相融合，否则涂抹工具使用单击并开始拖动时的图像颜色。

051 海绵工具——"淘"走你的心

海绵工具 可精确地更改区域的色彩饱和度。在灰度模式下，该工具通过灰阶远离或靠近中间灰色来增加或降低对比度。

难易程度：★★★

文件路径：素材\第3章\051

视频文件：mp4\第3章\051

01 执行"文件"|"打开"命令，打开随书附带光盘的素材文件，如图 3-87 所示。按快捷键 Ctrl+J，复制"背景"图层，得到图层 1。

图 3-87

02 选择"海绵工具" ，在工具选项栏中设置"画笔"大小为"柔角30像素"，"模式"为加色。

03 移动光标至图像编辑窗口中，在需要修改的图像部分单击并涂抹，增加玫瑰花图像饱和度，效果如图 3-88 所示。

图 3-88

提　示：海绵工具主要是改变饱和度。

052　仿制图章工具——一"梳"一解

仿制图章工具 ⬚ 可以从图像中复制信息，将其应用到其他区域或者其他图像中，可用于图像的修复。

📖 难易程度：★★★

📁 文件路径：素材\第 3 章\052

🎬 视频文件：mp4\第 3 章\052

01 执行"文件"|"打开"|命令，打开随书附带光盘的"美女"素材，如图 3-89 所示。按快捷键 Ctrl+J，复制"背景"图层，得到图层 1。

02 选择"仿制图章工具" ⬚，在工具选项栏中设置"画笔"，大小为"柔边 119 像素"，"模式"为正常。

03 将光标放置在绘图窗口的墙处，按住 Alt 键单击进行取样，然后在绘图窗口相框处，单击并拖曳，进行仿制，如图 3-90 所示。

04 运用同样的操作方法，进行仿制，直到墙上没有相框，效果如图 3-91 所示。

图 3-89

图 3-90

图 3-91

053 图案图章工具——休闲一夏

图案图章工具![]复制的图案可以是 Photoshop 提供的预设图案，也可以是用户自己定义的图案。

难易程度：★★★

文件路径：素材\第 3 章\053

视频文件：mp4\第 3 章\053

01 执行"文件"|"打开"命令，打开随书附带光盘的"背景"、和"咖啡"素材，如图 3-92、如图 3-93 所示。

图 3-92

图 3-93

02 确认"咖啡杯"文件为当前工作窗口，单击"编辑"|"定义图案"命令，弹出"图案名称"对话框，设置名称为"咖啡杯"，单击"确定"按钮，定义咖啡杯图案，如图 3-94 所示。

图 3-94

图 3-95

03 按组快捷键Ctrl+Tab，切换至"背景"图像编辑窗口，选择"图案图章工具" 🖳，在工具选项栏中设置"图案"为"咖啡杯"，"画笔"为"柔角 80 像素"。移动光标指针至图像编辑窗口的合适位置单击并拖曳，复制图案，如图 3-95 所示。

04 用同样的方法，继续涂抹，复制图案，效果如图 3-96 所示。

> **提示：** 在使图案图章工具用于复制图案，在复制的过程中还可以对图案进行排列。如果未选中工具选项栏中的"对齐"选项时，多次复制时会得到图像的重叠效果。

图 3-96

054　污点修复画笔工具——不让童年留下污迹

Photoshop 的污点修复画笔工具 🖊 可以快速消除图像中的污点和不理想的区域，且不需要设置取样点，因为它可以自动从所修饰区域的周围进行取样。

📗 难易程度：★ ★ ★

📁 文件路径：素材\第 3 章\054

🎬 视频文件：mp4\第 3 章\054

01 执行"文件"|"打开"命令，打开随书附带光盘的"儿童"素材，如图 3-97 所示。

02 可以很清楚地看到小女孩的脸上长了许多的斑点。首先按快捷键 Ctrl+J，复制一个图层，选择"缩放工具" 🔍，框选小女孩脸部的位置，如图 3-98 所示。使其放大，选择"污点修复画笔工具" 🖊，在工具选项栏中选择一个柔角笔尖，将"类型"设置为"近似匹配"，将光标放在脸部的斑点上单击，即可修复图像，如图 3-99 所示。

图 3-97

图 3-98

03 采用同样方法修复眼睛下方，鼻子周围的斑点，如图 3-100 所示。

图 3-99　　　　　图 3-100

04 小女孩脸部的斑点消除完毕后，即可整体调整画面的亮度，单击图层面板底部的"创建新的填充或调整图层" ，在弹出的快捷菜单中选择"亮度/对比度"选项，在弹出的对话框中设置参数如图 3-101 所示。

05 参数设置完毕后，关闭窗口，添加文字至画面中，得到最终的效果如图 3-102 所示。

图 3-101　　　　　图 3-102

提 示： 污点修复画笔工具可以自动根据近似图像颜色修复图像中的污点，从而与图像原有的纹理、颜色、明度匹配，该工具主要针对小面积污点，注意设置画笔的大小需要比污点略大。

055　修复画笔工具——新鲜水果

修复画笔工具 可以遮掩图像中的瑕疵，也可以用图像中的像素作为样本进行绘制，并且还可以与所修复的像素进行匹配，从而使修复后的像素不留痕迹地融入图像的其他部分。

难易程度：★★★

文件路径：素材\第 3 章\055

视频文件：mp4\第 3 章\055

01 执行"文件"|"打开"|命令，打开随书附带光盘的"水果"素材，如图 3-103 所示。按快捷键 Ctrl+J，复制"背景"图层，得到图层 1。

02 选择"修复画笔工具" ，在工具选项栏中设置"画笔"大小为"30 像素"，在"模式"下拉列表中选择"替换"，将"源"设置为"取样"。

03 将光标放在纸袋上没有秤附近的部分，按住 Alt 键单击进行取样，然后放开 Alt 键，在纸袋的秤处单击并拖动鼠标左键进行修复，如图 3-104 所示。

图 3-103

图 3-104

图 3-105

04 按住 Alt 键，在纸袋上没有秤附近的部分单击取样，然后放开 Alt 键，修复秤，直到纸袋上没有秤，如图 3-105 所示。

提示：勾选工具选项栏中的"对齐"后，可以连续对图像进行取样，即使释放鼠标也不会丢失当前的取样点。

056　修补工具——创意瀑布

修补工具 ![icon] 可以利用样本或图案来修复所选图像区域中不理想的部分。

📖 难易程度：★★★

📁 文件路径：素材\第 3 章\056

💿 视频文件：mp4\第 3 章\056

01 执行"文件"|"打开"命令，打开随书附带光盘的"创意瀑布"素材，如图 3-106 所示。按快捷键 Ctrl+J，复制"背景"图层，得到图层 1。

02 选择"修补工具" ![icon]，在工具选项栏中设置"修补"下拉列表为正常，沿着飞鸟轮廓绘制选区，如图 3-107 所示。

图 3-106

图 3-107

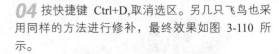

03 将光标放置在选区内，然后按住鼠标左键将选区向上或向下拖曳，当选区内没有显示飞鸟时松开鼠标左键，如图 3-108、图 3-109 所示。

04 按快捷键 Ctrl+D,取消选区。另几只飞鸟也采用同样的方法进行修补，最终效果如图 3-110 所示。

图 3-108　　　　　图 3-109

图 3-110

057 内容感知移动工具——孤独的太阳花

内容感知移动工具 ✂，可以重组和混合对象，使画面产生出色的视觉效果。

📘 难易程度：★★★

🗂 文件路径：素材\第 3 章\057

🎞 视频文件：mp4\第 3 章\057

01 执行"文件"|"打开"命令，打开随书附带光盘的"太阳花"素材，如图 3-111 所示。按快捷键 Ctrl+J,复制"背景"图层，得到图层 1。

02 选择"内容感知移动工具" ✂，在工具选项栏中设置"模式"下拉列表为"扩展"，"适应"下拉列表为"中"，在绘图窗口中单击并拖动光标创建选区，将水壶和花选中，如图 3-112 所示。

图 3-111

图 3-112

03 将光标放在选区内，单击并向右侧拖动图像，则复制了一个图形，如图 3-113 所示。首先向右侧拖动图形，再复制一个图形，按快捷键 Ctrl+D，取消选区，得到最终效果如图 3-114 所示。

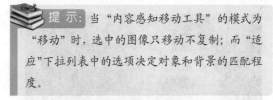

提 示： 当"内容感知移动工具"的模式为"移动"时，选中的图像只移动不复制；而"适应"下拉列表中的选项决定对象和背景的匹配程度。

图 3-113

图 3-114

058 红眼工具——去除男孩的红眼

红眼工具 ，可以重组和混合对象，常用于数码照片中红眼的修复。

难易程度：★★★

文件路径：素材\第 3 章\058

视频文件：mp4\第 3 章\058

01 执行"文件"|"打开"命令，打开随书附带光盘的"男孩"素材，如图 3-115 所示。按快捷键 Ctrl+J，复制"背景"图层，得到图层 1。

02 选择"红眼工具" ，在工具选项栏中设置"瞳孔大小"为 50%，"变暗量"为 100%，将光标放置在红眼区，如图 3-116 所示。

03 单击即可校正红眼如图 3-117 所示。

图 3-115

图 3-116

图 3-117

04 通过相同的方法完成另一只眼睛的校正，效果如图 3-118 所示。

图 3-118

提 示：如果对结果不满意，可执行"编辑"｜"还原"命令，然后设置不同的"瞳孔大小"和"变暗量"再次尝试。

第4章

图层和蒙版的运用

图层是 Photoshop 的核心功能之一。图层的引入，为图像的编辑带来了极大的便利，它承载了几乎所有的编辑操作。蒙版是用于合成图像的重要功能，它可以隐藏图像内容而又不会将其删除。本章通过 16 个实例，详细讲解了图层的编辑、图层样式、混合模式、图层蒙版等功能在平面广告设计中的具体应用。

059 编辑图层——声音的魔力

对于每个学习 Photoshop CC 软件的学员来说，图层是必须掌握的知识点，接下来通过案例的形式来讲解如何新建图层，复制图层，调整图层顺序，新建组等知识。

难易程度：★ ★ ★

文件路径：素材\第 4 章\059

视频文件：mp4\第 4 章\059

01 启动 Photoshop CC，执行"文件" | "新建"命令，或按快捷键 Ctrl+N，弹出"新建"对话框。在对话框中设置相关的参数，单击"确定"按钮，新建一个空白文件。

02 单击图层面板上的"创建新图层"按钮 🗔，新建图层，如图 4-1 所示。选择"矩形选框工具" 🔲，绘制矩形并填充蓝色。

03 选中"蓝色矩形"图层，按快捷键 Ctrl+J，复制三次，如图 4-2 所示。

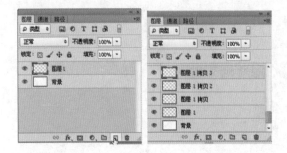

图 4-1   图 4-2

> **提 示：** 在图层"面板"中，图层名称的左侧是该图层的缩览图，它显示了图层中包含的图像内容，缩览图中的棋盘格代表了图像的透明区域。

04 图层复制完毕后，调整矩形的位置，并绘制一个三角形填充蓝色，效果如图 4-3 所示。

05 按 Shift 键同时选中除背景外的图层，按快捷

键 Ctrl+E，合并图层，按快捷键 Ctrl+J，复制一份合并图层，并更改图形的颜色和方向，效果如图 4-4 所示。

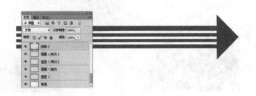

图 4-3

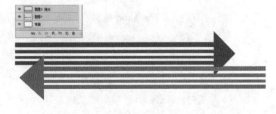

图 4-4

06 选中"图层 2 复制"，拖动图层至图层 2 下方，或按快捷键 Ctrl+[，向下一层，如图 4-5 所示。

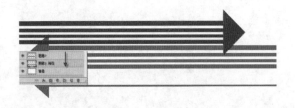

图 4-5

07 添加素材，拖至画面中，并调整好图层之间的顺序，单击图层缩略图前"隐藏"按钮 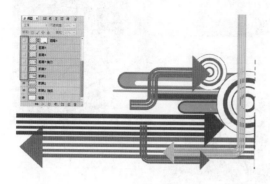，或执行"图层"|"隐藏图层"命令，如图 4-6 所示。

图 4-6

08 选择"直线工具" 并结合"自定形状工具" ，绘制图形，并复制图层。

09 选择"椭圆工具" ，绘制多个椭圆至画面中，得到如图 4-7 所示的效果。

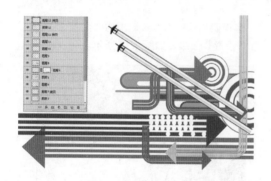

图 4-7

10 同时选中图层 11-12 及它们的复制图层，执行"图层"|"新建"|"从图层建立组"命令，弹出"从图层新建组"对话框，保持默认值，单击"确定"按钮，或按快捷键 Ctrl+G 来完成，如图 4-8 所示。

图 4-8

11 复制组 1，得到"组 1 复制"，调整复制图层位置，效果如图 4-9 所示。

12 同时选中组 1 及复制图层，拖至背景图层上，如图 4-10 所示。

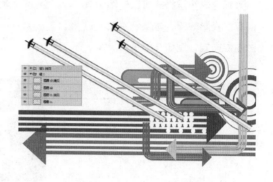

图 4-9

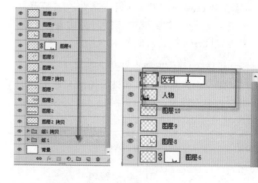

图 4-10　　　　　　　图 4-11

13 添加"人物"和"文字"素材图层，拖至文件中，执行"图层"|"重命名图层"命令，更改图层的名称，如图 4-11 所示，效果如图 4-12 所示。

图 4-12

> **提示:** 新建一个空白文件后，背景图层后面，都有一个"锁定" 🔒 图标，不能对"背景"图层和已锁定的图层进行移动操作。

060 投影——菜谱

添加投影图层样式可以使图像具有逼真的投影效果，本实例主要通过投影图层样式，制作一张菜谱。

难易程度：★★★

文件路径：素材\第 4 章\060

视频文件：mp4\第 4 章\060

01 启动 Photoshop CC，执行"文件"|"打开"命令，在"打开"对话框中选择"菜谱背景"素材，单击"打开"按钮，如图 4-13 所示。

02 运用同样的操作方法，打开"菜肴 1"素材，选择"移动工具" ，将素材添加至文件中，调整好素材大小、位置，如图 4-14 所示。

图 4-13   图 4-14

03 单击图层面板中的"添加图层样式"按钮 ，在弹出的快捷菜单中选择"投影"选项，弹出"投影"对话框，设置参数如图 4-15 所示。

04 单击"确定"按钮，添加"投影"图层样式，如图 4-16 所示。

图 4-15   图 4-16

提 示： "投影"效果用于模拟光源照射生成的阴影，添加"投影"效果使平面图形产生立体感。

05 运用同样的操作方法，添加"菜肴 2"素材，添加"投影"效果，如图 4-17 所示。

图 4-17

06 选择工具箱中的"横排文字工具" ，输入相应的文字，得到最终效果如图 4-18 所示。

图 4-18

061　斜面和浮雕——黄金罗盘电影海报

本实例主要通过斜面和浮雕图层样式，制作一个黄金罗盘的电影海报。

📒 难易程度：★★★

📦 文件路径：素材\第 4 章\061

🎬 视频文件：mp4\第 4 章\061

01 执行"文件"|"打开"命令，在"打开"对话框中选择"电影海报"素材，单击"打开"按钮，效果如图 4-19 所示。

图 4-19

02 选择工具箱中的"横排文字工具" T，设置工具选项栏中的字体为"汉仪粗宋简"、字体大小为"100 点"，设置颜色为橙色（#eb951a），在图像窗口中输入文字，如图 4-20 所示。

图 4-20

03 执行"图层"|"图层样式"|"斜面和浮雕"命令，弹出"图层样式"对话框，设置参数如图 4-21 所示。

04 设置完毕后，单击"确定"按钮，退出"图层样式"对话框，添加斜面和浮雕的效果，如图 4-22 所示。

图 4-21

图 4-22

📚 提示：　"斜面和浮雕"是一个非常实用的图层效果，可用于制作各种凹凸的浮雕图像或文字。

05 运用上述输入文字的操作方法，输入其他的文字，如图 4-23 所示。

图 4-23

062 渐变叠加——我的时尚 我做主

渐变叠加命令用于图像产生一种渐变叠加效果。本实例主要通过渐变叠加图层样式，制作一副时尚广告。

难易程度：★★★

文件路径：素材\第 4 章\062

视频文件：mp4\第 4 章\062

01 启动 Photoshop CC，执行"文件"|"打开"命令，在"打开"对话框中选择"时尚人物"素材，单击"打开"按钮，如图 4-24 所示。

02 选择工具箱中的"横排文字工具" T ，设置工具选项栏中的字体为"方正粗宋简体"、字体大小为"400 点"，输入文字，并对文字进行调整，选择所有文字图层，单击鼠标右键，在弹出的快捷菜单中选择"合并图层"或按快捷键 Ctrl+E，合并文字图层，如图 4-25 所示。

图 4-26　　　　　　　图 4-27

图 4-24　　　　　　　图 4-25

03 执行"图层"|"图层样式"|"渐变叠加"命令，弹出"图层样式"对话框，单击渐变条，在弹出的"渐变编辑器"对话框中设置参数如图 4-26 所示。

04 其中蓝色的参数值为（#00a9e0），紫色的参数值为（#323490），梅红色的参数值为（#ea1688），红色的参数值为（#eb2e2e），黄色的参数值为（#fde92d），绿色的参数值为（#009e54）。

05 单击"确定"按钮，返回"图层样式"对话框，设置渐变叠加的参数如图 4-27 所示。

提示：在"渐变叠加"面板中，角度选项可以设置光照的角度。

06 单击"确定"按钮，退出"图层样式"对话框，添加"渐变叠加"的效果如图 4-28 所示。

07 运用上述同样的操作方法，为"文字"图层添加"描边"的图层样式，如图 4-29 所示。

08 运用上述制作文字的操作方法，制作其他的文字，得到最终的效果如图 4-30 所示。

图 4-28　　　　图 4-29　　　　图 4-30

063 外发光——洋酒广告

"外发光"效果可以在图像边缘产生光晕,从而将对象从背景中分离出来,以达到醒目、突出主题的作用,本实例主要通过外发光图层样式,制作一副洋酒广告。

难易程度:★ ★ ★

文件路径:素材\第 4 章\063

视频文件:mp4\第 4 章\063

01 启动 Photoshop CC,执行"文件"|"打开"命令,在"打开"对话框中选择"背景"素材,单击"打开"按钮,效果如图 4-31 所示。

02 按快捷键 Ctrl+O,弹出"打开"对话框,选择"酒瓶"素材,单击"打开"按钮,选择"移动工具" ,将素材添加至文件中,放置在合适的位置,如图 4-32 所示。

图 4-31　　　　　　图 4-32

03 单击图层面板底部的"添加图层样式"按钮 ,在弹出的快捷菜单中选择"外发光"选项,弹出"图层样式"对话框,设置外发光参数如图 4-33 所示。

提示:在设置发光颜色时,应选择与发光文字或图形反差较大的颜色,这样才能得到较好的发光效果,默认发光的颜色为黄色。

04 单击"确定"按钮,为"酒瓶"素材添加"外发光"图层样式,效果如图 4-34 所示。

图 4-33　　　　　　图 4-34

05 新建一个图层,设置前景色为白色,选择"画笔工具" ,设置工具选项栏中的"硬度"为 90%,"不透明度"和"流量"均为 100%,在图像窗口中绘制光线,如图 4-35 所示。

06 选择"自定形状工具" ,在工具选项栏中的"形状"下拉列表中找到"蝴蝶"图案,绘制两个"形状"蝴蝶图层,如图 4-36 所示。

图 4-35　　　　　　图 4-36

07 选择"酒瓶"图层，单击鼠标右键，在弹出的快捷菜单中选择"复制图层样式"对话框，为线条，蝴蝶图层添加"外发光"图层样式，添加后的效果如图 4-37 所示。

08 选择工具箱中的"横排文字工具" T，设置工具选项栏中的"字体"为"Myriad Pro"、"字体大小"为 12 点，输入文字，如图 4-38 所示。

09 运用同样的操作方法，添加其他的文字，如图 4-39 所示。

图 4-37

图 4-38

图 4-39

064 描边——镜头

随着社会的发展，如今已经进入电子产品的时代，本案通过描边图层样式制作了一款流行的时尚镜头案例。

■ 难易程度：★★★

■ 文件路径：素材\第 4 章\064

■ 视频文件：mp4\第 4 章\064

01 启动 Photoshop CC，执行"文件"|"打开"命令，打开"镜头"文件，效果如图 4-40 所示。

02 选择"镜头"图层，单击图层面板底部的"添加图层样式"按钮 fx，在弹出的快捷菜单选择"描边"选项，弹出"图层样式"对话框，设置参数及效果如图 4-41 所示。

图 4-40

图 4-41

03 更改填充类型为"渐变",设置参数及效果如图 4-42 所示。

图 4-42

04 更改填充类型为"图案",设置参数及效果如图 4-43 所示。设置完毕后,单击"确定"按钮,完成描边的制作。

图 4-43

065　图层混合模式 1——花神

本实例通过制作一幅创意海报,学习网格工具的运用。

难易程度:★★★

文件路径:素材\第 4 章\065

视频文件:mp4\第 4 章\065

01 启用 Photoshop 后,执行"文件"|"新建"命令,弹出"新建"对话框,在对话框中设置参数如图 4-44 所示,单击"确定"按钮,新建一个空白文件。

图 4-44

设置颜色为(#f6363e)到(#de89db)单击"确定"按钮,关闭"渐变编辑器"对话框。单击"线性渐变"按钮 ,在图像中按住并由左下至右上拖动光标,填充渐变,如图 4-45 所示。

图 4-45

02 选择"渐变工具" ,在工具选项栏中单击渐变条 ,打开"渐变编辑器"对话框,

03 按快捷键 Ctrl+O,弹出"打开"对话框,选择"花纹"素材,单击"打开"按钮,如图 4-46 所示。

04 执行"选择"|"色彩范围"命令,弹出"色彩范围"对话框,设置参数如图 4-47 所示。

图 4-46　　　　　　　　图 4-47

05 单击"确定"按钮,得到花纹的选区,选择"移动工具" ⊕ ,将选区内的图像拖动至文件中,设置前景色为白色,按快捷键 Alt+Delete,填充颜色,如图 4-48 所示。将图层复制几份,调整好位置,如图 4-49 所示。

图 4-48　　　　　　　　图 4-49

06 将花纹图层合并,设置图层的混合模式为"叠加",不透明度为20%,如图 4-50 所示。

07 执行"文件"|"打开"命令,弹出"打开"对话框,选择"人物"素材,单击"打开"按钮,如图 4-51 所示。

图 4-50　　　　　　　　图 4-51

08 运用移动工具将人物素材添加至文件中,调整好大小和位置,添加图层蒙版,运用黑色画笔涂抹背景,得到如图 4-52 所示的效果。

09 新建一个图层,设置前景色为红色(#a12a35),选择"画笔工具" ✍ ,移动光标至图像窗口中人物眼皮部分单击,绘制效果如图 4-53 所示。绘制的时候,选择"橡皮擦工具" ✎ ,擦除多余的部分。

图 4-52　　　　　　　　图 4-53

10 在图层面板中设置"图层 2"图层的"混合模式"为"颜色"、"不透明度"为 50%,图像效果如图 4-54 所示。

11 运用同样的操作方法,添加口红和腮红,效果如图 4-55 所示。

图 4-54　　　　　　　　图 4-55

12 执行"文件"|"打开"命令,打开"花朵"素材,添加至文件中,调整好大小、位置和角度,如图 4-56 所示。

13 将花朵素材复制一份,调整好大小、位置和角度,如图 4-57 所示。

图 4-56　　　　　　　　图 4-57

14 运用同样的操作方法，添加"绿叶"素材，如图 4-58 所示。

15 运用同样的操作方法，添加"花环""项链"素材至画面中，效果如图 4-59 所示。

图 4-58　　　　　　　图 4-59

16 执行"文件"|"打开"命令，打开"叶子"素材，添加至文件中，调整好大小、位置和图层顺序，如图 4-60 所示。

17 设置图层的填充为 0%，执行"图层"|"图层样式"|"描边"命令，在弹出的"图层样式"对话框中设置参数如图 4-61 所示。

图 4-60　　　　　　　图 4-61

18 单击"确定"按钮，添加描边的效果如图 4-62 所示。

图 4-62

19 运用同样的操作方法，添加其他的叶子素材，如图 4-63 所示。

图 4-63

20 运用画笔工具绘制一些彩色的光晕，如图 4-64 所示。

图 4-64

21 在图层面板中设置图层的"混合模式"为"颜色"，图像效果如图 4-65 所示。

图 4-65

22 单击图层面板下方"创建新的填充或调整图层"按钮 ，在弹出的快捷菜单中选择"亮度/对比度"选项，在图层面板生成"亮度/对比度"图层，同时在"亮度/对比度"调整面板中进行参数设置，如图 4-66 所示，此时图像效果如图 4-67 所示。

图 4-66

图 4-67

066 图层混合模式 2——时尚达人

时尚的你是否也想为自己的美照做各式不同的创意效果？本案例将通过"变暗"和"滤色"混合模式来完成一幅绝美的图像处理。

📖 难易程度：★★★

🖼 文件路径：素材\第 4 章\066

🎬 视频文件：mp4\第 4 章\066

01 启动 Photoshop CC，执行"文件"|"打开"命令，打开"人物"文件，效果如图 4-68 所示。

02 打开"花纹"文件，拖至画面中，放置合适的位置上，如图 4-69 所示。

04 按快捷键 Ctrl+J，复制图层，按快捷键 Ctrl+T，进入自由变换状态，调整图层副本的大小和角度以及位置。

05 打开"花纹"文件，将花纹拖至画面中，放置合适的位置上，如图 4-71 所示。

图 4-68　　　　　　图 4-69

图 4-70　　　　　　图 4-71

03 设置图层面板上的混合模式为"变暗"，效果如图 4-70 所示。

06 设置图层面板上的混合模式为"滤色"，效果如图 4-72 所示。

07 复制图层，得到最终的效果如图 4-73 所示。

> 提示：变暗模式是比较两个图层，当前图层中较亮的像素会被底层较暗的像素替换，亮度值比底层像素低的像素保持不变。
>
> 滤色模式与正片叠底模式的效果相反，它可以使图像产生漂白的效果，类似于多个摄影幻灯片在彼此之上投影。

图 4-72   图 4-73

067 图层混合模式 3——蓝魔瓶

通过设置各个图层的混合模式，可控制各个图层图像之间的相互影响和作用，从而将图像完美融合在一起。本实例主要通过图层的混合模式，制作一副蓝魔瓶的创意合成。

难易程度：★★★

文件路径：素材\第 4 章\067

视频文件：mp4\第 4 章\067

01 启动 Photoshop CC，执行"文件"|"打开"命令，在"打开"对话框中选择"背景"素材，单击"打开"按钮，如图 4-74 所示。

02 运用同样的操作方法，打开一张"翅膀"素材，放置合适的位置，如图 4-75 所示。

03 设置图层的"混合模式"为"叠加"，并为图层添加图层蒙版，隐藏瓶子外的图像，效果如图 4-76 所示。

04 按快捷键 Ctrl+O，弹出"打开"对话框，选择"云彩"素材，单击"打开"按钮，选择"移动工具" ，将素材添加至文件中，放置在合适的位置，如图 4-77 所示。

05 设置云彩图层的"混合模式"为"滤色"，效果如图 4-78 所示。

图 4-74   图 4-75   图 4-76

图 4-77   图 4-78

06 运用上面的操作方法，添加"金鱼"素材，设置图层的"混合模式"为"变亮"，效果如图4-79 所示。

07 运用同样的操作方法，添加其他素材，设置相应的"混合模式"，得到最终效果如图 4-80 所示。

图 4-79   图 4-80

提示：变亮模式与变暗模式相反，混合结果为图层中较亮的颜色。

068 图层混合模式4——另一个我

案例通过对斑马纹理的混合模式处理，产生具有艺术气息的画面感，体现实例主题"另一个我"。

难易程度：★★★

文件路径：素材\第 4 章\068

视频文件：mp4\第 4 章\068

01 启动 Photoshop CC，执行"文件"|"打开"命令，在"打开"对话框中选择"人物""斑马"素材，单击"打开"按钮，如图4-81 所示。

图 4-81

02 选择"斑马"文件，拖至"人物"文件中并调整好大小及位置，如图 4-82 所示。

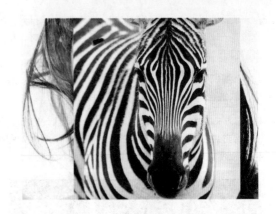

图 4-82

03 在图层面板上的"混合模式"下拉列表中选择"正片叠底"选项，如图 4-83 所示。设置不透明度值为"20%"，单击图层面板底部的"添加图层蒙版"按钮，选中蒙版图层，设置前景色为黑色，选择"画笔工具"，在嘴唇及人物之外的图像上涂抹，使其隐藏，效果如图 4-84 所示。

图 4-83

图 4-85

图 4-84

04 打开"花朵"文件并拖至文件中，调整好位置，如图 4-85 所示。

05 设置不透明度值为"20%"，添加"文字"素材并设置好不透明度，效果如图 4-86 所示。

图 4-86

069　调整图层 1——柔美的蓝色调

　　调整图层是一种特殊的图层，它可以将颜色和色调调整应用于图像，但不会改变原图像的像素，因此，不会对图像产生实质性的破坏。

难易程度：★★★

文件路径：素材\第 4 章\069

视频文件：mp4\第 4 章\069

01 启动 Photoshop CC，执行"文件"|"打开"命令，在"打开"对话框中选择"车展"素材，单击"打开"按钮，如图 4-87 所示。

02 单击图层面板底部的"创建新的填充或调整图层"按钮，在弹出的快捷菜单中选择"色相/饱和度"选项，弹出"色相/饱和度"对话框，设置参数如图 4-88 所示。

图 4-87　　　　　　　图 4-88

03 关闭窗口，设置图层混合模式为"溶解"，使用画笔工具在蒙版上涂抹需要隐藏效果的位置，使其隐藏，如图 4-89 所示。

图 4-89

04 创建"色阶"调整图层，设置参数及效果如图 4-90 所示。

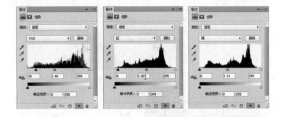

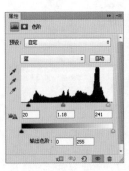

图 4-90

05 再次创建"色阶"调整图层，设置参数，关闭"色阶"窗口，选中"色阶 2"蒙版图层，使用画笔工具在需要隐藏效果的位置上涂抹，使其隐藏，效果如图 4-91 所示。

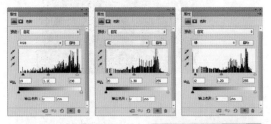

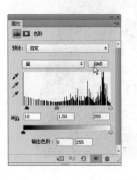

图 4-91

06 创建"选取颜色"调整图层，设置参数如图 4-92 所示。参数设置完毕后，关闭"选取颜色"窗口，设置图层不透明度为 50%，得到最终效果如图 4-93 所示。

图 4-92　　　　　　　图 4-93

> **提示:** 在 Photoshop 中，图像色彩与色调调整有两种不同的方法，除了使用调整图层来操作外，还可以执行"图像"|"调整"命令来完成，使用调整图层来处理图像照片时，它的好处是有调整效果时，不会修改原图像的像素，而且还能隐藏或删除调整图层，便可以将图像恢复为原来的状态。

070 调整图层 2——时尚清雅的淡黄派风格

本实例运用一系列的调整图层命令带领大家打造时尚清雅的淡黄派风格,领略雏菊等待浪漫邂逅的温情。

📖 难易程度:★★★

📁 文件路径:素材\第 4 章\070

🎬 视频文件:mp4\第 4 章\070

01 启动 Photoshop CC,执行"文件"|"打开"命令,在"打开"对话框中选择"菊"素材,单击"打开"按钮,如图 4-94 所示。

02 单击图层面板底部的"创建新的填充或调整图层"按钮 ⚫,在弹出的快捷菜单中选择"曲线"选项,弹出"曲线"对话框,设置参数如图 4-95 所示。

图 4-94   图 4-95

03 "曲线"调整完毕后,关闭窗口,效果如图 4-96 所示。

04 按快捷键 Shift+Ctrl+N,弹出"新建图层"对话框,保持默认值,单击"确定"按钮,新建图层,设置前景色为蓝色(#4a60e3),选择"画笔工具" 🖌,在工具选项栏中设置合适的硬度,不透明度和流量值,在右上角的位置上涂抹,如图 4-97 所示。

05 设置图层的混合模式为"颜色加深",再次新建图层,设置前景色为青色(#4d7694),使用画笔在合适的位置上涂抹,设置图层面板上的不透明度值为 60%,如图 4-98 所示。

图 4-96   图 4-97   图 4-98

06 设置图层的混合模式为"叠加",创建"曲线"调整图层,设置参数如图 4-99 所示。

07 参数设置完毕后,关闭窗口,效果如图 4-100 所示。

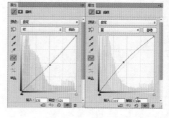 

图 4-99   图 4-100

08 创建"通道混合器"调整图层,设置参数如图 4-101 所示.

09 参数设置完毕后,关闭窗口,效果如图 4-102 所示。

图 4-101　　　　　　　图 4-102

图 4-103　　　　　　　图 4-104

12 添加文字至画面中，得到最终效果如图 4-106 所示。

图 4-105　　　　　　　图 4-106

10 创建"色彩平衡"调整图层，设置参数如图 4-103 所示，参数设置完毕后，关闭窗口，效果如图 4-104 所示。

11 新建图层，设置前景色为黑色，选择"画笔工具" ，在工具选项栏中设置合适的硬度，不透明度和流量值，在周围的位置上涂抹，设置图层不透明度为 70%，如图 4-105 所示。

071 调整图层 3——唯美境界

本实例运用一系列的调色命令来完成一幅唯美境界的美女合成图像。

难易程度：★★★

文件路径：素材\第 4 章\071

视频文件：mp4\第 4 章\071

01 启用 Photoshop 后，执行"文件"|"新建"命令，弹出"新建"对话框，在对话框中设置参数

如图 4-107 所示，单击"确定"按钮，新建一个空白文件。

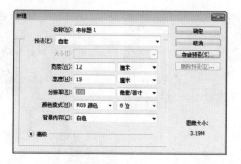

图 4-107

02 选择"渐变工具" ，在工具选项栏中单击渐变条 ，打开"渐变编辑器"对话框，设置参数如图 4-108 所示。单击"确定"按钮，关闭"渐变编辑器"对话框。按下"径向渐变"按钮 ，移动光标至图像窗口中间位置，然后拖动光标至图像窗口边缘，释放鼠标后，得到如图 4-109 所示的效果。

图 4-108　　　　　　　图 4-109

03 按快捷键 Ctrl+O，弹出"打开"对话框，选择"云彩"照片文件，单击"打开"按钮，将云彩照片素材添加至图像中，调整照片位置和大小，效果如图 4-110 所示，图层面板自动生成"图层 1"图层。

图 4-110

04 单击图层面板上的"添加图层蒙版"按钮 ，为"图层 1"图层添加图层蒙版。编辑图层蒙版，设

置前景色为黑色，选择"画笔工具" ，按"["或"]"键调整合适的画笔大小，在图像上涂抹，擦除多余的部分，涂抹完成后效果如图 4-111 所示。

05 按快捷键 Ctrl+O，打开"郁金香"素材文件，并将其添加至图像中，按快捷键 Ctrl+T，进入自由变换状态，对其进行水平翻转并调整位置和大小，效果如图 4-112 所示，图层面板自动生成"图层 2"图层。

图 4-111　　　　　　　图 4-112

06 设置"图层 2"图层的"混合模式"为"强光"，单击图层面板上的"添加图层蒙版"按钮 ，为"图层 2"图层添加图层蒙版，选择"画笔工具" ，设置前景色为黑色，在图像上涂抹，效果如图 4-113 所示。

07 按快捷键 Ctrl+J，将"图层 2"图层复制一层，得到"图层 2 复制"图层，并适当调整大小，填充图层蒙版为白色，效果如图 4-114 所示。

图 4-113　　　　　　　图 4-114

08 选择"画笔工具" ，设置前景色为黑色，在蒙版中进行涂抹，完成后效果如图 4-115 所示。

09 运用同样的操作方法添加"桃花"素材文件，设置图层的"混合模式"为"强光"，复制几份并添加图层蒙版，效果如图 4-116 所示。

图 4-115   图 4-116

10 新建图层，选择"椭圆选框工具"⬭，按住 Shift 键的同时，绘制一个正圆选区，设置前景色为淡蓝色（#41bbed）。

11 选择"渐变工具"▣，按下"径向渐变"按钮▣，单击渐变条，从弹出的渐变列表中选择"前景色到透明"渐变。勾选工具选项栏中的"反向"复选框。在图像窗口中拖动鼠标，填充渐变，得到如图 4-117 所示的效果。

12 单击图层面板上的"添加图层蒙版"按钮▣，为桃花素材图层添加图层蒙版。

13 设置前景色为黑色，选择"画笔工具"✎，按"["或"]"键调整合适的画笔大小，在工具选项栏中降低画笔的"不透明度"和"流量"，在渐变圆中涂抹，使其更加通透，效果如图 4-118 所示。

图 4-117   图 4-118

14 选择"移动工具"▶✛，调整渐变圆的位置，如图 4-119 所示。

15 执行"文件"|"打开"命令，或按快捷键 Ctrl+O，打开一张"人物"素材图像，选择"移动工具"▶✛将素材添加至文件中，调整好大小和位置，如图 4-120 所示。

图 4-119   图 4-120

16 执行"图像"|"调整"|"阴影/高光"命令，在弹出"阴影/高光"的对话框中设置参数如图 4-121 所示。

17 单击"确定"按钮，效果如图 4-122 所示。

图 4-121   图 4-122

18 创建曲线调整图层分别对 RGB，红，绿，蓝进行调整，参数设置如图 4-123 所示。

19 按快捷键 Ctrl+Alt+G，创建剪贴蒙版，使此调整只作用于人物素材图像，效果如图 4-124 所示。

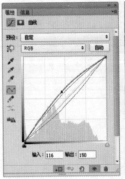 

图 4-123   图 4-124

20 单击图层面板底部的"创建新的填充或调整图层"按钮 ⚫ ，在弹出的快捷键菜单中选择"纯色"选项，弹出"拾色器"对话框，设颜色为紫色（# 530d6e），图层混合模式改为"滤色"，不透明度改为50%，按快捷键Ctrl+Alt+G，创建剪贴蒙版，效果如图4-125所示。

21 新建一个图层，填充颜色为蓝色（#a7f5fd），图层混合模式改为"颜色加深"，按快捷键Ctrl+Alt+G，创建剪贴蒙版，效果如图4-126所示。

图 4-129　　　　　　图 4-130

图 4-125　　　　　　图 4-126

25 打开已有的"桃花"素材图像，选择"磁性套索工具" ，围绕桃花创建大致选区，选择"多边形套索工具" ，配合使用Shift和Alt键，调整选区，将桃花选择出来。

26 选择"移动工具" ，将素材添加至文件中，复制多份，调整好大小、位置和角度，效果如图4-131所示。

27 新建一个图层，设置前景色为白色，选择"画笔工具" ，设置工具选项栏中的"硬度"为0%，在图像窗口中单击，绘制如图4-132所示的光点。在绘制的时候，可通过按"［"键和"］"键调整画笔的大小，以便绘制出不同大小的光点。

22 创建曲线调整图层，对RGB及蓝色进行调整，按快捷键Ctrl+Alt+G，创建剪贴蒙版，使此调整只作用于人物素材图像，参数设置如图4-127所示。

23 新建一个纯色调整图层，设颜色为紫色（#2b0d59），图层混合模式改为"滤色"，不透明度改为70%，效果如图4-128所示。

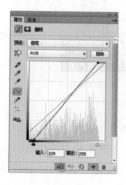

图 4-127　　　　　　图 4-128

图 4-131　　　　　　图 4-132

28 新建一个图层，设置前景色为黑色，选择"画笔工具" ，在图像四周涂抹，制作暗角效果，如图4-133所示。

29 添加上文字素材，效果如图4-134所示。

30 运用同样的操作方法创建曲线调整图层，对RGB及蓝色进行调整，参数设置如图4-135所示。

24 创建渐变映射调整图层，颜色设置如图4-129所示，确定后把图层混合模式改为"柔光"，不透明度改为30%，按快捷键Ctrl+Alt+G，创建剪贴蒙版，效果如图4-130所示。

31 调整完成后设置图层的"不透明度"为50%，效果如图4-136所示。

图 4-133

图 4-134

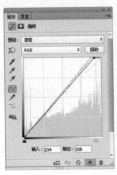

图 4-135

图 4-136

072 图层蒙版——玻璃窗

你孩童时是否放过漂流瓶？是否也有当航海员的理想？本案例将通过图层蒙版这一功能来完成我们小时候的梦想。

📖 难易程度：★ ★ ★

🖼 文件路径：素材\第 4 章\072

🎞 视频文件：mp4\第 4 章\072

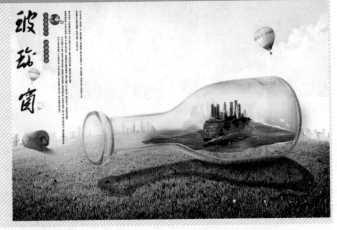

01 启动 Photoshop CC，执行"文件"|"打开"命令，在"打开"对话框中选择"城市背景"素材，单击"打开"按钮，效果如图 4-137 所示。

02 打开"玻璃瓶"素材，如图 4-138 所示。拖至城市背景文件上，单击图层面板底部的"添加图层蒙版"按钮 🔲，为对象添加图层蒙版，选中蒙版图层，选择"画笔工具" 🖌，设置前景色为黑色，涂抹绿色的背景与玻璃瓶中间的位置使其隐藏，效果如图 4-139 所示。

图 4-139

🎗 **技巧：** 在运用画笔工具涂抹对象时，可以在工具选项栏中适当地调整画笔的不透明度和流量，按"["键缩小画笔大小，按"]"键放大画笔大小。

图 4-137

图 4-138

03 新建图层，按快捷键 Ctrl+[，向下一层，前景色默认为黑色，按快捷键 Alt+Delete，填充前景色，按 Alt 键的同时单击图层面板底部的"添加图层蒙版"按钮 🔲添加蒙版，选中蒙版，选择"画笔工具" 🖌，设置前景色为白色，涂抹出玻璃瓶倒影轮廓使其显示，并设图层不透明度为 80%，效果如图 4-140 所示。添加"草地"素材，放置玻璃瓶的底部，使其有厚重感，效果如图 4-141 所示。

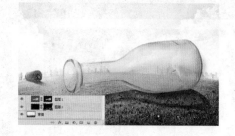

图 4-140

图 4-141

04 添加"海水"素材，放置合适的位置，如图 4-142 所示。为"海水"图层添加图层蒙版，隐藏不需要的部分，效果如图 4-143 所示。

图 4-142

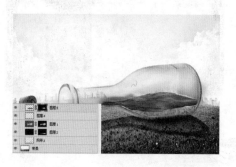

图 4-143

05 按 Shift 键同时选中除背景外的图层，按快捷键 Ctrl+G，编织组，重命名为"玻璃瓶"。

06 添加"轮船"素材，放置合适的位置上，如图 4-144 所示。

图 4-144

07 运用相同的方法，为对象添加图层蒙版，隐藏不需要的部分，效果如图 4-145 所示。

图 4-145

08 添加"热气球""文字"素材，放置相应的位置上，得到最终的效果如图 4-146 所示。

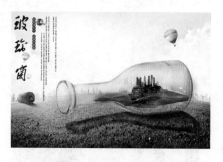

图 4-146

提示：图层蒙版主要用于合成图像。此外，我们创建调整图层，填充图层或者应用智能滤镜时，Photoshop 也会自动为其添加图层蒙版，因此，图层蒙版可以控制颜色调整和滤镜范围。

073 剪贴蒙版——儿童节快乐

儿童的世界是五彩缤纷的，儿童节到了，让我们来为快乐的儿童们制作一个手机屏保吧！

难易程度：★★★

文件路径：素材\第 4 章\073

视频文件：mp4\第 4 章\073

01 启动 Photoshop CC，执行"文件"|"打开"命令，在"打开"对话框中选择"儿童节背景""气球"素材，单击"打开"按钮，效果如图 4-147 所示。

图 4-147

提示：剪贴蒙版可以用一个图层中包含像素的区域来限制它上层图像的显示范围，它的最大优点是可以通过一个图层来控制多个图层的可见内容，而图层蒙版和矢量蒙版都只能用于控制一个图层。

02 选中"气球"素材文件，拖至"儿童节背景"文件中，并调整好位置，如图 4-148 所示。

图 4-148

03 添加两张人物素材，放置文件中，调整好位置和角度，如图 4-149 所示。

图 4-149

04 选中"男孩"图层，执行"图层"|"创建剪贴蒙版"命令，或按快捷键 Ctrl+Alt+G，将人物裁剪至粉红色的气球中，如图 4-150 所示。

图 4-150

提示：剪贴蒙版可以应用到多个图层，但有一个前提是这些图层必须相邻。

05 选中"女孩"图层，按快捷键 Ctrl+【，向下一层，放置红色气球图层上。按 Alt 键的同时在两个图层之间单击，如图 4-151 所示，创建剪贴蒙版。

06 添加"文字"素材至画面中，按快捷键 Ctrl+Alt+Shift+E，盖印可见图层，如图 4-152 所示。

图 4-151　　　　　　图 4-152

07 打开"手机"素材文件，如图 4-153 所示。

图 4-153

08 选择"矩形选框工具" [], 在屏幕的位置上绘制矩形选框，按快捷键 Ctrl+J，复制对象，如图 4-154 所示。

图 4-154

09 回到"儿童节"文件界面，拖动"盖印"图层至"手机"文件中，并创建剪贴蒙版，效果如图 4-155 所示。

图 4-155

技 巧： 选择一个内容图层，执行"图层" | "释放剪贴蒙版"命令，或按快捷键 Ctrl+Alt+G，可以从剪贴蒙版中释放出该图层，如果该图层上面还有其他内容图层，则这些图层也会一同释放。

074　矢量蒙版——清凉夏日

　　炎热的夏天，你羡慕海里的鱼儿吗？本案例带领大家来制作一幅清凉的夏日美景。

难易程度：★★★

文件路径：素材\第 4 章\074

视频文件：mp4\第 4 章\074

01 启动 Photoshop CC，执行"文件"|"打开"命令，在"打开"对话框中选择"人物""海景"素材，单击"打开"按钮，将人物拖至海景图像中，如图 4-156 所示。

图 4-156

02 选择工具箱中的"圆角矩形工具" ，在工具选项栏中选择"路径"选项 ，半径为 40 像素，在画面中单击并拖动鼠标绘制圆角矩形路径，效果如图 4-157 所示。

图 4-157

03 执行"图层"|"矢量蒙版"|"当前路径"命令，或按住 Ctrl 键单击"添加图层蒙版"按钮 ，路径区域外的图像会被蒙版遮盖，如图 4-158 所示。

图 4-158

04 单击矢量蒙版将其选择，它的缩览图外面会出现一个白色的框，此时画面中会显示出矢量图形。

05 选择"自定形状工具" ，在形状下拉列表中选择五角星，选择"路径"选项和"排除重叠形状"选项 ，然后绘制五角星，可以将它添加到矢量蒙版中，如图 4-159 所示。

图 4-159

技巧： 执行"图层"|"矢量蒙版"|"显示全部"命令，可以创建一个显示全部图像内容的矢量蒙版，执行"图层"|"矢量蒙版"|"隐藏全部"命令，可以创建隐藏全部图像的矢量蒙版。

06 单击图层面板底部的"添加图层样式"按钮 fx，在弹出的快捷菜单中选择"描边"选项，弹出"图层样式"对话框，设置参数如图 4-160 所示。

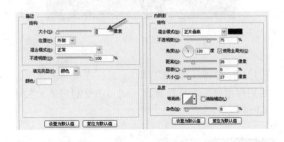

图 4-160

07 设置完毕后，单击"确定"按钮，如图 4-161 所示。

图 4-161

第5章
路径和形状的应用

　　路径和形状是 Photoshop 可以建立的两种矢量图形。由于是矢量对象，因此可以自由地缩小或放大，而不影响其分辨率，还可输出到 Illustrator 矢量图形软件中进行编辑。

　　路径在 Photoshop 中有着广泛的应用，它可以描边和填充颜色，可作为剪切路径而应用到矢量蒙版中。此外，路径还可以转换为选区，因而常用于抠取复杂而光滑的对象。

　　本章通过 15 个实例，详细讲解了路径和形状工具的使用方法以及在平面设计中的应用。

075 钢笔工具——金鱼水草

钢笔工具是绘制和编辑路径的主要工具，了解和掌握钢笔工具的使用方法是创建路径的基础。本实例主要运用钢笔工具，制作一个金鱼水草的清新广告。

📖 难易程度：★★★★

📁 文件路径：素材\第 5 章\075

🎬 视频文件：mp4\第 5 章\075

01 启动 Photoshop CC，执行"文件"|"打开"命令，在"打开"对话框中选择"背景"素材，单击"打开"按钮，如图 5-1 所示。

02 选择"钢笔工具" 🖊️，选择工具选项栏中"路径"，绘制路径，如图 5-2 所示。

图 5-1   图 5-2

📚 **提 示**：绘制曲线路径比绘制直线路径相对要复杂些，绘制时，首先将钢笔的笔尖放在要绘制路径的开始点位置，单击定义第一个点作为起始锚点，此时钢笔光标变成箭头光标。当单击确定第二个锚点时，单击并拖移，以创建方向线。按此方法继续创建锚点，即可绘制出曲线路径。

03 按快捷键 Ctrl+回车，将路径载入为选区，如图 5-3 所示。

04 设置前景色为枚红色（#ed3189），新建一个图层，按快捷键 Alt+Delete，填充颜色，效果如图 5-4 所示。

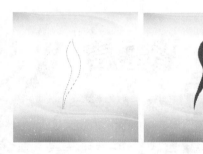

图 5-3   图 5-4

05 新建一个图层，设置前景色为紫色（#9f2883），选择"画笔工具" 🖌️，设置"不透明度"为 80%，沿着选区边缘涂抹上色，涂抹的时候用力要均匀，先涂上淡色然后再加重，如图 5-5 所示。

06 运用同样的操作方法，绘制其他图形，如图 5-6 所示。

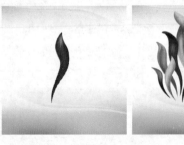

图 5-5   图 5-6

07 按快捷键 Ctrl+O，弹出"打开"对话框，选择"鱼缸"素材，单击"打开"按钮，选择"移动工具""，将素材添加至文件中，放置在合适的位置，如图 5-7 所示。

08 打开图层面板，设置图层的"混合模式"为"正片叠底"，效果如图 5-8 所示。

图 5-9

图 5-7　　　　　　　　图 5-8

09 运用同样的操作方法，添加其他的素材，得到最终的效果，如图 5-9 所示。

技 巧： 在绘制路径时，如果将光标放于路径第一个锚点处，钢笔光标的右下角处会显示一个小圆圈标记，此时单击即可使路径闭合，得到闭合路径。

076　自由钢笔工具——中国陶瓷

　　自由钢笔工具可用来绘制比较自由的、随手而画的路径。本实例通过使用自由铅笔工具抠取图像，制作一幅中国陶瓷的宣传单。

📖 难易程度：★★★★

📁 文件路径：素材\第 5 章\076

💿 视频文件：mp4\第 5 章\076

01 启动 Photoshop CC，执行"文件"|"打开"命令，在"打开"对话框中选择"仕女"素材，单击"打开"按钮，如图 5-10 所示。

02 选择工具箱中的"自由钢笔工具"，勾选工具选项栏中的"磁性的"，启用磁性钢笔工具，按 Ctrl+空格键，放大头部区域。

03 在轮廓清晰的地方单击并拖动，沿仕女边缘拖动光标即可创建路径，如图 5-11 所示。

图 5-10　　　　　　　　图 5-11

提示： 自由钢笔工具用来绘制比较随意的图形，它的使用方法与套索工具非常相像，选择自由钢笔工具后可以转换为磁性钢笔工具，磁性钢笔工具与磁性套索工具非常相似，在使用时，只需在对象边缘单击，沿边缘拖动即可创建路径。

04 创建完路径后，得到结果如图 5-12 所示。按快捷键 Ctrl+回车，将其载入选区，单击图层面板底部的"添加图层蒙版"按钮 ，为图层添加图层蒙版，如图 5-13 所示。

图 5-12   图 5-13

05 添加"陶瓷宣传单"文件，将"仕女"文件移至宣传单中，调整好位置，如图 5-14 所示。

图 5-14

06 按快捷键 Ctrl+J，复制图层，再按快捷键 Ctrl+T，进入自由变换状态，单击右键，在弹出的快捷菜单中选择"水平翻转"选项，按回车键，确定翻转，移至合适的位置上，如图 5-15 所示。

图 5-15

077 磁性钢笔工具——我的彩色世界

选择自由钢笔工具后，在工具选项栏中勾选"磁性的"，可以将自由钢笔工具转换为磁性钢笔工具。本实例将通过具体的步骤来讲解磁性钢笔工具的用途。

难易程度：★★★

文件路径：素材\第 5 章\077

视频文件：mp4\第 5 章\077

96

01 执行"文件"|"打开"命令，在"打开"对话框中选择"彩铅""时尚狗"素材，单击"打开"按钮，如图 5-16 所示。

图 5-16

02 选择"自由钢笔工具" ，勾选工具选项栏中的"磁性的"复选框，按快捷键 Ctrl+空格键，放大眼睛部位，将光标放置太阳镜边缘并单击确定起点，沿着边缘拖动光标即可绘制路径，如图 5-17 所示。

图 5-17

03 按快捷键 Ctrl+回车，转换为选区，如图 5-18 所示。

图 5-18

04 选择"移动工具" 或按 V 键，拖动选区至彩铅文件中，按快捷键 Ctrl+T，进入自由变换状态，调整太阳镜的角度及大小，如图 5-19 所示。

05 按回车键，确定变换，设前景色为黑色，选择"画笔工具" ，涂抹掉镜片上的白色。复制一份放置右下角，得到效果如图 5-20 所示。

图 5-19　　　　　　　图 5-20

078　矩形工具——美丽心情

　　使用矩形工具可绘制出矩形、正方形的形状、路径或填充区域，使用方法也比较简单。本实例主要利用矩形工具，制作一个漂亮的相册板式。

　难易程度：★★★

　文件路径：素材\第 5 章\078

　视频文件：mp4\第 5 章\078

01 执行"文件"|"打开"命令，在"打开"对话框中选择"背景"素材，单击"打开"按钮，如图 5-21 所示。

图 5-21

02 选择工具箱中的"矩形工具" ，在工具选项栏中选择"形状"，填充色设为白色，在图像窗口中按住鼠标并拖动，绘制矩形，如图 5-22 所示。

图 5-22

03 运用同样的操作方法，继续绘制不同大小的矩形，如图 5-23 所示。

图 5-23

提 示： 选择矩形工具后，按住 Shift 键拖动则可以创建正方形，按住 Alt 键拖动以单击点为中心向外创建矩形，按 Shift+Alt 键以单击点为中心向外创建正方形。

04 按快捷键 Ctrl+O，弹出"打开"对话框，选择"人物 1""人物 2""人物 3"素材，单击"打开"按钮，选择"移动工具" ，将素材添加至文件中，放置在合适的位置，如图 5-24 所示。

图 5-24

079 圆角矩形工具——我爱地球村

你相信真的有世界末日吗？随着天气的异常，各式各样的灾难频繁发生，爱护地球也就成了当下流行的话题。本实例完成一幅我爱地球村的公益海报，以唤起大家的环保意识。

难易程度：★★★

文件路径：素材\第 5 章\079

视频文件：mp4\第 5 章\079

01 启动 Photoshop CC，执行"文件"|"打开"命令，在"打开"对话框中选择"城市背景"素材，单击"打开"按钮，如图 5-25 所示。

图 5-25

02 选择"圆角矩形工具" ，在工具选项栏中选择"形状"选项，填充为 ，描边颜色为深绿色（#507a26）到绿黄色（#cbda49）的线性渐变，半径为 10 像素，其他参数如图 5-26 所示。

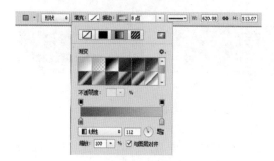

图 5-26

03 在右下角的位置上绘制圆角矩形，如图 5-27 所示。

图 5-27

04 按快捷键 Ctrl+H，隐藏路径，按快捷键 Ctrl+J，复制圆角矩形，再按 Ctrl+T 进入自由变换

状态，同比例缩小对象，重设工具选项栏中的描边渐变角度为-112，效果如图 5-28 所示。

图 5-28

05 通过相同的方法，完成其他圆角矩形的绘制，如图 5-29 所示。

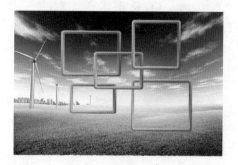

图 5-29

06 选中"背景"图层，按快捷键 Shift+Ctrl+N，新建图层，设置前景色为黑色，选择"画笔工具" ，选择"柔角笔"，在圆角矩形底部涂抹，制作阴影效果，如图 5-30 所示。

图 5-30

07 打开 5 张"地球村"和"树叶"图片，放置文件中，调整好位置，效果如图 5-31 所示。

08 在左下角的位置上编辑文字，并添加"小女孩"文件至画面中，得到最终效果如图 5-32 所示。

图 5-31

图 5-32

080 圆角矩形工具 2——水晶按钮

Photoshop CC 新增可以编辑的圆角矩形功能，对于设计师来说非常实用，甚至比 Adobe illustrator 更加方便。

难易程度：★★★

文件路径：素材\第 5 章\080

视频文件：mp4\第 5 章\080

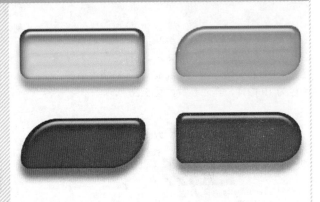

01 启动 Photoshop CC，执行"文件"|"新建"命令，打开"新建"对话框，设置参数如图 5-33 所示。

02 单击"确定"按钮，选择"圆角矩形工具" ，在工具选项栏中选择"形状"，填充色为默认的黑色，设置半径为 50 像素。

图 5-33

03 在合适的位置上，绘制圆角矩形，系统自动弹出"属性"面板，在"属性"面板中显示了圆角矩形的相关的信息，如图 5-34 所示。

04 按快捷键 Ctrl+J，复制三个图层，并放置相应的位置，如图 5-35 所示。

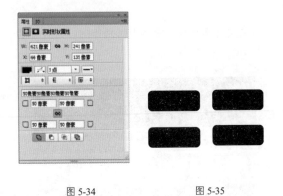

图 5-34 　　　　　图 5-35

05 单击属性面板中的"将角半径值链接在一起"按钮 ，重设左上角和右下角的半径值，如图 5-36 所示。

06 通过相同的方法，为下面的两个圆角矩形重设半径值，效果如图 5-37 所示。

图 5-36　　　　　　　图 5-37

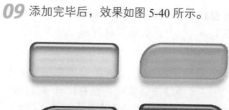

图 5-39

07 关闭"属性"面板，执行"窗口"|"样式"命令，显示"样式"面板，单击面板右上角的 ▼≡ 按钮，在弹出的快捷菜单中选择"Web 样式"选项，弹出提示对话框，如图 5-38 所示。

图 5-38

08 单击"追加"按钮，"样式"面板中自动添加"Web 样式"，找到所需要的样式，单击即可，如图 5-39 所示，分别添加紫，红，绿，蓝四种颜色样式。

09 添加完毕后，效果如图 5-40 所示。

图 5-40

提示：编辑圆角矩形功能只能作用于"矩形工具"和"圆角矩形工具"这两种生成的形状。

081　椭圆工具——米奇播放器

选择椭圆工具 工具在画面中单击并拖动，可创建圆形、椭圆形或者路径。本实例主要通过椭圆工具，制作一个米奇的播放器。

📕 难易程度：★★★

📁 文件路径：素材\第 5 章\081

🎬 视频文件：mp4\第 5 章\081

01 启用 Photoshop CC 后，执行"文件"|"新建"命令，弹出"新建"对话框，在对话框中设置参数，如图 5-41 所示，单击"确定"按钮，新建一个空白文件。

02 选择"椭圆工具" ，在工具选项栏中选择"形状"，设置填充色为玫红色（#c71a65），按住 Shift 键的同时拖动光标，绘制一个正圆，如图 5-42 所示。

图 5-41

图 5-42

03 设置前景色为白色，新建一个图层，选择 "钢笔工具" ，设置工具选项栏中类型 "路径"，绘制图形，如图 5-43 所示。

04 单击图层面板上的 "添加图层蒙版" 按钮 ，为图层添加图层蒙版，选择 "渐变工具" ，设置工具选项栏中的渐变条，从弹出的渐变列表中选择 "黑白" 渐变，按下 "线性渐变" 按钮 ，在图像窗口中按住并拖动光标，填充黑白线性渐变，效果如图 5-44 所示。

图 5-43   图 5-44

05 运用同样的操作方法，继续制作高光如图 5-45 所示。

06 新建一个图层，选择 "椭圆工具" ，按住 Shift 键的同时拖动光标，绘制两个正圆，运用上述制作高光的操作方法，制作耳朵图形，如图 5-46 所示。

图 5-45   图 5-46

07 选择 "椭圆工具" ，在图形左侧绘制一个椭圆按键，如图 5-47 所示。

08 双击图层，弹出 "图层样式" 对话框，选择 "斜面和浮雕" 选项，如图 5-48 所示。

图 5-47   图 5-48

09 单击 "确定" 按钮，退出 "图层样式" 对话框，添加 "斜面和浮雕" 的效果如图 5-49 所示。

10 选择 "钢笔工具" ，绘制路径，进行描边路径，制作出分隔线，如图 5-50 所示。

图 5-49   图 5-50

11 按快捷键 Ctrl+O，添加 "按钮和标志" 素材，并制作投影效果，如图 5-51 所示。

12 运用同样的制作方法，可以制作出其他颜色的米奇播放器，如图 5-52 所示。

图 5-51   图 5-52

082 直线工具——阳光女孩

本实例通过直线工具制作一幅时尚阳光的女孩插画，画面视觉感强烈，颜色鲜艳。

📖 难易程度：★ ★ ★

📁 文件路径：素材\第 5 章\082

🎬 视频文件：mp4\第 5 章\082

01 启动 Photoshop CC，执行"文件"|"新建"命令，打开"新建"对话框，设置参数如图 5-53 所示。

02 设置完毕后，单击"确定"按钮，选择"直线工具" ✏️，在工具选项栏中选择"形状"，填充色为黄色（#ffed00），描边为 ✏️，粗细为 50 像素，按 Shift 键在合适的位置成 45 度绘制直线，如图 5-54 所示。

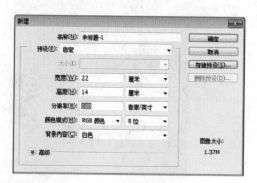

图 5-53

03 绘制完毕后，按快捷键 Ctrl+H，隐藏路径。

04 通过相同的方法，在合适的位置上绘制直线（在工具选项栏中设置合适的粗细像素值），效果如图 5-55 所示。

📚 提示：直线工具是用来创建直线和带有箭头的线段的工具，在画面中单击并拖动鼠标即可创建直线，按住 Shift 键可以创建水平，垂直或 45° 为增量的直线。

图 5-54　　　　　　　　　　图 5-55

05 按 Shift 键同时选中除背景外的直线图层，按快捷键 Ctrl+G 编织组。

06 添加素材，放置合适的位置上，效果如图 5-56 所示。

07 选择"直线工具" ✏️，在工具选项栏中选择"形状"，填充色为橘黄色（#ffce00），描边为 ✏️，粗细为 4 像素，在合适的位置成 80º 绘制直线，如图 5-57 所示。

图 5-56　　　　　　　　　　图 5-57

08 按 Alt 键拖动并复制直线，如图 5-58 所示。

09 通过相同的方法，复制多条直线，并将其选中，按快捷键 Ctrl+E，合并图层，效果如图 5-59 所示。

图 5-58

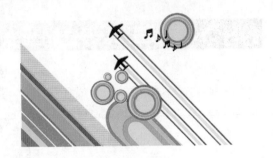

图 5-60

图 5-59

10 合并图层后，将图层移至组 1 中，按快捷键 Ctrl+Alt+G，创建剪贴蒙版，效果如图 5-60 所示。

11 添加"文字""女孩""圆点"素材至画面中，效果如图 5-61 所示。

图 5-61

---

083 多边形工具——思美海报

　　使用多边形工具可绘制等边多边形，如三角形、五角星等。在使用多边形工具之前，应在选项栏中设置多边形的边数。本实例主要通过多边形工具，制作一张思美节的海报。

　难易程度：★★★

　文件路径：素材\第 5 章\083

　视频文件：mp4\第 5 章\083

01 执行"文件"|"打开"命令，在"打开"对话框中选择"渐变背景"素材，单击"打开"按钮，打开一个"渐变背景"文件，如图 5-62 所示。

02 选择"多边形工具" ，在工具选项栏中设置边为 5。在图像窗口中单击并拖到鼠标，绘制一个星星路径，如图 5-63 所示。

技巧： 多边形工具选项栏中的"半径"选项用于设置多边形半径的大小，系统默认以像素为单位，右击该框，在弹出的快捷菜单中可选择所需的单位。"平滑拐角"复选框，可平滑多边形的尖角。

图 5-62

图 5-63

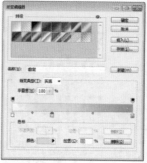

图 5-64

图 5-65

03 新建一个图层，按快捷键 Ctrl+回车，转换路径为选区，选择"渐变工具" ，在工具选项栏中单击渐变条 ，打开"渐变编辑器"对话框，设置参数如图 5-64 所示，其中黄色参考值为（#ffff16），橙色 RGB 参考值分别为（#ff8a00）。

04 单击"确定"按钮，关闭"渐变编辑器"对话框。按下工具选项栏中的"径向渐变"按钮 ，在图像中按住并拖动鼠标，填充渐变效果如图 5-65 所示。

05 在图层面板中设置图层的不透明度为 38%，如图 5-66 所示。按快捷键 Ctrl+J，将星星图层复制一层，设置图层的"不透明度"为 100%。

06 按快捷键 Ctrl+T，进入自由变换状态，变换图形的大小，如图 5-67 所示。

07 按快捷键 Ctrl+O，弹出"打开"对话框，选择"人物"、"T 台"、"文字""花纹"素材，单击"打开"按钮，选择"移动工具" ，将素材添加至文件中，放置在合适的位置，如图 5-68 所示。

图 5-66

图 5-67

图 5-68

084 自定形状工具——省钱聚惠

本实例通过自定形状工具画出一些可爱的形状路径，再利用路径选择工具来进行填充颜色和画笔描边，从而得到可爱的文字背景图案。

📖 难易程度：★★★

📁 文件路径：素材\第 5 章\084

🎬 视频文件：mp4\第 5 章\084

01 启动 Photoshop CC，执行"文件"|"打开"命令，在"打开"对话框中选择"促销海报"素材，单击"打开"按钮，如图 5-69 所示。

02 选择"自定形状工具" ，在工具选项栏中选择"形状"选项，填充为"白色"，描边为"黑色"，大小为 0.48 点，在"形状"下拉列表中选择

"皇冠2"图案，如图 5-70 所示。

图 5-69　　　　　　图 5-70

03 在人物的头顶位置，绘制皇冠，按快捷键 Ctrl+H，隐藏路径，如图 5-71 所示。

图 5-71

技 巧： 创建自定形状图形时，如果要保持形状的比例，可以按住 Shift 键绘制图形。

04 在工具选项栏中的设置填充为 ▱，描边为 "黑色"，大小为 1 点，样式选择 "虚线" ┅┅▾，"形状"选择图案 ↤，在 "省钱聚惠"图层下方绘制图形，如图 5-72 所示。

图 5-72

05 在工具选项栏中的设置填充为 "白色"，描

边为 ▱，"形状"选择图案 ●，绘制图形，如图 5-73 所示。

图 5-73

06 按快捷键 Ctrl+J，复制图层，选择 "自定形状工具" ，在工具选项栏中更改填充为 ▱，描边颜色为（#9b7252），大小为 0.8 点，如图 5-74 所示。

图 5-74

07 通过相同的方法，完成其他图形的绘制，得到最终效果如图 5-75 所示。

图 5-75

提 示： 在绘制矩形、圆形、多边形、直线或者自定形状时，创建形状的过程中按下空格键并拖动鼠标，可以移动形状。

085 自定形状工具 2——我的相册

本实例制作一副创意海报，学习网格工具的运用。

难易程度：★ ★ ★

文件路径：素材\第 5 章\085

视频文件：mp4\第 5 章\085

01 启用 Photoshop CC 后，执行"文件"|"新建"命令，弹出"新建"对话框，在对话框中设置参数如图 5-76 所示，单击"确定"按钮，新建一个空白文件。

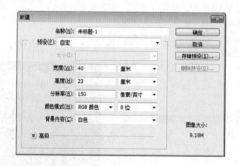

图 5-76

02 选择"渐变工具" ，在工具选项栏中单击渐变条 ，打开"渐变编辑器"对话框，设置参数如图 5-77 所示。其中第 1 个色标的参数值为（#a8ea57），第 2 个色标的参数值为（#4c881f）。

图 5-77

03 单击"确定"按钮，关闭"渐变编辑器"对话框。单击工具选项栏中的"径向渐变"按钮 ，在图像中按住并由左至右拖动鼠标，填充渐变，如图 5-78 所示。

04 选择"自定形状工具" ，选择工具选项栏中的"形状"，设填充色为白色，描边为无，在图像窗口中拖动鼠标绘制心形，按 A 键切换到直接选择工具，调整心形的形状，如图 5-79 所示。

图 5-78　　　　　　　　　　图 5-79

05 执行"文件"|"打开"命令，打开"人物"素材，如图 5-80 所示。

06 选择移动工具添加至文件中，按快捷键 Ctrl+Alt+G，创建剪贴蒙版，然后调整好素材的大小和位置，如图 5-81 所示。

图 5-80　　　　　　　　　　图 5-81

07 将白色的心形图层复制一份，执行"滤镜"|"模糊"|"高斯模糊"命令，弹出"高斯模糊"对话框，设置"半径"为"100 像素"，单击"确定"按钮，效果如图 5-82 所示。

08 执行"编辑"|"变换"|"缩放"命令，放大心形，如图 5-83 所示。

图 5-82　　　　　　　　图 5-83

09 设置图层的"混合模式"为"叠加"，效果如图 5-84 所示。

图 5-84

10 参数添加人物素材的操作方法，添加上边框和叶子素材，如图 5-85 所示。

图 5-85

11 新建一个图层，选择"自定形状工具"，然后单击工具选项栏"形状"下拉列表按钮，从形状列表中选择"心"形状，选择"路径"，在图像窗口中拖动鼠标绘制心形，如图 5-86 所示。

12 选择"直接选择工具"，调整路径的节点，如图 5-87 所示。

图 5-86　　　　　　　　图 5-87

13 单击鼠标右键，在弹出的快捷菜单中选择"建立选区"选项，在弹出的"建立选区"对话框中，保持默认值，单击"确定"按钮，转换路径为选区，选择"渐变工具"，在工具选项栏中单击渐变条，打开"渐变编辑器"对话框，设置参数如图 5-88 所示。

14 单击"确定"按钮，关闭"渐变编辑器"对话框。单击"线性渐变"按钮，在图像中按住并由上至下拖动鼠标，填充渐变效果如图 5-89 所示。

图 5-88　　　　　　　　图 5-89

15 执行"选择"|"取消选择"命令，取消选区，按快捷键 Ctrl+H，显示路径，按快捷键 Ctrl+T，进入自由变换状态，缩小路径，如图 5-90 所示。

16 选择"直接选择工具"，调整路径的节点，如图 5-91 所示。

17 按快捷键 Ctrl+回车，转换路径为选区，选择"渐变工具"，参数前面同样的操作方法，填充渐变，效果如图 5-92 所示。

图 5-90　　　　图 5-91　　　　图 5-92

18 选择"钢笔工具" ，绘制如图 5-93 所示的路径。

19 按快捷键 Ctrl+回车，转换路径为选区，并填充渐变，效果如图 5-94 所示。

20 运用同样的操作方法，制作高光图形，效果如图 5-95 所示。

图 5-93　　　　图 5-94　　　　图 5-95

21 将绘制的几个图层合并，复制几份，调整好位置和角度，如图 5-96 所示。

图 5-96

22 添加上藤蔓素材，如图 5-97 所示。

图 5-97

23 选择"画笔工具" ，在工具选项栏中设置

"硬度"为 100%，设置不同的前景色和"不透明度"，在图像窗口中单击鼠标绘制圆点，效果如图 5-98 所示。

图 5-98

24 运用画笔工具绘制下方的圆点，如图 5-99 所示。

图 5-99

25 添加上小精灵素材，完成实例的制作，最终效果如图 5-100 所示。

图 5-100

086 路径的运算——中国式过马路

使用路径运算，可以在简单路径形状的基础上创建出复杂的路径。本案例将通过路径的运算来制作一幅中国式过马路的作品。

📕 难易程度：★★★★

📁 文件路径：素材\第 5 章\086

🎬 视频文件：mp4\第 5 章\086

01 启动 Photoshop CC，执行"文件"|"新建"命令，在"新建"对话框中设置参数如图 5-101 所示，单击"确定"按钮。

02 新建图层，选择"椭圆工具" ⬭，选择工具选项栏中的"路径"选项，在图像上绘制椭圆，单击属性面板中的 "排除重叠形状"按钮，如图 5-102 所示。

图 5-101   图 5-102

03 在椭圆中绘制三个小椭圆路径，如图 5-103 所示，按快捷键 Ctrl+回车，转换为选区，设前景色为黑色，再按快捷键 Alt+Delete，填充前景色，如图 5-104 所示，按快捷键 Ctrl+D，取消选区。

图 5-103   图 5-104

04 按 U 键，切换到椭圆工具，设置工具选项栏中的"路径操作"为合并形状，绘制三个小椭圆路径，按快捷键 Ctrl+回车，转换为选区，再按快捷键 Alt+Delete，填充前景色，如图 5-105 所示，按快捷键 Ctrl+D，取消选区。

05 选择"自定形状工具" ✋，在工具选项栏中的形状下拉列表中选择手印图案 ✋，设置工具选项栏中的"路径操作"为合并形状，绘制两个手印路径，并填充黑色，如图 5-106 所示。

图 5-105   图 5-106

06 选择"矩形工具" ⬜，绘制矩形路径，并填充黑色，如图 5-107 所示。单击属性面板上的"减去顶部形状"按钮，绘制多个小矩形，如图 5-108 所示。

07 设前景色为黑色，选择"自定形状工具" ✋，在工具选项栏中的选择"形状"选项，形状下拉列表中分别选择图案 🚗 🚹 🚹，绘制路径，如图 5-109 所示。

08 继续绘制椭圆路径，填充不同的颜色，并添加文字，得到最终效果如图 5-110 所示。

图 5-107　　　　　　图 5-108　　　　　　图 5-109　　　　　　图 5-110

087 描边路径—音乐会海报

当今音乐会海报采用的较多元素就是剪影人物，本案例将通过描边路径来给剪影人添加不一样的效果。

难易程度：★★★

文件路径：素材\第 5 章\087

视频文件：mp4\第 5 章\087

01 启动 Photoshop CC，执行"文件"|"打开"命令，在"打开"对话框中选择"音乐会"素材，单击"打开"按钮，如图 5-111 所示。

02 切换到"路径"面板，选择"工具路径"，切回"图层"面板，效果如图 5-112 所示。

图 5-111　　　　　　　图 5-112

03 选中四个剪影人物，按快捷键 Ctrl+Alt+E，选中盖印图层，设置前景色为白色，选择"画笔工

具" ，在路径的位置上单击鼠标右键，弹出快捷菜单，设置大小为 10 像素，硬度为 100%。

04 选择"钢笔工具" ，在剪影人物上单击鼠标右键，在弹出的快捷菜单中选择"描边路径"选项，如图 5-113 所示。弹出"描边路径"对话框，设工具为"画笔"，勾选"模拟压力"复选框，单击"确定"按钮。完成后，按快捷键 Ctrl+H，隐藏路径，效果如图 5-114 所示。

图 5-113　　　　　　　图 5-114

088 填充路径——卡通笔记本

本实例主要使用填充路径，以及 Photoshop CC 新增的一次选择多个路径的功能制作一本可爱的卡通笔记本。

📖 难易程度：★ ★ ★ ★

🗂 文件路径：素材\第 5 章\088

🎬 视频文件：mp4\第 5 章\088

01 启动 Photoshop CC，执行"文件"|"打开"命令，在"打开"对话框中选择"封面"文件，单击"打开"按钮，如图 5-115 所示。

02 新建图层，切换到路径面板，单击路径面板底部的"创建新路径"按钮 ⬜，新建路径，选择"椭圆工具" ⬭，绘制椭圆，设置工具选项栏中的"路径操作"为合并形状，再次绘制四个小椭圆，如图 5-116 所示。

图 5-117

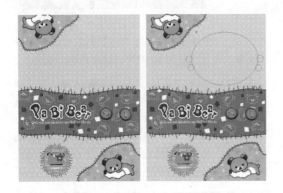

图 5-115　　　　　　图 5-116

图 5-118

03 单击"路径"面板上的三角按钮，在弹出的快捷菜单中选择"填充路径"选项，弹出"填充路径"对话框，在"使用"下拉列表中选择"颜色"，弹出"拾色器"对话框，设置颜色为（# 0256ff），退出颜色设置，保持默认值，如图 5-117 所示。

04 单击"确定"按钮，效果如图 5-118 所示。

05 通过相同的方法，新建路径，并结合钢笔工具 ✐，绘制多个路径，得到如图 5-119 所示的图像。

06 按 Shift 键的同时，选择所有的路径，如图 5-120 所示。

图 5-119　　　　　　　图 5-120

提示： 相比将路径转换为选区后填充对象，"填充路径"可以选择用前景色、背景色、黑色、白色或其他颜色等不同的方式来填充路径，如果选择"图案"选项，可在"自定图案"的下拉列表中选择一种图案来填充路径。可以选择填充的混合模式和不透明度，还可以设置羽化半径等优势。

07 选择"路径选择工具" ，框选矢量图形，显示所有路径的锚点，如图 5-121 所示。

图 5-121

提示： 一次选择多个路径是 Photoshop CC 新增的功能，在以前的版本中，当选择多个矢量图形时，在路径面板上是不可操作的，而在 Photoshop CC 中可以实现，这就方便了很多与面板相关的操作，大大的提高了工作效率。

08 切回图层面板，双击图层 1，弹出"图层样式"对话框，勾选"投影"，设置参数如图 5-122 所示。

图 5-122

09 参数设置完毕后，单击"确定"按钮，效果如图 5-123 所示。

10 选择"横排文字工具" ，输入问号，并复制三份，放置相应的位置，得到效果如图 5-124 所示。

图 5-123　　　　　　　图 5-124

提示： 在碰到多个矢量图层却又要编辑指定的某个矢量图形图层时，可以在图形上单击右键，选择"隔离图层"选项，进入隔离图层状态，此时图层面板将只显示隔离的图层，可以轻松的进行编辑。

089 调整形状图层——你，让梦想有了翅膀

人人都有梦想，有了梦想才有实现的动力，在实现梦想的道路上，我们照样要活的精彩，本案例制作的是一幅有关梦想的作品。

📖 难易程度：★★★

📁 文件路径：素材\第 5 章\089

🎬 视频文件：mp4\第 5 章\089

01 启动 Photoshop CC，执行"文件"|"打开"命令，在"打开"对话框中选择"素材"文件，单击"打开"按钮，如图 5-125 所示。

图 5-125

02 选中"椭圆"图层，选择"椭圆工具" ⬭，在工具选项栏中重设"填充"色为绿色，如图 5-126 所示。效果如图 5-127 所示。

图 5-126

图 5-127

03 通过相同的方法给其他"椭圆"图层填充相应的颜色，添加"文字"素材至画面中，得到效果如图 5-128 所示。

图 5-128

第 **6** 章
通道与滤镜的运用

实例欣赏

　　通道是 Photoshop 的高级功能，它与图像内容、色彩和选区有关，Photoshop 提供了 3 种类型的通道：颜色通道、Alpha 通道和专色通道。

　　滤镜是 Photoshop 中最具有吸引力的功能之一，它就像是一个魔术师，可以把普通的图像变为非凡的视觉艺术作品。滤镜不仅可以制作各种特效，还能模拟素描、油画、水彩等绘画效果。

　　本章通过具体的实例，详细讲解了通道与滤镜的应用。

090 通道调色——调出明亮色调

通道调色是一种高级调色技术，可以对一张图像的单个通道执行调色命令，从而达到调整图像中的单种色调的目的。

📙 难易程度：★★

🗂 文件路径：素材\第 6 章\090

📹 视频文件：mp4\第 6 章\090

01 启动 Photoshop CC，执行"文件"|"打开"命令，在"打开"对话框中选择"人物"素材，单击"打开"按钮，如图 6-1 所示。

02 切换到通道面板，如图 6-2 所示。

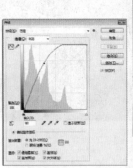

图 6-3　　　　　　　　　图 6-4

图 6-1　　　　　　　图 6-2

04 选择"红色"通道，按快捷键 Ctrl+M，弹出"曲线"对话框，设置红色通道的曲线参数如图 6-5 所示。设置完毕后，单击"确定"按钮，效果如图 6-6 所示。

> 📚 **提 示**：改变通道缩略图的大小可以通过两种方法来完成，第一种，在通道面板下面的空白处单击鼠标右键，然后在弹出的菜单中选择相应的命令即可。第二种，在面板菜单中选择面板选项命令，在弹出的通道面板选项对话框中可以修改通道缩略图的大小。

03 执行"图像"|"调整"|"曲线"命令，或按快捷键 Ctrl+M，弹出"曲线"对话框，设置参数如图 6-3 所示，设置完毕后，单击"确定"按钮，效果如图 6-4 所示。

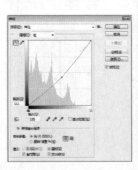

图 6-5　　　　　　　　　图 6-6

05 选择"RGB"通道，执行"图像"|"调整"|"亮度/对比度"命令，弹出"亮度/对比度"对话框，设置参数如图 6-7 所示。

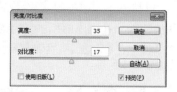

图 6-7

> **提示：** 在 Photoshop 中，只要是支持图像颜色模式的格式，都可以保留颜色通道，如果要保存 Alpha 通道，可以将文件存储为 PDF、TIFF、PSB 或 Raw 格式；如果要保存专色通道，可以将文件存储为 DCS 2.0 格式。

06 单击"确定"按钮，效果如图 6-8 所示。

图 6-8

091　通道美白——美白肌肤

通道还可以对暗淡的数码人物照片进行美白，是一种常用的人像美白工具。

📖 难易程度：★★★

📷 文件路径：素材\第 6 章\091

🎬 视频文件：mp4\第 6 章\091

01 启动 Photoshop CC，执行"文件"|"打开"命令，在"打开"对话框中选择"美女"素材，单击"打开"按钮，如图 6-9 所示。

02 切回到"通道"面板，分别选中 RGB，红、绿、蓝通道调整曲线，使画面提亮，效果如图 6-10 所示。参数如图 6-11 所示。将蓝通道拖动到创建新通道按钮上，复制通道，得到"蓝 复制"通道。

> **提示：** 通道美白在后期处理中使用较多，对于每个使用 Photoshop 的学员来说是重要的学习部分，通过曲线提亮色调，再结合高反差保留来完成。

图 6-9

图 6-10

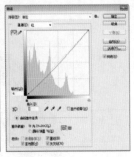

05 切回图层面板，单击图层面板底部的"创建新的填充或调整图层"按钮 ⊘，在弹出的快捷菜单中选择"曲线"选项，设置参数如图 6-13 所示。效果如图 6-14 所示。

06 按快捷键 Shift+Ctrl+Alt+E，盖印图层，选择"污点修复画笔工具" ⊘，去除人物脸部的斑点，效果如图 6-15 所示。

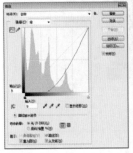
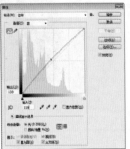

图 6-11

图 6-14   图 6-15

03 执行"滤镜"|"其他"|"高反差保留"命令，弹出"高反差保留"对话框，设置半径为 5 像素，单击"确定"按钮，如图 6-12 所示。

04 按 Ctrl 键单击"蓝复制"通道，将其载入选区，按快捷键 Ctrl+2 返回到 RGB 复合通道，显示色彩图像。

07 选择"套索工具" ◯，圈出脸部，按快捷键 Shift+F6，弹出"羽化选区"对话框，设置羽化半径为 20 像素，单击"确定"按钮，并建立"曲线"调整图层，提亮脸部，如图 6-16 所示。

08 按快捷键 Ctrl+D，取消选区，效果如图 6-17 所示。

图 6-12   图 6-13

图 6-16   图 6-17

092 通道抠图 1——婚礼明信片

使用通道抠取半透明的婚纱照是一种非常主流的抠图方法，通道抠图主要是利用图像的色相差别或明度来创建选区，接下来跟着本实例一起来学习一下吧！

难易程度：★★★★★

文件路径：素材\第 6 章\092

视频文件：mp4\第 6 章\092

01 启动 Photoshop CC，执行"文件"|"打开"命令，弹出"打开"对话框，选择"新娘"素材，单击"打开"按钮，如图 6-18 所示。

02 选择"钢笔工具" ，在工具选项栏中选择"路径"选项，沿人物的轮廓绘制路径，描绘时要避开半透明的婚纱，如图 6-19 所示。

03 按快捷键 Ctrl+回车键，将路径转换为选区，选中人物，如图 6-20 所示。

图 6-18　　　　　图 6-19　　　　　图 6-20

04 切换到"通道"面板，单击"通道"面板底部的 按钮，将选区保存到通道中，如图 6-21 所示，按快捷键 Ctrl+D，取消选区。

05 将蓝通道拖动到创建新通道按钮 上，进行复制，得到"蓝复制"通道，如图 6-22 所示。

06 选择"魔棒工具" ，在工具选项栏中设置"容差"为 40，按住 Shift 键在人物的背景上单击选择背景，如图 6-23 所示。

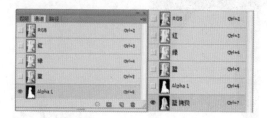

图 6-21　　　　　　　　图 6-22

07 设置前景色为黑色，按快捷键 Alt+Delete，为选区填充黑色，按快捷键 Ctrl+D，取消选区，效果如图 6-24 所示。

图 6-23　　　　　　　图 6-24

08 执行"图像"|"计算"命令，打开"计算"对话框，设置参数如图 6-25 所示。

09 单击"确定"按钮，得到一个新的通道，如图 6-26 所示。

图 6-25

图 6-28

10 按住 Ctrl 键单击 "Alpha2"，将其载入选区，按快捷键 Ctrl+2,返回到 RGB 复合通道，显示彩色图像。

11 切回到图层面板，单击图层面板底部的 "添加图层蒙版" 按钮 ▣，如图 6-27 所示。

图 6-26

图 6-27

12 添加一张风景素材至画面中，如图 6-28 所示，按快捷键 Ctrl+Shift+Alt+E，盖印图层。

13 再次添加一个 "明信片背景" 素材至画面中，将盖印后的图像移至明信片图层上，按快捷键 Ctrl+Alt+G，创建剪贴蒙版，效果如图 6-29 所示。

图 6-29

提示： 在运用通道进行抠图时，要灵活根据不同的图片选择不同的通道，不可生搬硬套。

093 通道抠图 2——浓香咖啡

利用通道抠取透明物体的方法是非常的简单，通过本案例的学习，可以抠取各种不同的透明物体。

难易程度：★★★★★

文件路径：素材\第 6 章\093

视频文件：mp4\第 6 章\093

01 启动 Photoshop CC，执行"文件"|"打开"命令，在"打开"对话框中选择"透明杯"文件，单击"打开"按钮，如图 6-30 所示。

02 选择"钢笔工具" ，沿透明杯的轮廓绘制路径，如图 6-31 所示。

图 6-30　　　　　　　图 6-31

03 按快捷键 Ctrl+回车键，将其载入选区，选中杯子部分，如图 6-32 所示。

04 切换到通道面板，单击通道面板底部的 按钮，将选区保存到通道中，按快捷键 Ctrl+D,取消选区。

05 选中蓝通道，将蓝通道拖动到创建新通道按钮 上，进行复制，得到"蓝复制"通道，如图 6-33 所示。

图 6-32　　　　　　　图 6-33

06 按 Ctrl 键的同时单击 Alpha 通道，将其载入选区，回到蓝复制通道，按快捷键 Shift+Ctrl+I，反选选区，设置前景色为黑色，按快捷键 Alt+Delete，填充前景色，如图 6-34 所示。

07 按快捷键 Ctrl+D,取消选区。单击通道面板底部的 按钮，按快捷键 Ctrl+2，返回到 RGB 复合通道，显示彩色图像，如图 6-35 所示。

图 6-34　　　　　　　图 6-35

08 切换到图层面板，单击图层面板底部的"添加图层蒙版"按钮 ，隐藏背景部分，如图 6-36 所示。

09 添加"色相/饱和度"调整图层并创建剪贴蒙版，设置参数如图 6-37 所示。

10 参数设置完毕后，关闭窗口，同时选中两个图层，单击图层面板底部的"链接图层"按钮 。

图 6-36　　　　　　　图 6-37

11 添加咖啡豆背景，将链接的两个图层拖至背景文件上，如图 6-38 所示。

图 6-38

12 添加咖啡机至画面中，并放置透明杯图层下方，新建两个图层，使用画笔给透明杯和咖啡机添加阴影，效果如图 6-39 所示。

图 6-39

图 6-41

13 打开烟雾素材文件，选择"矩形选框工具"
，框选烟雾部分，选择"移动工具" ，拖
至画面中，如图 6-40 所示。

图 6-40

图 6-42

14 设置图层混合模式为"滤色"，并添加图层
蒙版，使用画笔工具涂抹边缘，隐藏不需要的部
分，如图 6-41 所示。

15 添加"色相/饱和度"调整图层，设置参数，
如图 6-42 所示。

16 选择"横排文字工具" ，编辑文字，得到
最终效果如图 6-43 所示。

图 6-43

094　通道抠图 3——玩转地球

通过通道抠取毛发人物，为人物
添加不同的名胜背景，让我们一起玩
转地球吧！

📘 难易程度：★★★★★

🖼 文件路径：素材\第 6 章\094

🎬 视频文件：mp4\第 6 章\094

01 启动 Photoshop CC, 执行"文件"|"打开"命令, 在"打开"对话框中选择"人物"素材, 单击"打开"按钮, 如图 6-44 所示。

02 选择"快速选择工具"，选中人物的身体及脸部部位, 手臂和腿部的空隙可以按住 Alt 键, 将两处排除在选区之外, 不需要选取头发位置, 如图 6-45 所示。

03 单击"通道"面板底部的按钮，将选区保存在通道中, 按快捷键 Ctrl+D, 取消选区, 如图 6-46 所示。

图 6-48　　　　　　图 6-49

图 6-44　　　　　　图 6-45

08 提高灰度的明度后, 执行"图像"|"计算"命令, 弹出"计算"对话框, 设置参数如图 6-50 所示。

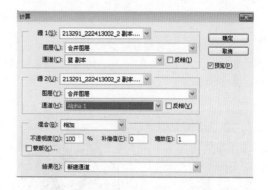

图 6-50

04 按快捷键 Ctrl+3、Ctrl+4、Ctrl+5, 查看红、绿、蓝通道图像, 可以看到, 蓝通道中, 头发与背景的色调差异最大。

05 将蓝通道拖动到　按钮上蓝复制通道, 按快捷键 Ctrl+I 反相对象, 如图 6-47 所示。

09 单击"确定"按钮, 得到 Alpha2 通道, 选择"画笔工具"，设置前景色为白色, 涂抹眼睛的位置。

10 单击通道面板底部的　按钮, 将其载入选区, 如图 6-51 所示。按快捷键 Ctrl+2, 返回到 RGB 色彩通道, 如图 6-52 所示。

图 6-46　　　　　　图 6-47

06 按快捷键 Ctrl+M, 弹出"曲线"对话框, 选择黑场吸管工具，将光标放置背景上, 单击鼠标将背景调为黑色, 如图 6-48 所示。

07 选择"减淡工具"，设置工具选项栏中的"范围"为"中间调", 曝光度为"50%", 在头发边缘涂抹, 提高灰度的明度, 如图 6-49 所示。

图 6-51　　　　　　图 6-52

11 切换到图层面板，按快捷键 Ctrl+Shift+I，反选对象，按 Delete 键，删除背景，如图 6-53 所示。

图 6-55

图 6-53

12 添加四张世界名景，将人物放置画面中，得到如图 6-54、图 6-55、图 6-56、图 6-57 所示的效果。

图 6-56

图 6-54

图 6-57

095 智能滤镜——钓鱼装备

智能滤镜是作为图层效果出现在"图层"面板中的一种非破坏性的滤镜，可以达到与普通滤镜完全相同的效果，又不会真正改变图像中的任何像素，还可以随时修改或者删除参数。

📖 难易程度：★★

📂 文件路径：素材\第 6 章\095

🌐 视频文件：mp4\第 6 章\095

01 启动 Photoshop CC，执行"文件"|"打开"命令，在"打开"对话框中选择"钓鱼装备"素材，单击"打开"按钮，如图 6-58 所示。

图 6-58

02 复制图层，设置图层混合模式为"正片叠底"，执行"滤镜"|"转换为智能对象"命令，在弹出的对话框中保持默认值，或者在图层缩略图中单击右键，选择"转换为智能对象"，如图 6-59 所示。

图 6-59

03 设置前背景色为黑白色，执行"滤镜"|"滤镜库"命令，在弹出的对话框中设置参数如图 6-60 所示。

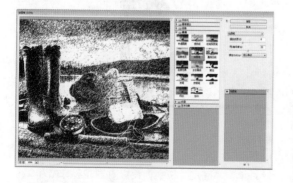

图 6-60

04 单击"确定"按钮，执行"滤镜"|"锐化"|"USM 锐化"命令，弹出"USM 锐化"对话框，设置参数如图 6-61 所示。

图 6-61

05 单击"确定"按钮，执行"滤镜"|"滤镜库"命令，在弹出的对话框中设置参数如图 6-62 所示。单击"确定"按钮，得到最终效果如图 6-63 所示。

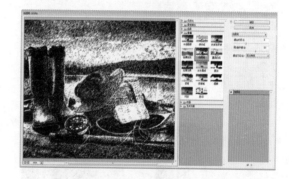

图 6-62

图 6-63

提示：除了液化滤镜和镜头模糊滤镜以外，其他滤镜都可以作为智能滤镜应用，当然也包含支持智能滤镜的外挂滤镜。另外，图像调整菜单下的阴影/高光和变化命令也可以作为智能滤镜来使用。

096 滤镜库——水晶女孩

滤镜库是一个整合了"风格化""画笔面边""扭曲""素描"等多个滤镜组的对话框，它可以将多个滤镜同时应用于同一图像，也能对同一图像多次应用同一滤镜，或者用其他滤镜替换原有的滤镜。

难易程度：★★★★★

文件路径：素材\第 6 章\096

视频文件：mp4\第 6 章\096

01 启动 Photoshop CC，执行"文件"|"打开"命令，在"打开"对话框中选择"人物"素材，单击"打开"按钮，如图 6-64 所示。

02 按快捷键 Ctrl+J，复制三次，分别得到"图层 0 复制""图层 0 复制 2""图层 0 复制 3"，选中"图层 0"，放置在最上层，并将复制的图层移至如图 6-65 所示的位置。

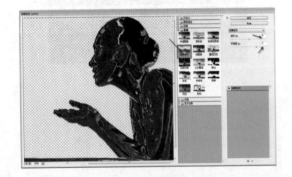

图 6-64　　　　　　　图 6-65

03 选中"图层 0 复制"，执行"滤镜"|"滤镜库"，弹出"滤镜库"对话框，设置参数如图 6-66 所示。

图 6-66

04 单击"确定"按钮，设置图层混合模式为"叠加"，添加背景素材至画面中，如图 6-67 所示。

05 按快捷键 Shift+Ctrl+[，移至图层最下方，暂时隐藏图层 0，复制 2、3，叠加效果如图 6-68 所示。

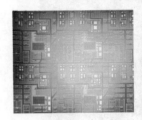

图 6-67　　　　　　　图 6-68

06 选中复制 2 图层，执行"滤镜"|"滤镜库"命令，弹出"滤镜库"对话框，设置参数如图 6-69 所示。

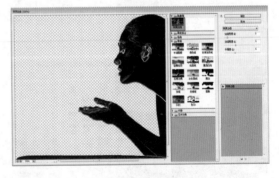

图 6-69

07 单击"确定"按钮，设置图层混合模式为"滤色"，隐藏其他图层，查看效果如图 6-70 所示。

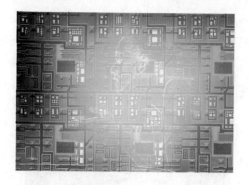

图 6-70

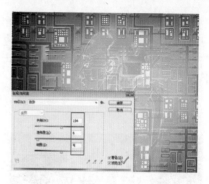

图 6-73

08 选中并显示"复制 3"图层，按快捷键 Ctrl+U，弹出"色相/饱和度"对话框，设置参数如图 6-71 所示。

图 6-71

09 单击"确定"按钮，设置图层不透明度为 25%，并将其隐藏。

10 选择"复制 2"图层，按快捷键 Ctrl+U，弹出弹出"色相/饱和度"对话框，设置参数如图 6-72 所示。

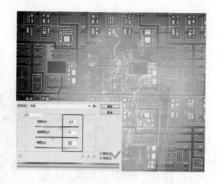

图 6-72

11 选择"复制"图层，按快捷键 Ctrl+U，弹出弹出"色相/饱和度"对话框，设置参数如图 6-73 所示。

12 在图层 1 上新建图层，得到"图层 2"，按 Ctrl 键单击"复制 3"缩览图，将其载入选区，设置前景色为（# c8a14b），为"图层 2"填充前景色，双击"图层 2"，弹出"图层样式"对话框，勾选"内发光"和"渐变叠加"样式，内发光参数如图 6-74 所示。

13 渐变叠加参数如图 6-75 所示，其中渐变颜色值为（# 0039a7）50%，（# 36cdff），设置完毕后，单击"确定"按钮。

图 6-74　　　　　　　　　图 6-75

14 打开一张海景素材，如图 6-76 所示。拖至画面中，自动生成"图层 3"，移至合适位置，并复制一个，放置手臂的位置，按 Alt 键单击图层面板底部的"添加图层蒙版"按钮 ，添加全黑的蒙版。

15 设置前景色为白色，选择"画笔工具" ，在蒙版上涂抹，使波纹显示出来，如图 6-77 所示。

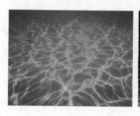 

图 6-76　　　　　　　　　图 6-77

16 选择"套索工具"，在图层 3 中圈出如图 6-78 所示的范围，按快捷键 Shift+F6，弹出"羽化选区"对话框，设置半径为 20 像素，单击"确定"按钮，再按快捷键 Ctrl+J，复制图层，得到"图层 4"，按快捷键 Ctrl+M，弹出"曲线"对话框，设置参数如图 6-79 所示。

图 6-78

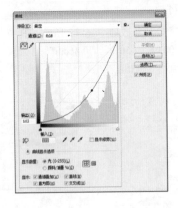

图 6-79

17 单击"确定"按钮，设置图层不透明度为 50%。

18 复制"图层 0 复制"图层，得到复制 4，设置图层混合模式为"滤色"，按快捷键 Ctrl+I 反相对象，如图 6-80 所示。

图 6-80

19 为图层添加全黑蒙版，并使用白色的画笔工具在需要添加高光的位置上涂抹，使其显示出来。

20 按 Shift 键同时选中除背景与图层 0 外的图层，按快捷键 Ctrl+G，编织组，并添加图层蒙版，使用画笔工具，隐藏左下角位置的图像，得到最终效果如图 6-81 所示

图 6-81

097 自适应广角——反光镜里的世界

使用"自适应广角"滤镜可以轻松拉直全景图像或使用鱼眼、广角镜头拍摄的照片中的弯曲对象。

难易程度：★★★

文件路径：素材\第 6 章\097

视频文件：mp4\第 6 章\097

01 启动 Photoshop CC，执行"文件"|"打开"命令，弹出"打开"对话框，在对话框中选择素材文件，单击"确定"按钮，如图 6-82 所示。

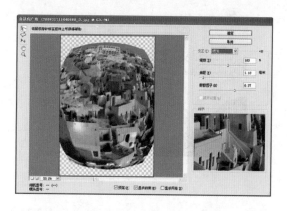

图 6-83

图 6-82

02 复制图层，执行"滤镜"|"自适应广角"命令，弹出"自适应广角"对话框，设置参数如图 6-83 所示，单击"确定"按钮。

03 打开"反光镜"文件，如图 6-84 所示。

04 将自适应广角图层移至画面中，按快捷键 Ctrl+Alt+G 创建剪贴蒙版，效果如图 6-85 所示。

图 6-84　　　　　　　　　图 6-85

098 Camera Raw 滤镜 1——去除美景中的多余杂物

在 Photoshop CC 中，Camera Raw 可以作为一个普通滤镜作用在图层上，这是 Photoshop CC 版本亮点之一。之前的版本则是以插件的形式在 Photoshop 中使用，而且只能编辑 Raw 格式的文件。本实例通过 Camera Raw 中的污点去除工具，完成一幅夕阳美景图的处理。

📁 难易程度：★★★★

📄 文件路径：素材\第 6 章\098

🎬 视频文件：mp4\第 6 章\098

01 启动 Photoshop CC，执行"文件"|"打开"命令，在"打开"对话框中选择"夕阳"素材，单击"打开"按钮，如图 6-86 所示。

02 可以看到水面有许多黑色的东西极其破坏画面的美感。

图 6-86

03 按快捷键 Ctrl+J，复制背景图层，执行"滤镜" | "Camera Raw 滤镜"命令，或按快捷键 Shift+Ctrl+A，弹出"Camera Raw"对话框，如图 6-87 所示。

图 6-87

04 放大对象，选择"污点去除" ，在需要去除污点的位置上涂抹，将污点包住，如图 6-88 所示。

图 6-88

提示： 比起之前的版本，污点去除工具的增强特色在于：终于不需要调整画笔的大小来选中对象了，可以通过涂抹的方式来选中对象，与修复画笔类似，大大的提高了工作效率。

05 系统自动与源区域进行匹配，然后移去污点内容，如图 6-89 所示。

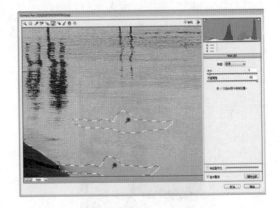

图 6-89

06 缩小对象，勾选"使位置可见"复选框，图像以反相显示，可以看到画面中更小，更不起眼的缺陷，调整对比度级别，以便更加清楚地查看缺陷，如图 6-90 所示。

图 6-90

07 去除画面中黑色的污点，使其画面更加唯美，如图 6-91 所示。单击"确定"按钮，完成污点去除。

图 6-91

099 Camera Raw 滤镜 2——独影夕阳景

使用 Camera Raw 滤镜进行处理的图像可位于任意图层上。全新的"径向滤镜"工具，可定义椭圆选框，然后将局部校正应用到这些区域。

难易程度：★★★★

文件路径：素材\第 6 章\099

视频文件：mp4\第 6 章\099

01 打开去除污点的夕阳素材文件，按快捷键 Ctrl+J，复制素材，如图 6-92 所示。

图 6-92

02 执行"滤镜"|"Camera Raw 滤镜"命令，或按快捷键 Shift+Ctrl+A,弹出"Camera Raw"对话框，选择"径向滤镜" Ｏ ，在需要径向滤镜的位置上拖出椭圆，如图 6-93 所示。

图 6-93

03 单击效果选项卡中的"外"，改变径向内容，调整椭圆的大小及旋转度，在右侧设置相关的参数，并去除"显示叠加"的勾选，如图 6-94 所示。

图 6-94

04 设置完毕后，单击"确定"按钮，如图 6-95 所示。

图 6-95

100 Camera Raw 滤镜 3——镜头校正

在 Camera Raw 滤镜中，可以利用自动垂直功能轻松地修复错误的透视照片。

📖 难易程度：★★★★

🗁 文件路径：素材\第 6 章\100

🎬 视频文件：mp4\第 6 章\100

01 启动 Photoshop CC，执行"文件"|"打开"命令，在"打开"对话框中选择"建筑物"素材，单击"打开"按钮，如图 6-96 所示。

图 6-96

02 按快捷键 Ctrl+J，复制背景图层，得到"图层1"。执行"滤镜"|"Camera Raw 滤镜"命令，或按快捷键 Shift+Ctrl+A,弹出"Camera Raw"对话框，选择"镜头校正"按钮🔲，切换到"镜头校正"面板，单击"手动"选项按钮，如图 6-97 所示。

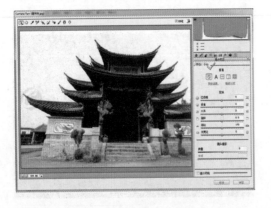

图 6-97

03 单击"自动：运用平衡透视校正"按钮Ⓐ，系统自动校正透视错误的图像，如图 6-98 所示。

图 6-98

04 去除右上角的"预览"勾选，查看校正前和校正后的效果。

05 查看完毕后，单击"确定"按钮，最终效果如图 6-99 所示。

图 6-99

101　液化——打造小脸美人

因为长了难看的方形脸而苦恼照片不好看，用 Photoshop 轻松一步就可修成尖尖的小脸美人了。本实例主要运用液化滤镜，打造人物完美脸型。

难易程度：★★★★

文件路径：素材\第 6 章\101

视频文件：mp4\第 6 章\101

01 执行"文件"|"打开"命令，在"打开"对话框中选择素材照片，单击"打开"按钮，或按快捷键 Ctrl + O，打开"人物"素材照片，如图 6-100 所示。

02 将"背景"图层拖拽到图层面板底部的"创建新图层"按钮上，复制图层，生成新的"背景复制"图层，如图 6-101 所示。

图 6-102

图 6-100　　　　图 6-101

图 6-103　　　　图 6-104

03 执行"滤镜"|"液化"命令，弹出"液化"对话框，在左侧选择"向前变形工具"，在右侧"工具选项"面板中设置参数如图 6-102 所示。

04 移动鼠标至人物脸部的边缘，运用向前变形工具向右侧拖动鼠标进行变形，如图 6-103 所示。

05 继续运用向前变形工具，变形人物的另一侧脸型，单击"确定"按钮，退出对话框。至此本实例制作完成，最终效果如图 6-104 所示。

提示：使用"液化"滤镜可非常方便地变形和扭曲图像，就好像这些区域已被熔化的流体一样。在数码照片处理中，常使用"液化"工具修饰脸形或身材，或得到怪异的变形效果。

102 油画滤镜——朝阳的太阳花

"油画"滤镜具有超凡的表现力，它能将普通的图像瞬间变成一幅油画。

📖 难易程度：★★

📂 文件路径：素材\第 6 章\102

🎬 视频文件：mp4\第 6 章\102

01 启动 Photoshop CC，执行"文件"|"打开"命令，在"打开"对话框中选择"向日葵"素材，单击"打开"按钮，如图 6-105 所示。

02 执行"滤镜"|"油画"命令，弹出"油画"对话框，设置参数如图 6-106 所示。

03 设置完毕后，单击"确定"按钮，效果如图 6-107 所示。

图 6-105   图 6-106

图 6-107

103 消失点——服饰户外广告

"消失点"滤镜能够在保证图像透视角度不变的前提下，对图像进行绘画、仿制、复制或粘贴以及变换等编辑操作。在使用该工具时，首先需要创建一个透视网格，以定义图像的透视关系，然后使用选择工具或图章工具进行透视编辑操作。

📖 难易程度：★★★

📂 文件路径：素材\第 6 章\103

🎬 视频文件：mp4\第 6 章\103

01 按快捷键 Ctrl + O，打开配套光盘中的"高立柱"素材，如图 6-108 所示。

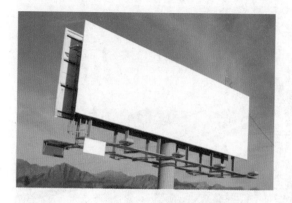

图 6-108

02 执行"滤镜"|"消失点"命令，打开"消失点"对话框。选择创建平面工具 ，在平面广告4角位置分别单击鼠标，创建如图 6-109 所示形状的平面。按快捷键 Ctrl + "+"快捷键放大图像显示，移动光标至角点，当光标显示 形状时，可以仔细调整平面角点的位置。完成后，单击"确定"按钮暂时关闭"消失点"对话框。

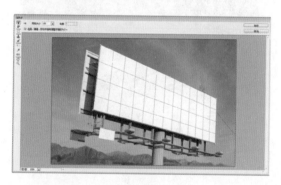

图 6-109

提 示： 在"消失点"对话框"角度"文本框中输入数值，可以快速设置新平面的透视角度。

03 按快捷键 Ctrl + O，打开平面广告图像，如图 6-110 所示。按快捷键 Ctrl + A，全选图像，按快捷

键 Ctrl + C 复制图像至剪贴板。切换图像窗口至高立柱，再次选择"滤镜"|"消失点"命令，打开"消失点"对话框。

图 6-110

技 巧： 按下退格键可以删除创建的变形平面。

04 按快捷键 Ctrl + V，将复制的图像粘贴至变形窗口，当光标显示为 形状时向下拖动，平面广告图像即按照设置的变形平面形状进行变形。选择变换工具 ，移动光标至平面广告图像四侧中间控制点位置并拖动，调整图像的大小，使其与高立柱大小相符。

05 单击"确定"按钮关闭对话框，得到如图 6-111 所示的效果。

图 6-111

提 示： 户外广告的设计要求以新颖，醒目，大气，让人过目不忘为主，所以在设计的过程中文字的运用极为重要。

104 风格化滤镜——火焰蜘蛛侠

风格化滤镜组中包含 9 种滤镜，它们可以置换像素，查找并增加图像的对比度，产生绘画和印象派风格效果。本案例使用了查找边缘滤镜完成了一幅火焰蜘蛛侠的作品。

难易程度：★★★

文件路径：素材\第 6 章\104

视频文件：mp4\第 6 章\104

01 启动 Photoshop CC，执行"文件"|"打开"命令，在"打开"对话框中选择素材文件，单击"打开"按钮，如图 6-112 所示。

02 选择"快速选择工具" ，选取"蜘蛛侠"，如图 6-113 所示。

图 6-112   图 6-113

03 按快捷键 Ctrl+J，复制选区部分，执行"滤镜"|"风格化"|"查找边缘"命令，效果如图 6-114 所示。

04 执行"图像"|"调整"|"去色"命令，将图像调整为黑白色调，按快捷键 Ctrl+I，反相图像，如图 6-115 所示。

图 6-114   图 6-115

05 执行"图像"|"调整"|"色彩平衡"命令，或按快捷键 Ctrl+B，弹出"色彩平衡"对话框，设置"中间调"参数如图 6-116 所示。设置"高光"参数如图 6-117 所示。

图 6-116

图 6-117

 提 示： 查找边缘滤镜没有参数选项对话框。

06 设置"阴影"参数如图 6-118 所示。单击"确定"按钮。

图 6-118

07 双击图层，弹出"图层样式"对话框勾选"外发光"，设置参数如图 6-119 所示。

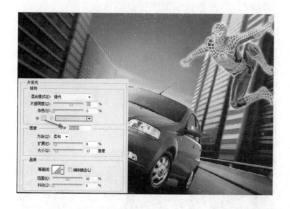

图 6-119

08 使用横排文字工具编辑文字，如图 6-120 所示。

图 6-120

09 复制外发光至文字图层上，得到最终效果如图 6-121 所示。

图 6-121

105　模糊滤镜——我的动感生活

　　模糊滤镜组中包含了 14 种滤镜，它们可以削弱相邻像素的对比度并柔化图像，使图像产生模糊效果。本案例通过使用径向模糊滤镜完成一幅我的动感生活作品。

📕 难易程度：★★

🗂 文件路径：　素材\第 6 章\105

🎬 视频文件：　mp4\第 6 章\105

01 启动 Photoshop CC，执行"文件"|"打开"命令，在"打开"对话框中选择"汽车"素材，单击"打开"按钮，如图 6-122 所示。

图 6-122

02 按快捷键 Ctrl+J，复制图层，执行"滤镜"|"模糊"|"径向模糊"命令，弹出"径向模糊"对话框，设置参数如图 6-123 所示。

图 6-123

03 单击"确定"按钮，单击图层面板底部的"添加图层蒙版"按钮 ⬛，使用黑色画笔在蒙版涂抹隐藏汽车的径向模糊效果，如图 6-124 所示。

图 6-124

04 选择"横排文字工具" 𝐓 ，编辑文字，并复制两份，更改不透明度值，如图 6-125 所示。

图 6-125

106 扭曲滤镜——桃花源

扭曲滤镜组包含 12 种滤镜，它们可以对图像进行几何扭曲，创建 3D 或其他整形效果，本案例通过使用了水波滤镜来完成了一幅桃花源作品。

📖 难易程度：★★

🖼 文件路径：素材\第 6 章\106

🎬 视频文件：mp4\第 6 章\106

01 执行"文件"|"打开"命令，打开随书附带光盘的"风景"素材，如图 6-126 所示。

图 6-126

02 按快捷键 Ctrl+J，复制图层，选择"椭圆选框工具" ⬭，绘制椭圆选框，按快捷键 Shift+F6，弹出"羽化选区"对话框，设置半径为 20 像素，单击"确定"按钮，如图 6-127 所示。

图 6-127

03 执行"滤镜"|"扭曲"|"水波"命令，弹出"水波"对话框，设置参数如图 6-128 所示。

04 单击"确定"按钮，效果如图 6-129 所示。

图 6-128　　　　　　　　　图 6-129

技巧： 在处理图像时，扭曲滤镜组会占用大量内存，如果文件较大，可以先在小尺寸的图像上试验。

05 添加"钓鱼"和"文字"素材至画面中，得到效果如图 6-130 所示。

图 6-130

107 锐化滤镜——绿色橄榄

　　锐化滤镜中包含 6 种滤镜，它们可以通过增强相邻像素间的对比度来聚焦模糊的图像，使图像变得清晰。Photoshop CC 中新增的智能锐化功能相比以前的版本可以让图像锐化得更加真实和自然。

📖 难易程度：★★★

🖼 文件路径：素材\第 6 章\107

🎬 视频文件：mp4\第 6 章\107

01 执行"文件"|"打开"命令，打开随书附带光盘的"橄榄"素材，如图 6-131 所示。按快捷键 Ctrl+J,复制"背景"图层，得到图层 1。

图 6-131

02 执行"滤镜"|"锐化"|"智能锐化"命令，弹出"智能锐化"对话框，设置如图 6-132 所示。

提 示：在 Photoshop CC 不仅可以使用新增的智能锐化功能，同时也可以使用旧版本的锐化功能，单击右上角的 ⚙ 按钮，在弹出的快捷菜单中选择"使用旧版"选项即可。

图 6-132

03 设置完毕后，单击"确定"按钮，效果如图 6-133 所示。

图 6-133

108 防抖滤镜——让模糊画面瞬间清晰

防抖滤镜是什么？此功能是为了最大限度地修复因为相机震动而照成的模糊照片，总体上和锐化的效果非常接近，所以对于专业摄影者来说，这功能实际上来说没多大的实用性。

📖 难易程度：★★★

🗂 文件路径：素材\第 6 章\108

🎬 视频文件：mp4\第 6 章\108

01 启动 Photoshop CC，执行"文件"|"打开"命令，在"打开"对话框中选择"人物"素材，单击"打开"按钮，如图 6-134 所示。

02 可以看到画面不清晰，其实是人物的脸部。

提 示：在拍摄时慢速快门和长焦距都能照成拍摄的对象变得模糊，相机防抖功能提供分析抖动失败的照片曲线来恢复其清晰度。

图 6-134

03 按快捷键 Ctrl+J，复制背景图层，执行"滤镜"|"锐化"|"防抖"命令，弹出"防抖"对话框，如图 6-135 所示。

图 6-135

04 移动"模糊评估区域"定界框至人物脸的部

位，并在"模糊描摹设置"选项中设置相关参数，如图 6-136 所示。

图 6-136

05 单击"高级"面板中的"添加建议的模糊描摹"按钮，在图像中创建描摹区域，可以发现整个图像变得清晰可见，完成后，单击"确定"按钮，效果如图 6-137 所示。

图 6-137

109 像素化滤镜——盛夏光年

像素化滤镜组中包含 7 种滤镜，它们可以通过使单元格中颜色值相近的像素结成块来清晰地定义一个选区，可用于创建彩块、点状、晶格和马赛克等特殊效果。

📖 难易程度：★★

🖼 文件路径：素材\第 6 章\109

🎬 视频文件：mp4\第 6 章\109

01 执行"文件"|"打开"|命令，打开随书附带光盘的素材，如图 6-138 所示。

02 按快捷键 Ctrl+J，复制图层，执行"滤镜"|"像素化"|"马赛克"命令，弹出"马赛克"对话框，设置参数如图 6-139 所示。

03 单击"确定"按钮，设置图层混合模式为"叠加"，执行"滤镜"|"锐化"|"锐化"命令，按快捷键 Ctrl+F，重复该命令 3 次，如图 6-140 所示。

04 添加文字素材至画面中，得到最终效果如图 6-141 所示。

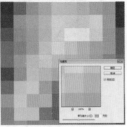

图 6-138　　　　　　　　图 6-139

图 6-140　　　　　　　　图 6-141

110　渲染滤镜——4 号火车

渲染滤镜组中包含 5 种滤镜，这些滤镜可以在图像中创建灯光效果，3D 形状，云彩图案，折射图案和模拟的光反射，是非常重要的特效制作滤镜。

难易程度：★★

文件路径：素材\第 6 章\110

视频文件：mp4\第 6 章\110

01 执行"文件"|"打开"命令，打开随书附带光盘的"火车"素材，如图 6-142 所示。

图 6-142

02 按快捷键 Ctrl+J，复制图层，执行"滤镜"|"渲染"|"镜头光晕"命令，弹出"镜头光晕"对话框，设置参数如图 6-143 所示。

图 6-143

03 单击"确定"按钮，效果如图 6-144 所示。

04 按快捷键 Ctrl+J，复制图层，设置图层混合模式为"滤色"，效果如图 6-145 所示。

图 6-144

图 6-145

111　杂色滤镜——制作雪花飘飞

杂色滤镜组中包含 5 种滤镜，它们可以添加或去除杂色和带有随机分布色阶的像素，创建与众不同的纹理，也用于去除有瑕疵的区域。

难易程度：★★★

文件路径：素材\第 6 章\111

视频文件：mp4\第 6 章\111

01 执行"文件"|"打开"|命令，打开随书附带光盘的"雪景"素材，如图 6-146 所示。

图 6-146

图 6-147

02 新建图层，填充黑色，执行"滤镜"|"杂色"|"添加杂点"命令，弹出"添加杂点"对话框，设置参数如图 6-147 所示，单击"确定"按钮。

03 执行"滤镜"|"模糊"|"进一步模糊"命令，按快捷键 Ctrl+L，弹出"色阶"对话框，设置参数如图 6-148 所示，单击"确定"按钮。

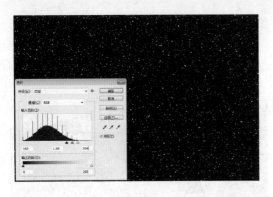

图 6-148

04 设置图层混合模式为"滤色",执行"滤镜"|"模糊"|"动感模糊"命令,弹出"动感模糊"对话框,设置参数如图 6-149 所示,单击"确定"按钮。

图 6-149

05 按快捷键 Ctrl+J,复制图层,按快捷键 Ctrl+T,进入自由变换状态,单击右键,在弹出的快捷菜单中选择"旋转180度",按回车键,确定设置。

06 执行"滤镜"|"像素化"|"晶格化"命令,弹出"晶格化"对话框,设置单元格大小为 4,单击"确定"按钮。

07 执行"滤镜"|"模糊"|"动感模糊"命令,弹出"动感模糊"对话框,设置参数如图 6-150 所示,单击"确定"按钮。

图 6-150

08 选中两个雪花图层,按快捷键 Ctrl+E,合并图层,再按快捷键 Ctrl+J,复制图层,设置图层不透明为 40%。

09 选中两个图层,按快捷键 Ctrl+G,编织组,添加图层蒙版,使用黑色的画笔工具隐藏人物脸部的雪花,得到最终效果如图 6-151 所示。

图 6-151

第 **7** 章
数码照片处理

实例欣赏

随着数码相机的普及，越来越多的人在旅游、聚会等活动时使用数码相机拍摄照片。无论是使用传统相机拍摄照片，还是使用数码相机所得到的数字图像，都可能会因为光线、环境或摄影对象等一些原因，而得不到所需的效果。Photoshop 等电脑修图软件出现之后，摄影师们有了"数字暗房"，获得了空前的创作自由。Photoshop 不但可以轻易修复照片的缺陷，弥补人物或环境的不足，还能通过调色和合成，制作出梦幻的效果。

本章通过具体的实例，讲解 Photoshop CC 在照片处理中的应用，内容包括去除面部瑕疵、美白皮肤、美白牙齿、染出时尚发色等常用的各个方面。

112 赶走可恶瑕疵——去除面部瑕疵

随着数码相机的普及，人物照片的清晰度越来越高，照片上的人物脸部一些瑕疵变得显而易见，如何掩盖这些缺陷呢？本节主要通过"蒙尘与划痕"滤镜，为人物脸部去除瑕疵，打造完美面部肌肤。

📖 难易程度 ★★★★

📁 文件路径：素材\第 7 章\112

🎬 视频文件：mp4\第 7 章\112

01 执行"文件"|"打开"命令，在"打开"对话框中选择素材照片，单击"打开"按钮，或按快捷键 Ctrl + O，打开人物素材照片，如图 7-1 所示。

02 在图层面板中单击选中背景图层，按住鼠标将其拖动至"创建新图层"按钮 🔲 上，复制得到背景复制图层，执行"滤镜"|"杂色"|"蒙尘与划痕"命令，在弹出的对话框中设置参数如图 7-2 所示。

03 单击"确定"按钮，退出"蒙尘与划痕"对话框，效果如图 7-3 所示。

04 单击图层面板上的"添加图层蒙版"按钮 🔲，为背景副本图层添加图层蒙版。恢复前景色和背景色为默认的黑白颜色，按快捷键 Alt+Delete，填充蒙版为黑色，然后选择"画笔工具" 🖌，设前景色为白色，显示蒙尘与划痕效果，此时人物效果如图 7-4 所示。

图 7-1　　　　　图 7-2　　　　　　　图 7-3　　　　　　图 7-4

📚 提 示：　"蒙尘与划痕"滤镜通过更改相异的像素减少杂色。为了在锐化图像和隐藏瑕疵之间取得平衡，可尝试半径与阈值设置的各种组合。或者在图像的选中区域应用此滤镜。

113 美白大法——美白肌肤

拥有白皙光洁的皮肤是每个女孩的梦想。本实例主要调整图层、图层蒙版，使人物的面部皮肤光洁一新，更加水嫩光滑。

难易程度 ★★★★

文件路径：素材\第 7 章\113

视频文件：mp4\第 7 章\113

01 启动 Photoshop CC，执行"文件"|"打开"命令，在"打开"对话框中选择"人物"素材，单击"打开"按钮，如图 7-5 所示。

02 复制图层，选择"污点修复工具" ，去除人物手臂上的斑点，如图 7-6 所示。

图 7-5 　　　　 图 7-6

03 单击图层面板底部的"创建新的填充或调整图层"按钮 ，在弹出的快捷菜单中选择"曲线"选项，弹出"曲线"对话框，设置参数及效果如图 7-7 所示。添加"色相/饱和度"调整图层，设置参数如图 7-8 所示。

提示：肌肤的后期美白处理，对于一个好的修图师，首先一定要有足够的耐心，再次还要有灵活变通工具的本领，同样一张图片，用不同的方法去修复，不同心态的人所作出的效果是大不相同的，所以耐心和细心比速度更加重要。

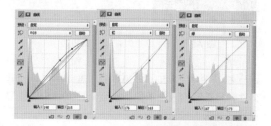

图 7-7

图 7-8

04 设置完毕后，关闭窗口，按快捷键 Shift+Ctrl+Alt+E，盖印图层，按快捷键 Shift+Ctrl+U，去色，设置图层混合模式为"正片叠底"，不透明度为 14%，图 7-9 所示。

05 添加"色彩平衡"调整图层，设置参数如图 7-10 所示。按快捷键 Shift+Ctrl+Alt+E，盖印图层，按快捷键 Ctrl+J，复制图层，设置图层混合模式为"滤色"，并添加图层蒙版，使用画笔工具在需要隐藏效果的位置上涂抹，使其隐藏，如图 7-11 所示。

图 7-11　　　　　　　　图 7-12

图 7-9　　　　　　　　图 7-10

07 添加一张风景背景，放置人物图层下方，效果如图 7-13 所示。

图 7-13

06 按快捷键 Shift+Ctrl+Alt+E，盖印图层，新建文件，将盖印的人物图层，拖至新建文件中，去除背景，如图 7-12 所示。

114　貌美牙为先，齿白七分俏——美白光洁牙齿

你是否会为了照片上"带有黄斑的牙齿"而发愁呢？本实例主要通过磁性套索工具、羽化选区、去色命令、色彩平衡命令，制作美白牙齿的效果。

难易程度　★★★★

文件路径：素材\第 7 章\114

视频文件：mp4\第 7 章\114

01 执行"文件"|"打开"命令，在"打开"对话框中选择"美女"素材，单击"打开"按钮，效果如图 7-14 所示。

02 执行"图层"|"复制图层"命令，弹出"复制图层"对话框，保持默认设置，单击"确定"按钮，

将"背景"图层复制一层，得到"背景复制"图层。选择工具箱中的"缩放工具"，或按快捷键 Z，然后移动光标至图像窗口，这时光标显示形状，在人物脸部按住鼠标并拖动，绘制一个虚线框，释放鼠标后，窗口放大显示人物脸部，如图 7-15 所示。方便后面的操作。

图 7-14　　　　　　　　图 7-15

03 选择工具箱中的"磁性套索工具" ，围绕牙齿单击并拖动光标，选择如图 7-16 所示的图像区域。

04 执行"选择"|"修改"|"羽化"命令，或按快捷键 Shift+F6，在弹出的"羽化"对话框中设置羽化半径为 2，设置完成后单击"确定"按钮。

05 执行"图像"|"调整"|"去色"命令，去掉选区图像颜色如图 7-17 所示，此时黄色的牙斑已经被去掉。

图 7-16　　　　　　　　图 7-17

06 执行"图像"|"调整"|"亮度/对比度"命令，

打开"亮度/对比度"对话框，在对话框中分别设置"亮度"为 20，"对比度"为 0，单击"确定"按钮，关闭对话框，如图 7-18 所示。

07 执行"图像"|"调整"|"色彩平衡"命令，打开"色彩平衡"对话框，在对话框中设置色阶数值为 +38，0，-10，单击"确定"按钮，关闭对话框。

08 调整"色彩平衡"后，按快捷键 Ctrl+D 取消选区，效果如图 7-19 所示。

图 7-18　　　　　　　　图 7-19

09 打开"牙膏海报"文件，切回到"美女"窗口，拖动人物至海报文件中，最终效果如图 7-20 所示。

图 7-20

115 不要衰老——去除面部皱纹

　　本实例通过使用修补工具在人物较好的皮肤上取样来修饰皱纹部分，最后使人看上去年轻。

📖 难易程度　★★★

📁 文件路径：　素材\第 7 章\115

🎬 视频文件：　mp4\第 7 章\115

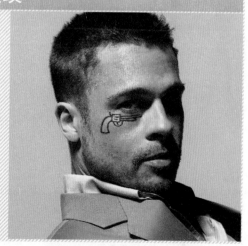

01 启动 Photoshop CC，执行"文件"|"打开"命令，在"打开"对话框中选择"时尚人物"素材，单击"打开"按钮，如图 7-21 所示。

02 在图层面板中单击选中"背景"图层，按住鼠标将其拖动至"创建新图层"按钮 上，复制得到"背景 复制"图层。

03 选择"缩放工具" ，放大人物额头部分，选择"修补工具" 将皱纹选中，建立选区，如图 7-22 所示。

图 7-21　　　　　　　图 7-22

04 将光标放在选区内，单击并向下面拖动复制图像，如图 7-23 所示。

05 按快捷键 Ctrl+D 取消选择，如图 7-24 所示。

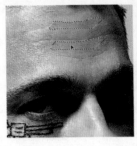
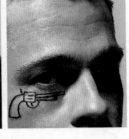

图 7-23　　　　　　　图 7-24

06 通过相同的方法，对额头上的其他皱纹进行修补，效果如图 7-25 所示。

图 7-25

116 让头发色彩飞扬——染出时尚发色

　　我们在大街小巷散步时，会羡慕一些时尚人士把头发染成了各种各样的颜色。本实例将综合运用画笔工具、混合模式等操作，快速染出时尚发色。

难易程度：★★★

文件路径：素材\第 7 章\116

视频文件：mp4\第 7 章\116

01 执行"文件"|"打开"命令，在"打开"对话框中选择素材照片，单击"打开"按钮，或按快捷键 Ctrl + O，打开人物素材照片，如图 7-26 所示。

02 单击前景色色块，在弹出的"拾色器（前景色）"对话框中设置前景色参数如图 7-27 所示。单击"确定"按钮，退出对话框。

图 7-26   图 7-27

透明度"为 70%,效果如图 7-29 所示。

05 单击图层面板上的"添加图层蒙版"按钮,为"图层 1"图层添加图层蒙版,设置前景色为黑色,选择"画笔工具",按"["或"]"键调整合适的画笔大小,在人物头发边缘涂抹,去除多余图像,最终效果如图 7-30 所示。

图 7-28   图 7-29   图 7-30

03 选择"画笔工具",单击图层面板中的"创建新图层"按钮,新建一个图层,在头发上涂抹,如图 7-28 所示。

04 设置图层的"混合模式"为"柔光","不

117 妆点你的眼色秘诀——给人物的眼睛变色

配戴彩色隐形眼镜,可凸显亮丽的眼睛,这是最新的时尚潮流。本实例通过使用画笔工具和图层的混合模式快速实现眼睛变色效果。

📖 难易程度 ★★

🗂 文件路径: 素材\第 7 章\117

🎬 视频文件: mp4\第 7 章\117

01 启动 Photoshop CC,执行"文件"|"打开"命令,打开"人物"文件,效果如图 7-31 所示。

02 新建图层,设置前景色为蓝色(#1503fd),选择工具箱中的"画笔工具",在人物的眼睛处涂抹,如图 7-32 所示。

03 设置图层混合模式为"叠加",不透明度为 40%,如图 7-33 所示。

04 通过相同的方法,完成另一只颜色的变色,效果如图 7-34 所示。

图 7-31   图 7-32   图 7-33   图 7-34

151

118 对眼袋说 NO——去除人物眼袋

高清晰数码相机拍摄出来的照片清楚地表现了人物面部的每个细节，从中可明显地看到人物的黑眼圈和眼袋，这些瑕疵使人物整体感觉疲惫不堪，没有精神。本实例主要运用修复画笔工具、不透明度，去除人物眼袋。

📖 难易程度：★★★

📁 文件路径：素材\第 7 章\118

🎬 视频文件：mp4\第 7 章\118

01 启用 Photoshop CC 后，执行"文件"|"打开"命令，在"打开"对话框中选择人物素材，单击"打开"按钮，如图 7-35 所示。

02 在图层面板中单击选中背景图层，按住鼠标将其拖动至"创建新图层"按钮 🔲 上，复制得到"背景拷贝"图层，如图 7-36 所示。

图 7-35　　　　　图 7-36

03 选择工具箱中的"修复画笔工具" 🖌，按住 Alt 键，在人物眼部平滑部分单击鼠标进行取样，如图 7-37 所示。

04 将鼠标移动至人物面部眼袋位置，拖动鼠标即可将取样的图像应用到需要修复的皮肤上，修复完成后效果如图 7-38 所示。

💡 **提示：**从 Photoshop CS4 版本起，修复画笔工具和仿制图章工具添加了一项智能化的改进，那就是在画笔区域内即时显示取样图像的具体部位，这有助于在修复和仿制图像时对新

图像的位置进行准确的定位。

图 7-37　　　　　图 7-38

05 使用"修复画笔工具" 🖌，修复人物的另一只眼袋，完成效果如图 7-39 所示。

06 设置"背景拷贝"图层的"不透明度"为 50%，使人物眼睛部分更加自然。至此，本实例制作完成，最终效果如图 7-40 所示。

图 7-39　　　　　图 7-40

119 扫净油光烦恼——去除面部油光

拍照时面部出油导致反光而影响画面的整体效果，用 Photoshop CC 可轻松去除油光。本实例主要运用修复画笔工具，制作照片去除面部油光。

📖 难易程度 ★ ★ ★ ★

📁 文件路径：素材\第 7 章\119

📹 视频文件：mp4\第 7 章\119

01 执行"文件"|"打开"命令，在"打开"对话框中选择素材照片，单击"打开"按钮，或按快捷键 Ctrl + O，打开人物素材照片，如图 7-41 所示。

02 在图层面板中单击选中背景图层，按住鼠标将其拖动至"创建新图层"按钮 🔲 上，复制得到背景复制图层，如图 7-42 所示。

图 7-41 　　　　　　图 7-42

03 选择工具箱中的"修复画笔工具" 🖊️ ，按住 Alt 键，在人物脸上靠近油光的非油光部位单击，进行取样，如图 7-43 所示。

📚 **提 示：** 污点修复画笔工具可以自动根据近似图像颜色修复图像中的污点，从而与图像原有的纹理、颜色、明度匹配，该工具主要针对小面积污点。注意设置画笔的大小需要比污点略大。

04 在面部油光区域连续单击并拖动鼠标，取样点的区域就应用到面部油光区域，如图 7-44 所示。

图 7-43 　　　　　　图 7-44

05 运用同样的操作方法，去除面部其他部分的油光，完成效果如图 7-45 所示。

图 7-45

120 人人都可以拥有美丽大眼—打造明亮大眼

每个人都想拥有一双水汪汪的大眼睛，让整个人看起来显得精力充沛。本实例主讲运用套索工具、羽化选区、自由变换命令，教你如何瞬间变大变亮双眼。

📔 难易程度：★★★

🖼 文件路径：素材\第 7 章\120

🎬 视频文件：mp4\第 7 章\120

01 执行"文件"|"打开"命令，在"打开"对话框中选择素材照片，单击"打开"按钮，或按快捷键 Ctrl＋O，打开人物素材照片，如图 7-46 所示。

02 选择工具箱中的"套索工具" 🔎，沿着人物右眼绘制一个选区，如图 7-47 所示。

图 7-46 　　　　　　　图 7-47

03 按快捷键 Shift+F6，弹出"羽化选区"对话框，设置参数如图 7-48 所示。单击"确定"按钮，退出该对话框。

图 7-48

04 按快捷键 Ctrl+J，复制选区至新的图层，得到"图层 1"图层，如图 7-49 所示。

05 按快捷键 Ctrl+T，进入自由变换状态，对象周围出现控制手柄，将光标放于控制手柄上，当光标

指针变化后，按住 Alt+Shift 键并向外拖拽光标，将图像沿中心等比例放大，如图 7-50 所示，拖动至合适位置时释放鼠标，按回车键确定操作，效果如图 7-51 所示。

 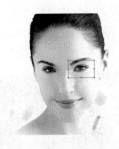

图 7-49 　　　　　　　图 7-50

06 运用同样的操作方法放大人物左眼，完成效果如图 7-52 所示。

图 7-51 　　　　　　　图 7-52

🖐 **技巧：** 旋转中心为图像旋转的固定点，若要改变旋转中心，可在旋转前将中心点 ✛ 拖移到新位置。按住 Alt 键拖动可以快速移动旋转中心。

121 对短腿说 NO——打造修长的美腿

你是否曾羡慕很多照片上的美女拥有的细长美腿？如果你拥有的是一条短腿，不用烦恼，运用 photoshopCC 即可让你拥有细而长的腿。本实例将带领大家塑造完美身材。

📖 难易程度 ★★★

📁 文件路径：素材\第 7 章\121

🎬 视频文件：mp4\第 7 章\121

01 启动 Photoshop CC，执行"文件"|"打开"命令，在"打开"对话框中选择"风景"素材，单击"打开"按钮，如图 7-53 所示。

02 按快捷键 Ctrl+J，复制"背景"图层，选择"矩形选框工具" ▭，创建一个如图 7-54 所示的选区，按快捷键 Ctrl+T，进入自由变换状态，如图 7-55 所示。

03 拖动定界框的边界，调整选区内图像的高度，如图 7-56 所示。按下回车键确认操作，按快捷键 Ctrl+D，取消选择，效果如图 7-57 所示。

图 7-56　　　　图 7-57

图 7-53　　　图 7-54　　　图 7-55

122 更完美的彩妆——增添魅力妆容

为了顺应时代的潮流，女孩们越来越青睐彩妆，运用 photoshop 一些技巧可将原来一张普通的素颜照变成彩妆照，展示出花样美女的灵动气质。

📖 难易程度 ★★★

📁 文件路径：素材\第 7 章\122

🎬 视频文件：mp4\第 7 章\122

01 启动 Photoshop CC 后，执行"文件"|"打开"命令，打开原图素材，如图 7-58 所示。

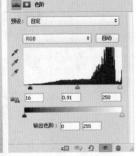

图 7-58   图 7-59

02 单击图层面板上的"创建新的填充或调整图层"按钮 ，在弹出的快捷菜单中选择"色阶"选项，设置参数如图 7-59 所示，效果如图 7-60 所示。

03 选中图层面板中的最上层图层，按快捷键 Ctrl+Shift+Alt+E，盖印图层，执行"滤镜"|"锐化"|"USM 锐化"命令，设置参数如图 7-61 所示。

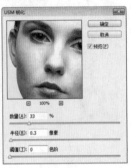

图 7-60   图 7-61

04 单击"确定"按钮，选中图层面板中的最上层图层，按快捷键 Ctrl+Shift+Alt+E，盖印图层，执行"滤镜"|"模糊"|"高斯模糊"命令，设置模糊半径为 2 像素，单击"确定"按钮，单击图层面板下面的"添加图层蒙版"按钮 ▣，按快捷键 Ctrl+I，进行反相，选择"画笔工具" ✐，设置前景色为白色，设置适当不透明度，涂抹人物皮肤，去除皮肤瑕疵，如图 7-62 所示。

05 选中图层面板中的最上层图层，按快捷键 Ctrl+ Shift+Alt+E，盖印图层，执行"滤镜"|"杂色"|"添加杂色"命令，设置"杂色数量"为 3%，"分布"为平均分布，单击"确定"按钮，效果如图 7-63 所示。

图 7-62   图 7-63

06 新建图层，设置前景色为红色（# fb0d0d），选择"画笔工具" ✐，在嘴唇的位置上涂抹，设置图层混合模式为"颜色"，不透明度为 46%，效果如图 7-64 所示。

07 添加腮红：单击图层面板下的"创建新图层"按钮 ▣，设置前景色为（# f65f59），选择"套索工具" ✐，创建选区，按快捷键 Shift+F6，羽化为 20 像素，填充浅红色，设置图层混合模式为"颜色"，不透明度为 26%，效果如图 7-65 所示。

图 7-64   图 7-65

08 添加眼影：单击图层面板下的"创建新图层"按钮 ▣，设置前景色为（# f4ee56），选择"画笔工具" ✐，在工具选项栏中设置"柔角笔"，设置合适的不透明度和流量值，添加眼影，单击图层面板下面的"添加图层蒙版"按钮 ▣，设置前景色为黑色，设置适当不透明度，涂抹眼影，让眼影过渡自然，效果如图 7-66 所示。

09 添加眼影：单击图层面板下的"创建新图层"按钮 ▣，设置前景色为（# 51e433），选择"套索工具" ✐，创建选区，按快捷键 Shift+F6，羽化 10 像素，填充绿色，图层混合模式为"颜色"，不透明度为 47%，单击图层面板下面的"添加图层蒙版"按钮 ▣，设置前景色为黑

色，设置适当不透明度，涂抹眼影，让眼影过渡自然，如图 7-67 所示。

图 7-66　　　　　　　图 7-67

10 添加眼影:单击图层面板下的"创建新图层"按钮，设置前景色为（＃ 3b7378），选择"套索工具"，创建选区，按快捷键 Shift+F6，羽化 5 像素，填充前景色，设置图层混合模式为"颜色"，不透明度为 62%，单击图层面板下面的"添加图层蒙版"按钮，设置前景色为黑色，设置适当不透明度，涂抹眼影，让眼影过渡自然，效果如图 7-68 所示。

11 加深眼影:单击图层面板下的"创建新图层"按钮，设置前景色为（＃ 143f5b），选择"套索工具"，创建选区，按快捷键 Shift+F6，羽化 5 像素，填充前景色，设置图层混合模式为"柔光"，不透明度为 62%，单击图层面板下面的"添加图层蒙版"按钮，设置前景色为黑色，设置适当不透明度，涂抹眼影，让眼影过渡自然，效果如图 7-69 所示。

图 7-68　　　　　　　图 7-69

12 添加高光:单击图层面板下的"创建新图层"按钮，设置前白色，选择"套索工具"，

创建选区，按快捷键 Shift+F6，羽化 2 像素，填充前景色，图层混合模式为"柔光"，单击图层面板下面的"添加图层蒙版"按钮，设置前景色为黑色，设置适当不透明度，涂抹眼影，让眼影过渡自然，如图 7-70 所示。

13 添加眼线：选择"铅笔工具"，设置参数如图 7-71 所示。

图 7-70　　　　　　　图 7-71

14 单击图层面板下的"创建新图层"按钮，创建新层。选择"钢笔工具"，描绘出眼线的路径，打开路径面板，选中"工作路径 1"，单击鼠标右键，选择"描边路径"选项，弹出"描边路径"对话框，选择"铅笔"，勾选"模拟压力"，单击"确定"按钮，设置图层混合模式为"柔光"，按快捷键 Ctrl+H，隐藏路径。同上述方法添加另一条眼线，效果如图 7-72 所示。

15 新建图层，选择"套索工具"，创建选区，填充白色，执行"滤镜"|"杂色"|"添加杂色"命令，杂色数量为 50，分布设置为平均分布，勾选"单色"选项，层混合模式为"亮光"，"不透明度"为 40，效果如图 7-73 所示。

图 7-72　　　　　　　图 7-73

123 调色技巧 1——制作淡淡的紫色调

你的窗台是否也有那么一盆赏心悦目的盆栽呢？养花不仅可以净化空气、装点房间，还可陶冶心情，培养生活情趣。养花有这么多好处，是否让你羡慕不已呢？本案例将通过调整图层来为窗台的盆栽打造淡淡的紫色调，让你的盆栽更加炫目。

难易程度：★ ★ ★

文件路径：素材\第 7 章\123

视频文件：mp4\第 7 章\123

01 启动 Photoshop CC，执行"文件"|"打开"命令，打开如图 7-74 所示的风景素材。按快捷键 Ctrl+J，将"背景"图层复制一份，在图层面板中生成"图层 1"图层。

图 7-74

02 单击图层面板底部的"创建新的填充或调整图层"按钮 ，在弹出的快捷菜单中选择"渐变"选项，弹出"渐变填充"对话框，设置参数如图 7-75 所示。

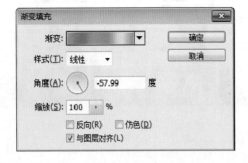

图 7-75

03 单击"确定"按钮，设置图层混合模式为"柔光"。

04 添加"自然饱和度"调整图层，设置自然饱和度为 65，饱和度为 0，关闭窗口。

05 添加"通道混合器"调整图层，设置参数如图 7-76 所示。

图 7-76

06 添加"渐变映射"调整图层，设置参数如图 7-77 所示，设置图层混合模式为"柔光"，效果如图 7-78 所示。

图 7-77　　　　图 7-78

07 添加"渐变填充"调整图层，设置参数如图 7-79 所示，单击"确定"按钮，效果如图 7-80 所示。

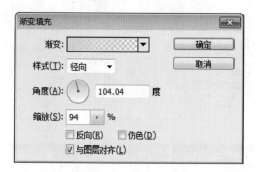

图 7-79

图 7-80

08 选中除背景外的调整图层，按快捷键 Ctrl+G 编织组，重命名为"调色"，选中组，按快捷键

Ctrl+J，复制组，设置调色复制组的不透明度为 50%，效果如图 7-81 所示。

图 7-81

09 添加"文字"至画面的右上角，得到最终的效果如图 7-82 所示。

图 7-82

124 调色技巧 2——制作甜美日系效果

本实例将带领大家调出花丛美女甜美的日系效果，主要用到可选颜色和色相饱和度这两个调色工具。

📖 难易程度：★★★

📄 文件路径：素材\第 7 章\124

🎬 视频文件：mp4\第 7 章\124

01 启动 Photoshop CC，执行"文件"|"打开"命令，打开如图 7-83 所示的人物素材。按快捷键 Ctrl+J，将"背景"图层复制一份，在图层面板中生成"图层 1"图层。

图 7-83

02 按快捷键 Ctrl+Alt+2，调出高光选区，按快捷键 Ctrl+Shift+I，反选选区，按快捷键 Ctrl+J，复制选区，设置图层混合模式为"滤色"，添加图层蒙版，使用黑色的画笔擦除后面的背景，提亮人物，效果如图 7-84 所示。

图 7-84

03 按快捷键 Ctrl+Alt+Shift+E，盖印图层，执行"图像"|"调整"|"阴影/高光"命令，在弹出的"阴影/高光"对话框中，保持默认参数，单击"确定"按钮，按 Alt 键的同时单击"添加图层蒙版"按钮 ▣ ，给图层添加蒙版，在用白色画笔把人物的脸、脖子擦出来，提亮人物的脸部、脖子，效果如图 7-85 所示。

04 添加"可选颜色"调整图层，对红、黄、绿进行调整，参数如图 7-86 所示，调整整体颜色。

图 7-85

图 7-86

05 添加"可选颜色"调整图层，对红、黄进行调整，参数如图 7-87 所示。关闭窗口，效果如图 7-88 所示。

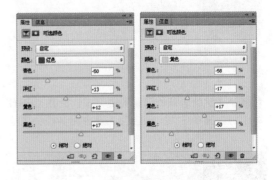

图 7-87

图 7-88

06 添加"色相/饱和度"调整图层，设置饱和度的数值为-45，降低黄色饱和度，效果如图 7-89 所示。

图 7-89

07 添加"可选颜色"调整图层，对红、黄进行调整，参数如图 7-90 所示。

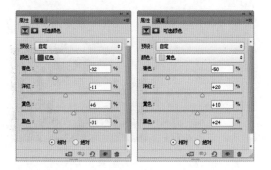

图 7-90

08 选中蒙版，用黑色画笔把人物皮肤擦出来，调整背景颜色，如图 7-91 所示。

图 7-91

09 按快捷键 Ctrl+Shift+Alt+E，盖印图层，单击图层面板底部的"添加图层样式"按钮 *fx*，在弹

出的快捷菜单中选择"图案叠加"选项，弹出"图层样式"对话框，设置参数，单击"确定"按钮，如图 7-92 所示。

图 7-92

10 设置图层不透明度为"30%"，添加图层蒙版，用黑色画笔把人物和不需要的部分擦出来，给背景加点梦幻的元素，如图 7-93 所示。

图 7-93

11 添加"亮度/对比度"调整图层，设置亮度为 2，对比度为 5。添加"文字"素材至右下角的位置，得到最终效果如图 7-94 所示。

图 7-94

125 调色技巧 3——制作水嫩色彩

本实例主要运用"曲线"命令、"可选颜色"命令、图层混合模式、"色相/饱和度"命令，制作出照片的水嫩色彩效果。

📖 难易程度 ★★★

📁 文件路径：素材\第 7 章\125

🎬 视频文件：mp4\第 7 章\125

01 启动 Photoshop CC，执行"文件"|"打开"命令，打开如图 7-95 所示的人物素材。按快捷键 Ctrl+J，将"背景"图层复制一份，在图层面板中生成"图层 1"图层。

02 单击图层面板中的"创建新的填充或调整图层"按钮 🔵，在打开的快捷菜单中选择"曲线"命令，系统自动添加一个"曲线"调整图层，选择"红"通道，设置参数如图 7-96 所示。

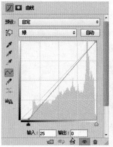

图 7-97　　　　　　　　图 7-98

图 7-95　　　　　图 7-96

03 选择"绿"通道，设置参数如图 7-97 所示。图像效果如图 7-98 所示。

04 按 Ctrl+Shift+Alt+E 组合键，盖印所有可见图层。设置图层的"混合模式"为"滤色"，"不透明度"为 46%，如图 7-99 所示。

05 创建"可选颜色"调整图层，系统自动添加一个"可选颜色"调整图层，在调整面板中设置参数如图 7-100 所示。

图 7-99　　　　　　　　图 7-100

📚 **提示：**可选颜色校正是高端扫描仪和分色程序使用的一种技术，用于在图像中的每个主要原色成分中更改印刷色的数量。

图像效果如图 7-101 所示。

06 添加"色相/饱和度"调整图层，调整图像色相/饱和度，在调整面板中设置参数如图 7-102 所示。

图像效果如图 7-103 所示。

图 7-101　　　　　图 7-102

图 7-103

126 调色技巧 4——制作安静的夜景

　　皎洁的月夜让人感觉平静、浪漫，因为人们在喧闹的世界里忙碌了一整天，需要沉淀内心，跟着本案例的步伐，来完成一幅属于自己心中的夜景。

🔲 难易程度：★★★

🖐 文件路径：素材\第 7 章\126

🎞 视频文件：mp4\第 7 章\126

01 启动 Photoshop CC，执行"文件"|"打开"命令，打开如图 7-104 所示的日景素材。按快捷键 Ctrl+J，将"背景"图层复制一份，在图层面板中生成"图层 1"图层。

02 创建"色相/饱和度"调整图层，设置参数如图 7-105 所示。

图 7-104　　　　　图 7-105

03 创建"曲线"调整图层，设置参数如图 7-106 所示，关闭窗口，效果如图 7-107 所示。

图 7-106　　　　　　　图 7-107

04 添加"星空"素材至画面中，并添加图层蒙版，使用黑色的画笔在房子上面及下面的部分进行涂抹，使其隐藏，如图 7-108 所示。

图 7-108

05 按快捷键 Shift+Ctrl+Alt，盖印图层，添加 "光" 素材至画面中，并添加图层蒙版，隐藏不需要的部分，效果如图 7-109 所示。

图 7-109

06 添加 "月球" 素材至画面中，单击图层面板底部的 "添加图层样式" 按钮 *fx*，在弹出的快捷菜单中选择 "外发光" 选项，弹出 "图层样式" 对话框，设置参数，单击 "确定" 按钮，如图 7-110 所示。

图 7-110

07 按 Ctrl 键的同时单击月球缩览图，将其载入选区，创建 "色相/饱和度" 调整图层，自动生成一个隐藏选区外的调整图层，设置参数，如图 7-111 所示。

图 7-111

08 按快捷键 Shift+Ctrl+Alt，盖印图层，创建 "色相/饱和度" 调整图层，设置参数，选中图层蒙版，使用黑色的画笔在天空的位置上涂抹，使其隐藏，效果如图 7-112 所示。

图 7-112

09 创建 "曲线" 调整图层，设置参数，按快捷键 Ctrl+Alt+G，创建剪贴蒙版，效果如图 7-113 所示。

图 7-113

127 个性女孩——制作反转负冲效果

"反转负冲"就是用负片的冲洗工艺来冲洗反转片，这样会得到比较流行而特殊的色彩。本实例主要运用通道、应用图像，制作照片反转负冲效果。

📕 难易程度：★ ★ ★

📁 文件路径：素材\第 7 章\127

🎬 视频文件：mp4\第 7 章\127

01 启用 Photoshop CC 后，执行"文件"|"打开"命令，打开一张人物素材图像，如图 7-114 所示。

02 切换至通道面板，选择蓝通道，通道面板如图 7-115 所示，蓝通道图像如图 7-116 所示。

图 7-116   图 7-117

图 7-114   图 7-115

03 画面呈黑白色调，在调整时看不到图像的变化，因此需要单击 RGB 通道前面的 👁 按钮，此时画面显示为 RGB 通道状态，但蓝色通道处于选择状态，如图 7-117 所示。

04 执行"图像"|"应用图像"命令，弹出"应用图像"对话框，在对话框中设置"混合"模式为"正片叠底"，然后选中"反相"复选框，不透明度为 50%，如图 7-118 所示。

05 单击"确定"按钮，此时图像效果如图 7-119 所示。

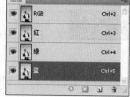

图 7-118   图 7-119

06 选择绿色通道，执行"图像"|"应用图像"命令，弹出"应用图像"对话框，在对话框中设置

"混合"模式为"正片叠底",然后选中"反相"复选框,不透明度为 10%,如图 7-120 所示,单击"确定"按钮,此时图像效果如图 7-121 所示。

图 7-120　　　　图 7-121

图 7-122　　　　图 7-123

07 选择红色通道,执行"图像"|"应用图像"命令,弹出"应用图像"对话框,在对话框中设置"混合"模式为"颜色加深","不透明度"为 20%,如图 7-122 所示。单击"确定"按钮,此时图像效果如图 7-123 所示。

提 示: 图层之间可以通过图层面板中的混合模式选项来相互混合,而通道之间则主要靠"应用图像"和"计算"来实现混合,这两个命令与混合模式的关系密切,常用来制作选区。"应用图像"命令还可以创建特殊的图像合成效果。

128 昨日重现——制作照片的水彩效果

本实例主要运用"颗粒"滤镜、"动感模糊"滤镜、"成角的线条"滤镜、"色相/饱和度"命令、图层混合模式,制作照片的水彩效果。

难易程度:★★★

文件路径:素材\第 7 章\128

视频文件:mp4\第 7 章\128

01 启用 Photoshop CC 后,执行"文件"|"打开"命令,打开一张人物素材图像,如图 7-124 所示。

02 按快捷键 Ctrl+J,将背景图层复制 3 份。

03 选择"图层 1"图层,隐藏其他图层。设前背景色为白黑色,执行"滤镜"|"滤镜库"命令,弹出"滤镜库"对话框,选择纹理中的颗粒,设置参数如图 7-125 所示。

图 7-124　　　　图 7-125

04 单击"确定"按钮，执行滤镜效果并退出"颗粒"对话框，效果如图 7-126 所示。

05 执行"滤镜"|"模糊"|"动感模糊"命令，弹出"动感模糊"对话框，设置参数如图 7-127 所示。

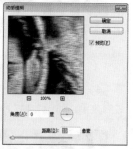

图 7-126   图 7-127

06 单击"确定"按钮，执行滤镜效果并退出"动感模糊"对话框，效果如图 7-128 所示。

07 执行"滤镜"|"滤镜库"命令，弹出"滤镜库"对话框，选择画笔描边中的成角的线条，设置参数如图 7-129 所示。

图 7-128   图 7-129

提示：成角的线条滤镜可以产生倾斜画笔的效果。

08 单击"确定"按钮，执行滤镜效果并退出"成角的线条"对话框，效果如图 7-130 所示。

图 7-130

09 选择"图层 1 复制"图层，执行"滤镜"|"风格化"|"查找边缘"命令，图像效果如图 7-131 所示。

图 7-131

10 执行"图像"|"调整"|"色相/饱和度"命令，弹出"色相/饱和度"对话框，具体参数设置如图 7-132 所示。

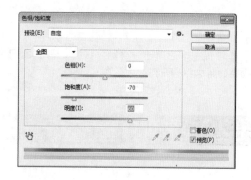

图 7-132

11 设置完毕后单击"确定"按钮，得到的图像效果如图 7-133 所示。

图 7-133

12 设置图层的"混合模式"为"叠加"，图像如图 7-134 所示。

图 7-134

图 7-136

13 选择"图层 1 复制 2"图层，执行"图像"|"调整"|"色调分离"命令，弹出"色调分离"对话框，具体参数设置如图 7-135 所示。

15 设置图层的"混合模式"为"柔光"，得到最终效果，如图 7-137 所示。

色调分离

色阶(L): 4

确定

取消

☑ 预览(P)

图 7-135

14 设置完毕后单击"确定"按钮，得到的图像效果如图 7-136 所示。

图 7-137

129 展现自我风采——制作非主流照片

非主流色调是现在很流行的一种色调，主要表现为时尚、个性，尤其被年青人所喜爱。本实例通过色彩平衡、混合模式、图案填充命令，制作非主流照片。

难易程度：★★★

文件路径：素材\第 7 章\129

视频文件：mp4\第 7 章\129

01 启用 Photoshop CC 后，执行"文件"|"新建"命令，弹出"新建"对话框，在对话框中设置参数，如图 7-138 所示，单击"确定"按钮，新建一个空白文件。

02 执行"文件"|"打开"命令，在"打开"对话框中选择"天空"素材，单击"打开"按钮，选择"移动工具" ，将素材添加至文件中，放置在合适的位置，如图 7-139 所示。

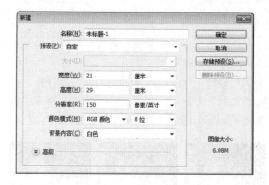

图 7-138

03 单击图层面板中的"创建新的填充或调整图层"按钮 ●，在打开的快捷菜单中选择"色彩平衡"选项，系统自动添加一个"色彩平衡"调整图层，设置参数如图 7-140 所示。

图 7-139　　　　　　　图 7-140

04 此时图像效果如图 7-141 所示。按快捷键 Ctrl+O，添加"人物"素材如图 7-142 所示。

图 7-141　　　　　　　图 7-142

05 设置图层的混合模式为"叠加"，效果如图 7-143 所示。

06 按快捷键 Ctrl+J，将"人物"图层复制一层，使叠加效果更加明显，效果如图 7-144 所示。

图 7-143　　　　　　　图 7-144

07 单击图层面板中的"创建新的填充或调整图层"按钮 ●，在打开的快捷菜单中选择"图案"选项，弹出的"图案填充"对话框，设置参数如图 7-145 所示。

图 7-145

提示： 调整图层作用于下方的所有图层，对其上方的图层没有任何影响，因而可通过改变调整图层的叠放次序来控制调整图层的作用范围。如果不希望调整图层对其下方的所有图层都起作用，可将该调整图层与图像图层创建剪贴蒙版。

08 单击"确定"按钮，系统自动添加一个"图案填充"图层，设置图层的"混合模式"为"叠加"，图像效果如图 7-146 所示。

09 运用上述添加素材的操作方法，添加"花纹"素材，设置图层的"混合模式"为"叠加"，效果如图 7-147 所示。

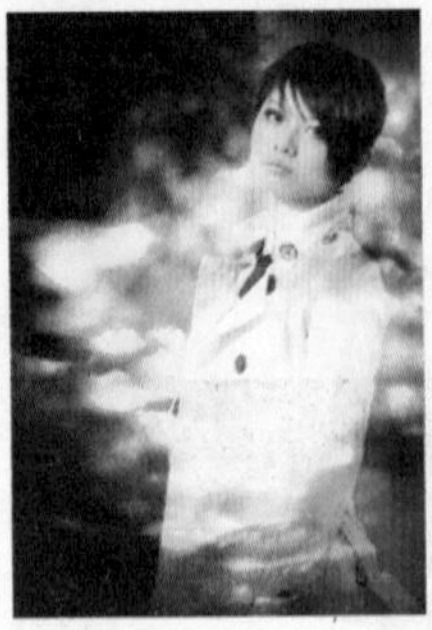

图 7-146

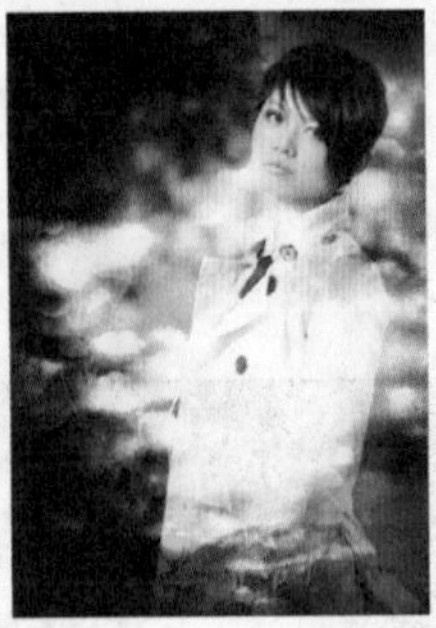

图 7-147

10 新建一个图层，设置前景色为白色，选择“画笔工具”，在工具选项栏中设置“硬度”为 0%，在图像窗口中单击，绘制如图 7-148 所示的光点。在绘制的时候，可通过按“[”键和“]”键调整画笔的大小，以便绘制出不同大小的光点。

11 运用同样的操作方法，选择“星星”画笔，绘制星光效果如图 7-149 所示。

12 按快捷键 Ctrl+O，弹出“打开”对话框，选择“文字”素材，添加至文件中，放置合适的位置，如图 7-150 所示。

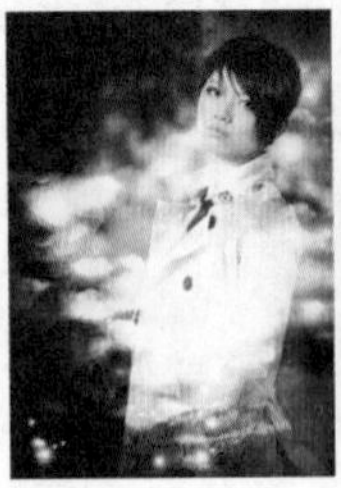

图 7-148

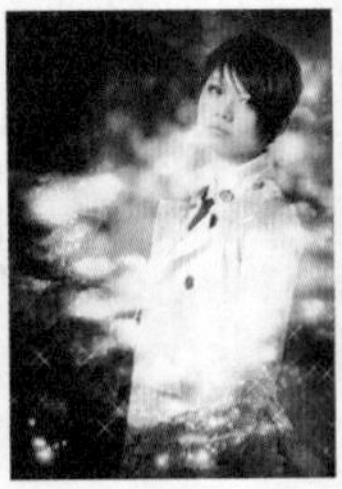

图 7-149

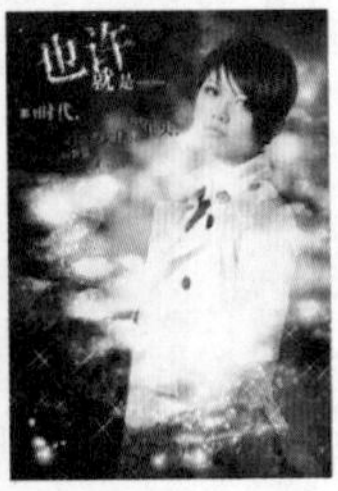

图 7-150

130 精美相册 1——天真无邪儿童日历

童年是最无忧无虑的，最快乐的，你是否也拥有一个载满幻想的童年了？本案例通过制作一幅天真无邪的儿童日历，带我们重温童年的美好时光。

难易程度：★★★

文件路径：素材\第 7 章\130

视频文件：mp4\第 7 章\130

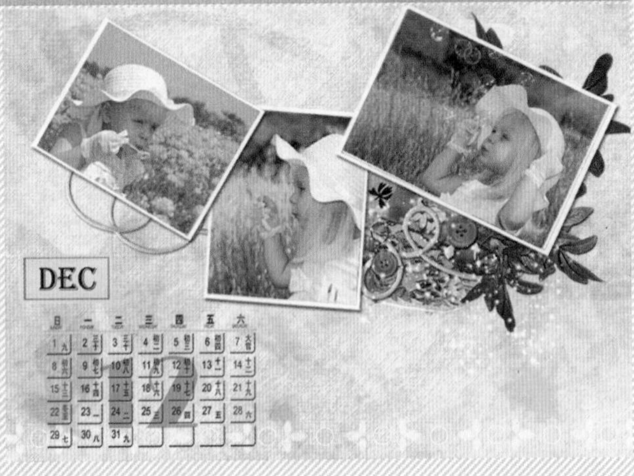

01 启用 Photoshop CC 后，执行“文件”|“打开”命令，打开两张素材图像，如图 7-151 所示。

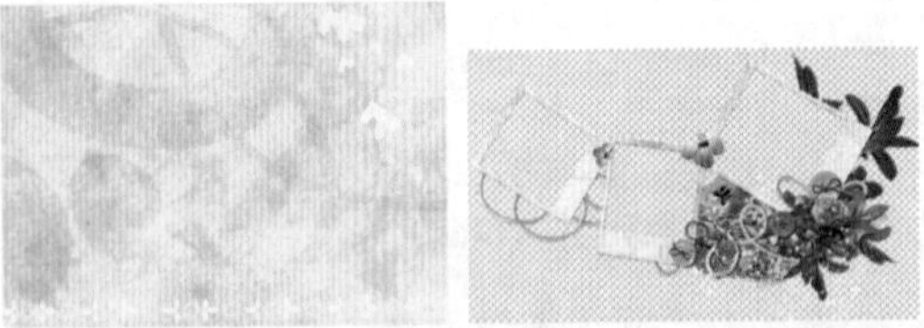

图 7-151

02 拖动“花纹”素材至“背景”上，如图 7-152 所示。

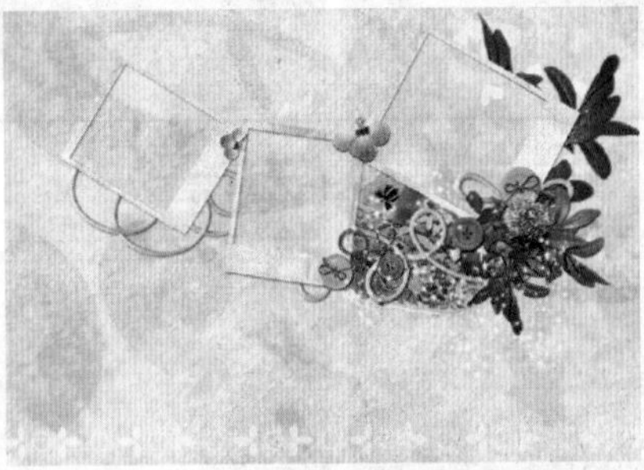

图 7-152

03 新建图层，选择“矩形选框工具”，在画面中，拖动光标绘制矩形选框，按 Alt 键，在矩形选框中，绘制一个矩形，减去内容，如图 7-153 所示。

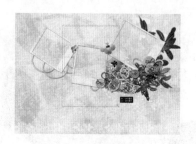

图 7-153

图 7-156

04 设置前景色为白色，按快捷键 Alt+Delete，填充前景色，按快捷键 Ctrl+D，取消选区。

05 按快捷键 Ctrl+T，进入自由变换状态，调整其大小和角度。按回车键确定设置。双击图层缩略图，弹出"图层样式"对话框，勾选"阴影"，设置参数，设置完毕后，单击"确定"按钮，如图7-154 所示。

08 添加"小女孩 1"素材，放置画面中，调整素材的大小和角度，按快捷键 Ctrl+Alt+G，创建剪贴蒙版，如图 7-157 所示。

图 7-157

图 7-154

09 通过相同的方法，完成其他两张人物素材的编辑，效果如图 7-158 所示。

06 新建图层，选择"矩形选框工具" ⬚，绘制矩形选框，按快捷键 Ctrl+T，进入自由变换状态，调整大小和角度，放置矩形内，如图 7-155 所示。

图 7-158

图 7-155

10 添加"日期"至画面的左下角位置，得到最终效果如图 7-159 所示。

07 按 Shift 键同时选中两个矩形图层，单击图层面板上的"链接图层"按钮 ⇔，按快捷键Ctrl+J，复制两次图层，调整好位置及大小，如图7-156 所示。

图 7-159

131 精美相册——清新淡雅成人日历

你有想过每天早上起来都能看到自己年轻、精神焕发的样子吗？如果想，就跟着本案例来制作一幅属于自己的个人日历吧！

📖 难易程度 ★★★

📁 文件路径：素材\第 7 章\131

🎬 视频文件：mp4\第 7 章\131

01 启用 Photoshop CC 后，执行"文件"|"打开"命令，打开"花纹"素材图像，如图 7-160 所示。

02 执行"编辑"|"定义图案"命令，弹出"图案名称"对话框，设置名称为"花纹"，单击"确定"按钮，关闭文件。

03 新建文件，执行"编辑"|"填充"命令，或按快捷键 Shift+F5，弹出"填充"对话框，设置如图 7-161 所示。

图 7-160　　　　　　　图 7-161

📚 **提示：** 使用"定义图案"命令可以将图层或选区中的图像定义为图案，定义图案以后，用"填充"命令可将图案内容填充到整个图层区域或选区中。

04 设置完毕后，单击"确定"按钮，打开"边框"和"人物"素材，依次拖至画面中，选中"人物"图层，按快捷键 Ctrl+Alt+G，创建剪贴蒙版，如图 7-162 所示。

05 添加卡通女孩至画面中，新建图层，选择"椭圆选框工具" ⬭，按 Shift 键绘制正圆选框，如图 7-163 所示。

图 7-162　　　　　　　图 7-163

06 按 D 键，前背景色自动切回到黑白色，按快捷键 Ctrl+Delete，填充背景色。

07 执行"选择"|"修改"|"收缩"命令，弹出"收缩选区"对话框，设置收缩量为 5 像素，单击"确定"按钮，如图 7-164 所示。

08 设置前景色为蓝色（#5a7f9f），按快捷键 Alt+Delete，填充前景色，如图 7-165 所示。

09 通过相同的方法，完成如图 7-166 所示的图形。

图 7-164　　　　图 7-165　　　　图 7-166

10 使用横排文字工具，输入日期文字，效果如图 7-167 所示。添加素材至画面，并复制一次放置右下角的位置，得到最终效果如图 7-168 所示。

图 7-167

图 7-168

132 婚纱相册——让光阴留住我们的美好回忆吧

时间是可怕的，它让人变老，遗忘过去。何不在自己年轻的时候，拍下属于我们快乐的时光。本案例制作的是一款极具梦幻色调的婚纱相册，将美好的记忆永远定格在那一刻。

📖 难易程度：★ ★ ★

🗂 文件路径：素材\第 7 章\132

🎬 视频文件：mp4\第 7 章\132

01 启用 Photoshop CC 后，执行"文件"|"打开"命令，打开"黄昏海景"和"婚纱 1"素材图像，将"婚纱 1"素材拖至"黄昏海景"文件中，如图 7-169 所示。

图 7-169

02 设置图层混合模式为"正片叠底"，并添加图层蒙版，使用黑色的画笔，涂抹边缘，使画面具有柔和感，如图 7-170 所示。

图 7-170

03 添加"花纹"素材至画面下方位置，设置图层混合模式为"柔光"，并添加图层蒙版，使用黑色的画笔，涂抹边缘，使画面具有柔和感，如图 7-171 所示。

04 复制"花纹"图层，调整蒙版中的隐藏位置，如图 7-172 所示。

图 7-171

图 7-174

图 7-172

图 7-175

05 新建图层，选择"多边形套索工具" ，绘制不规则图形，填充白色，按快捷键 Ctrl+D，取消选区，添加图层蒙版，隐藏两边的位置，如图 7-173 所示。

图 7-176

09 选择"横排文字工具" ，输入文字，得到最终效果如图 7-177 所示。

图 7-173

06 通过相同的方法，绘制两个相似的图形，如图 7-174 所示。

07 添加"婚纱 2""婚纱 3"素材至画面中，设置图层面板上的"填充"为 68%，如图 7-175 所示。

08 新建图层，选择"画笔工具" ，在工具选项栏中选择"柔角边"，按 "["和"]"设置笔触大小，在人物上，绘制圆点，如图 7-176 所示。

图 7-177

133 个人写真——情迷购物

如果你是女生应该有同感——购物是一件快乐的事情，有没有想过拍一套自己的个人购物写真呢？本实例将教你如何完成一套购物写真集的制作。

📘 难易程度：★ ★ ★

🖼 文件路径：素材\第 7 章\133

🎞 视频文件：mp4\第 7 章\133

01 启用 Photoshop CC 后，执行"文件"|"新建"命令，弹出"新建"对话框，设置参数如图 7-178 所示

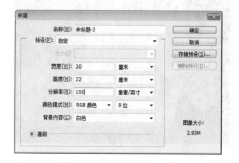

图 7-178

02 设置前景色为深红色（#a93705），按快捷键 Alt+Delete，填充前景色，添加两张素材至画面中，如图 7-179 所示。

03 分别设置图层，如图 7-180 所示。

图 7-179　　　　　图 7-180

04 添加"不规则图形"和"人物 1"素材至画面中，如图 7-181 所示。

05 选中"人物 1"图层，执行"图层"|"创建剪贴蒙版"命令，为图层添加剪贴蒙版。

06 新建图层，设置前景色为土黄色（#9c7f0b），按快捷键 Alt+Delete，填充前景色，设置混合模式为"正片叠底"，不透明度为 70%，并创建剪贴蒙版，如图 7-182 所示。

图 7-181　　　　　图 7-182

07 创建"曲线"调整图层，设置参数，如图 7-183 所示。

图 7-183

08 选择"钢笔工具" ✐，在工具选项栏中选择"形状"选项，填充色为（#952c04），描边为无，绘制形状，添加"描边"图层样式，参数及效果如图 7-184 所示。

图 7-184

11 新建图层，设置前景色为土黄色（#9c7f0b），按快捷键 Alt+Delete，填充前景色，设置混合模式为"正片叠底"，不透明度 55%，并创建剪贴蒙版，如图 7-187 所示。

图 7-187

09 通过相同的方法，完成其他四个形状，如图 7-185 所示。

图 7-185

12 通过相同的方法，添加其他四张人物素材效果，如图 7-188 所示。

图 7-188

10 添加"人物"素材至画面中，调整好位置，并创建剪贴蒙版，如图 7-186 所示。

图 7-186

13 选择"横排文字工具" T，输入文字，得到最终效果如图 7-189 所示。

图 7-189

第8章
文字特效

　　平面设计中，文字一直是画面不可缺少的元素，好的文字布局和设计有时会起到画龙点睛的作用。对于商业平面作品而言，文字更是不可缺少的内容，只有通过文字的点缀和说明，才能清晰、完整地表达作品的含义。在 Photoshop CC 中，不但可以为图像添加横排、直排等各式各样的文字，同时还可以为这些文字再加上不同的特效，如描边、立体、图案、浮雕等，通过这些效果，使广告更具有艺术特效。

　　本章通过具体的实例，详细讲解了各种文字的制作方法和在平面广告设计中的具体应用。

134 描边字——春之魅力新风尚

本实例主要通过横排文字工具、渐变工具、图层样式，制作描边文字。描边文字在广告设计中是非常常见的文字处理方法。

📕 难易程度：★★

📁 文件路径：素材\第 8 章\134

🎬 视频文件：mp4\第 8 章\134

01 执行"文件"|"打开"命令，在"打开"对话框中选择素材文件，单击"打开"按钮，或按快捷键 Ctrl + O，打开素材，如图 8-1 所示。

图 8-1

02 选择"横排文字工具" T，设置工具选项栏中的字体为"方正粗圆简体"，大小为 135 点，输入文字，如图 8-2 所示。

图 8-2

03 选中"春"字图层缩略图并单击右键，在弹出的快捷菜单中选择"栅格化文字"选项。按 Ctrl 键

的同时再次单击文字图层，使其载入选区，如图 8-3 所示。

图 8-3

📚 **提 示：** 未被栅格化的文字不能进行渐变填充，所以这一步在整个操作中是重要的一步。

04 选择"渐变工具" ，单击工具选项栏中的"渐变条"，打开"渐变编辑器"对话框，设置颜色为（#219a39）到（#7dbe24），单击"确定"按钮，单击径向渐变按钮，勾选"反向"选项，由中心往外拉出一条直线，如图 8-4 所示。

图 8-4

05 单击图层面板底部的"添加图层样式"按钮 fx，在弹出的快捷菜单中选择"描边"选项，弹出"图层样式"对话框，设置参数如图 8-5 所示。

图 8-5

图 8-6

07 通过采用相同的方法，完成其他文字的编辑，得到最终效果如图 8-7 所示。

图 8-7

06 单击"确定"按钮，按快捷键 Ctrl+T，进入自由变换状态，调整文字的角度，完毕后，按 Enter 键确定变换，效果如图 8-6 所示。

135 图案字——给力金秋

本实例主要通过"打开"命令、横排文字工具、剪贴蒙版命令等操作，制作"给力金秋"图案文字。

📕 难易程度：★★★

📂 文件路径：素材\第 8 章\135

🎬 视频文件：mp4\第 8 章\135

01 执行"文件"|"打开"命令，在"打开"对话框中选择"背景"素材，单击"打开"按钮，效果如图 8-8 所示。

02 选择"横排文字工具" T，设置工具选项栏中的字体为"方正超粗黑简体"，大小为 80 点，颜色为（#63361d），编辑文字，如图 8-9 所示。

图 8-8

图 8-9

03 继续输入文字，效果如图 8-10 所示。

图 8-10

04 打开"枫叶"素材，并将素材图层移至"fall rhyme"图层上，如图 8-11 所示。

图 8-11

05 按快捷键 Ctrl+J，复制图层，移至合适的位置上，如图 8-12 所示。

图 8-12

06 执行"图层"|"创建剪贴蒙版"命令，为图层添加剪贴蒙版，或按快捷键 Ctrl+Alt+G 来创建。

07 通过相同的方法，给下面的文字添加枫叶并创建剪贴蒙版，添加星光素材至"F"字母上，效果如图 8-13 所示。

图 8-13

136　风吹浮雕文字——快乐时光

本实例主要通过"打开"命令、横排文字工具、"风"滤镜、"波纹"滤镜、图层样式等操作，制作出"快乐时光"风吹浮雕字。

难易程度：★★★★

文件路径：素材\第 8 章\136

视频文件：mp4\第 8 章\136

01 执行"文件"|"打开"命令，在"打开"对话框中选择"背景"素材，单击"打开"按钮，如图 8-14 所示。

02 选择"横排文字工具" T ，在工具选项栏中选择"方正胖娃简体"，"大小"为 72 点，输入文字，如图 8-15 所示。

图 8-14　　　　　　　　　图 8-15

03 按快捷键Ctrl+T，进入自由变换状态，调整文字至合适的位置和角度，如图 8-16 所示。

04 运用同样的操作方法，输入其他的文字，设置不同的大小，如图 8-17 所示。

图 8-16　　　　　　　　　图 8-17

05 同时选中"快""乐""时""光"四个图层，按住鼠标左键并拖动至"创建新图层"按钮 上，释放鼠标即可得到文字的复制图层，将其隐藏。再次选择四个文字图层，单击鼠标右键，选择"栅格化文字"选项，继续单击右键，选择"合并图层"，将其命名为"快乐时光"。

06 执行"滤镜"|"风格化"|"风"命令，弹出"风"对话框，在"方法"选项区中，选中"大风"；在"方向"选项区中，选中"从右"，如图 8-18 所示。单击"确定"按钮，退出"风"对话框，效果如图 8-19 所示。

07 执行"滤镜"|"风格化"|"风"命令，或按快捷键 Ctrl+F，重复上一次风滤镜操作，效果如图 8-20 所示。

提　示：风滤镜可在图像中增加一些细小的水平线来模拟风吹效果。

图 8-18　　　　　　　　　图 8-19

08 执行"滤镜"|"扭曲"|"波纹"命令，弹出"波纹"对话框，设置参数如图 8-21 所示。

图 8-20　　　　　　　　　图 8-21

提　示：波纹滤镜可以在图像上创建波状起伏的图案，产生水面波纹的效果。

09 单击"确定"按钮，应用波纹滤镜，效果如图 8-22 所示。

10 选择"快"图层，填充红色，并调整图层顺序，效果如图 8-23 所示。

图 8-22　　　　　　　　　图 8-23

11 运用同样的操作方法，制作其他的文字，如图 8-24 所示。

12 选择调整后的四个文字图层，合并图层，在图层面板中单击"添加图层样式"按钮 fx ，在弹出的快捷菜单中选择"斜面和浮雕"选项，弹出"图层样式"对话框，设置参数，如图 8-25 所示。

15 单击图层面板中的"添加图层样式"按钮 fx.，在弹出的快捷菜单中选择"投影"和"描边"选项，弹出"图层样式"对话框，设置参数如图 8-28 和图 8-29 所示。

图 8-24   图 8-25

图 8-28   图 8-29

13 单击"确定"按钮，退出"图层样式"对话框，添加"斜面和浮雕"的效果如图 8-26 所示。

16 单击"确定"按钮，退出"图层样式"对话框，添加"投影"和"描边"的效果如图 8-30 所示。

图 8-26

图 8-30

14 选择"横排文字工具" T.，在工具选项栏中选择"方正粗倩简体"，"大小"为 54 点，输入文字，如图 8-27 所示。

17 运用同样的操作方法，输入其他的文字，制作效果如图 8-31 所示。

图 8-27

图 8-31

137 冰冻文字——超级爽口

本实例主要通过"晶格化"滤镜、"风"滤镜、"塑料包装"滤镜、"色相/饱和度"命令等操作，制作出"超级爽口"冰冻字效果。

难易程度：★★★★

文件路径：素材\第 8 章\137

视频文件：mp4\第 8 章\137

01 执行"文件"|"新建"命令，弹出"新建"对话框，在对话框中设置"单位"为"厘米"、"宽度"和"高度"均为 10 厘米、"分辨率"为"80 像素/英寸"、"颜色模式"为"RGB 颜色"、"背景内容"为"白色"，单击"确定"按钮，新建一个空白文件。

02 按 D 键，恢复前/背景色为黑白颜色，选择"横排文字工具" T ，在工具选项栏中设置"字体"为"方正新舒体繁体"，设置"大小"为 206 点，设置"消除锯齿的方法"为"平滑"，输入文字"冰"，如图 8-32 所示。

03 执行"选择"|"载入选区"命令，弹出"载入选区"对话框，以默认的设置，单击"确定"按钮，载入文字选区，并执行"选择"|"反向"命令，反选选区，如图 8-33 所示。

图 8-32　　　　　　　图 8-33

04 执行"图层"|"向下合并"命令，向下合并为"背景"图层，执行"滤镜"|"像素化"|"晶格化"命令，弹出"晶格化"对话框，设置"单元格大小"为 10 像素，如图 8-34 所示。

05 单击"确定"按钮，应用晶格化滤镜，效果如图 8-35 所示。

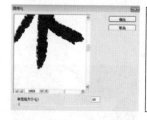 

图 8-34　　　　　　　图 8-35

提示： 晶格化滤镜可以使相近的像素集中到一个像素的多角形网格中，以使图像清晰化。

06 执行"选择"|"反向"命令，反选选区。执行"滤镜"|"模糊"|"高斯模糊"命令，弹出"高斯模糊"对话框，设置"半径"为 11 像素，如图 8-36 所示。单击"确定"按钮，效果如图 8-37 所示。

图 8-36　　　　　　　图 8-37

07 执行"滤镜"|"像素化"|"晶格化"命令，弹出"晶格化"对话框，设置"单元格大小"为 5 像素，单击"确定"按钮，效果如图 8-38 所示。

08 执行"选择"|"取消选择"命令，取消选区；执行"图像"|"调整"|"反相"命令，反相图像，效果如图 8-39 所示。

图 8-38　　　　　图 8-39

09 执行"图像"|"调整"|"色阶"命令，弹出"色阶"对话框，依次设置"输入色阶"为 45、1.38、195，如图 8-40 所示。

10 设置完成后，单击"确定"按钮，调整色阶后的效果如图 8-41 所示。

图 8-40　　　　　图 8-41

11 执行"图像"|"图像旋转"|"90 度（顺时针）"命令，以顺时针方向旋转画布。执行"滤镜"|"风格化"|"风"命令，弹出"风"对话框，设置参数如图 8-42 所示。单击"确定"按钮，效果如图 8-43 所示。

图 8-42　　　　　图 8-43

12 按快捷键 Ctrl+F，重复执行上一次的"风"滤镜，效果如图 8-44 所示。

13 执行"图像"|"图像旋转"|"90 度（逆时针）"命令，以逆时针方向旋转画布；选择"魔棒工具" ，在工具选项栏中取消选中"连续"复选框，在图像编辑窗口中的黑色背景上单击鼠标左键，选择黑色背景区域，如图 8-45 所示。

图 8-44　　　　　图 8-45

14 执行"滤镜"|"艺术效果"|"塑料包装"命令，弹出"塑料包装"对话框，设置参数如图 8-46 所示。

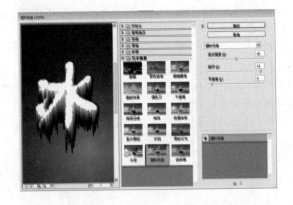

图 8-46

> **提示：** 塑料包装滤镜可以产生一种表面质感很强的塑料包装效果，使图像具有鲜明的立体感。

15 单击"确定"按钮，应用塑料包装滤镜并取消选区，效果如图 8-47 所示。

16 在图层面板中"背景"图层上双击，弹出"新建图层"对话框，保持默认设置，单击"确定"按钮，将"背景"图层转换为"图层 0"普通图层。

17 选择"魔棒工具" ，创建黑色区域选区，并按 Delete 键，删除黑色背景，取消选区，效果如图 8-48 所示。

图 8-47　　　　　　　　图 8-48

18 执行"图像"|"调整"|"色相/饱和度"命令，弹出"色相/饱和度"对话框，设置参数如图 8-49 所示。

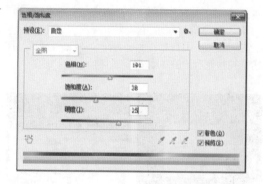

图 8-49

19 单击"确定"按钮，调整色相/饱和度后的效果如图 8-50 所示。

20 设置前景色为白色、背景色为青色（#4fcdff），将"图层 0"图层载入选区。新建"图层 1"图层，使用渐变工具，在图像编辑窗口的上方单击并下下拖拽，填充前景色到背景色的渐变，接着在图层面板中设置图层的"混合模式"为"叠加"，效果如图 8-51 所示。

图 8-50　　　　　　　　图 8-51

21 按快捷键 Ctrl+O，弹出"打开"对话框，选择"背景"素材，单击"打开"按钮，切换置文字效果文件，选择"移动工具"，将"冰冻文字"添加至"背景"素材文件中，放置在合适的位置，如图 8-52 所示。

图 8-52

138 金属文字——智·纷享

本案例制作的是逼真金属生锈浮雕文字，操作的方法是比较简单，主要通过"USM 锐化"及锐化命令，斜面和浮雕，内阴影，剪贴蒙版，横排文字工具等操作。

　　难易程度：★★★★

　　文件路径：素材\第 8 章\138

　　视频文件：mp4\第 8 章\138

01 启动 Photoshop CC，执行"文件"|"打开"命令，打开"电视"文件，效果如图 8-53 所示。

02 选择"横排文字工具" T，设置工具选项栏中的字体为"迷你简汉真广标"，大小为"120"点，输入文字，如图 8-54 所示。

图 8-53　　　　　　　　图 8-54

03 打开生锈 1 素材，拖至画面中，放置合适的位置，执行"滤镜"|"锐化"|"USM 锐化"命令，弹出"USM 锐化"对话框，设置参数如图 8-55 所示。

04 单击"确定"按钮，按快捷键 Ctrl+Alt+G，创建剪贴蒙版，如图 8-56 所示。

图 8-55　　　　　　　　图 8-56

05 打开生锈 2 素材，拖至画面中，放置合适的位置，执行"滤镜"|"锐化"|"USM 锐化"命令，设置图层混合模式为"叠加"，并创建剪贴蒙版，如图 8-57 所示。

06 选择文字图层，单击图层面板底部的"添加图层样式"按钮 fx，在弹出的快捷菜单中选择"斜面和浮雕"选项，弹出"图层样式"对话框，设置参数如图 8-58 所示，单击"确定"按钮。

图 8-57　　　　　　　　图 8-58

07 在顶部位置新建图层，按Ctrl键单击文字缩略图，载入选区，执行"编辑"|"描边"命令，弹出"描边"对话框，设置参数如图 8-59 所示。

08 单击"确定"按钮，双击图层，弹出"图层样式"对话框，勾选"斜面和浮雕""纹理"和"内阴影"，参数如图 8-60 所示。单击"确定"按钮，按快捷键 Ctrl+D，取消选区。

图 8-59　　　　　　　　图 8-60

09 按 Shift 键同时选中除电视图层外的所有图层，按快捷键 Ctrl+G 编织组，选择"横排文字工具" T，输入文字，得到最终效果如图 8-61 所示。

图 8-61

139 铁锈文字——谨贺新年

本实例主要通过"新建"命令、横排文字工具、图层样式、图层蒙板、图层混合模式、移动工具等操作，制作出"谨贺新年"铁锈文字效果。

📖 难易程度：★ ★ ★ ★

📁 文件路径：素材\第 8 章\139

🎬 视频文件：mp4\第 8 章\139

---

01 执行"文件"|"新建"命令，弹出"新建"对话框，在对话框中设置参数如图 8-62 所示，单击"确定"按钮，新建一个空白文件。

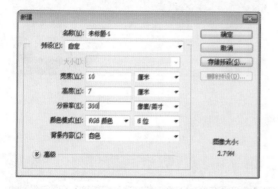

图 8-62

02 选择"横排文字工具" T ，设置工具选项栏中"字体"为方正魏碑繁体、"大小"为 50 点，输入文字，如图 8-63 所示。

图 8-63

03 单击图层面板中"添加图层样式"按钮 fx. ，在弹出的快捷菜单中选择"内发光"选项，弹出"图层样式"对话框，设置参数如图 8-64 所示。

04 选择"斜面和浮雕"选项，设置参数如图 8-65 所示。

图 8-64   图 8-65

05 单击"确定"按钮，退出"图层样式"对话框，添加"内发光"和"斜面和浮雕"的效果如图 8-66 所示。

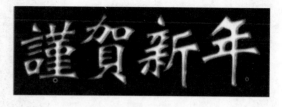

图 8-66

06 执行"文件"|"打开"命令，在"打开"对话框中选择"铁锈质感"素材，单击"打开"按钮，选择"移动工具" ▶ ，将素材添加至文字文件中，调整好大小、位置和图层顺序，使铁锈质感图层置于文字图层下方，得到如图 8-67 所示的效果。

图 8-67

技巧： 默认情况下，新建图层会置于当前
图层的上方，并自动成为当前图层。按下 Ctrl
键单击创建新图层按钮 ◻ ，则在当前图层下
方创建新图层

07 选择"铁锈质感"图层，单击图层面板上的
"添加图层蒙版"按钮 ◻ ，为图层添加图层蒙
版。按 D 键，恢复前背景色为默认的黑白颜色，按
快捷键 Alt+Delete，填充蒙版为黑色，按住 Ctrl 键
的同时，单击文字缩略图，将文字载入选区，设置
前景色为白色，按快捷键 Alt+Delete，在图层蒙版
上填充文字选区为白色，如图 8-68 所示。

08 选择文字图层，设置图层的"混合模式"为

"正片叠底"，如图 8-69 所示。

图 8-68   图 8-69

09 按快捷键 Ctrl+O，弹出"打开"对话框，选
择"背景"素材，单击"打开"按钮，选择"移动
工具" ▶ ，将刚刚做好的"铁锈文字"添加至背
景文件中，放置在合适的位置，如图 8-70 所示。

图 8-70

140 玉雕文字——亲和自然

本案例制作的是漂亮的翡翠玉
雕文字，制作过程主要分成两部分：
用云彩滤镜及色彩范围作出翡翠纹
理，然后把做好的纹理应用到文字里
面，再配上合适的图层样式即可。

📖 难易程度：★★★★

📁 文件路径：素材\第 8 章\140

💿 视频文件：mp4\第 8 章\140

01 执行"文件"|"打开"命令，在"打开"对
话框中选择素材文件，单击"打开"按钮，或按快
捷键 Ctrl + O，打开玉素材文件，如图 8-71 所示。

02 选择"横排文字工具" T ，设置工具选项栏
中的字体为"行楷体"，分别输入文字，如图 8-72
所示。

图 8-71

图 8-72

图 8-74

07 选中渲染云彩图层，按快捷键 Ctrl+D，取消选区，设置前背景色为绿白色，选择"渐变工具"，在渐变条中选择"前景色到背景色渐变"，从左往右拉出一条直线，如图 8-75 所示。选中两个图层，按快捷键 Ctrl+E，合并图层。

03 新建图层，按 D 键，恢复前背景色为黑白色，执行"滤镜"|"渲染"|"云彩"命令。

04 执行"选择"|"色彩范围"命令，弹出"色彩范围"对话框，用吸管吸取灰色地方，颜色容差为 70，如图 8-73 所示。

05 单击"确定"按钮，退出该对话框，如图 8-74 所示。

06 新建图层，设置前景色为绿色（#1aa907），按快捷键 Alt+Delete，填充前景色。

图 8-75

08 按快捷键 Ctrl+T，进入自由变换状态，缩小对象与文字大小保持大概一致，合并文字图层，按 Ctrl 键单击文字图层，将其载入选区，按快捷键 Ctrl+Shfit+I,反选选区，按 Delete 键删除多余选区，按快捷键 Ctrl+D，取消选区，如图 8-76 所示。

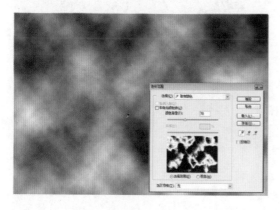

图 8-73

图 8-76

09 双击图层缩略图，弹出"图层样式"对话框，设置参数如图 8-77 所示。参数设置完毕后，单击"确定"按钮，效果如图 8-78 所示。

图 8-78

10 继续使用横排文字工具添加文字，得到最终效果如图 8-79 所示。

图 8-77

图 8-79

141 蜜汁文字——生日快乐

本案例制作的是饼干上逼真的蜜汁文字。操作过程主要是：输入文字，再把边缘部分涂抹成液滴效果。最后多复制几层文字，并用图层样式把液体质感渲染出来即可。

难易程度：★★★★

文件路径：素材\第 8 章\141

视频文件：mp4\第 8 章\141

01 启动 Photoshop CC，执行"文件"|"新建"命令，在"新建"对话框中设置参数如图 8-80 所示，单击"确定"按钮，新建文件。

02 双击背景图层，将其解锁，再双击图层，弹出"图层样式"对话框，设置参数如图 8-81 所示。单击"确定"按钮。

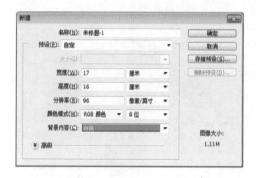

图 8-80

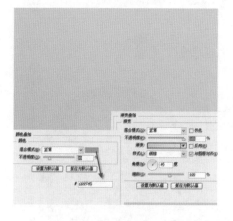

图 8-81

06 选择"画笔工具" ，设置工具选项栏中的画笔大小为 20 像素，画笔选择柔角边，再次选择"钢笔工具" ，在路径上单击右键，在弹出的快捷菜单中选择"描边路径"选项，弹出"描边路径"对话框，工具为"画笔"，勾选"模拟压力"，单击"确定"按钮。

07 用画笔工具和橡皮擦将字体边角部分修饰一下，合并图层，双击图层，弹出"图层样式"对话框，设置斜面和浮雕参数如图 8-84 所示。其他参数如图 8-85 所示。

图 8-84

03 选择"横排文字工具" ，设置工具选项栏中的字体为"黎凡草书 繁"，大小为 110 点，颜色为深红色（#8e0003），分别输入文字，如图 8-82 所示。

04 选中两个文字图层，按快捷键 Ctrl+E，合并图层，按快捷键 Ctrl+T,进入自由变换状态，单击工具选项栏中的"在自由变换和变形之间转换"按钮 ，变形文字，得到想要的效果后，按回车键确定变换。

05 新建图层，选择"钢笔工具" ，绘制路径，如图 8-83 所示。

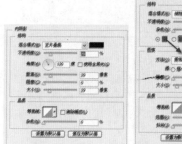
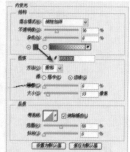

图 8-85

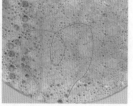

图 8-82　　　　　　　图 8-83

08 单击"确定"按钮，按快捷键 Ctrl+J，并重复两次，得到三个复制图层，隐藏复制 2 和 3，选中合并图层，设置图层填充值为 0%。

09 选中"复制"图层，重设图层样式，并更改图层不透明度为 50%和填充为 0%，如图 8-86 所示。单击"确定"按钮。

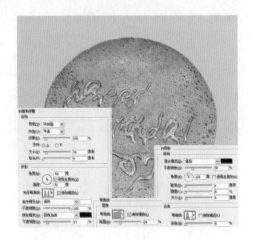

图 8-88

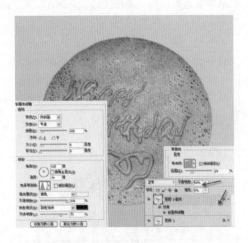

图 8-86

10 显示"复制 2"图层，重设图层样式，并设置图层填充值为 0%，如图 8-87 所示。单击"确定"按钮。

图 8-89

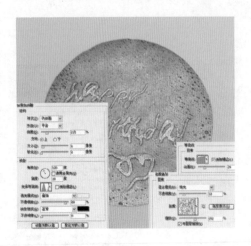

图 8-87

11 显示"复制 3"图层，重设图层样式，并设置图层填充值为 0%，设前景色为白色，选择"画笔工具" ，在文字边缘涂抹，将其添加高光，如图 8-88 所示。

12 新建图层，设前景色为黑色，选择"画笔工具" ，在文字边缘涂抹，将其添加阴影，如图 8-89 所示。

13 添加"碟子"与"蜜汁"素材至画面中，如图 8-90 所示。

14 在图层 0 上新建图层，按 Ctrl 键单击"碟子"素材图层，将其载入选区，按快捷键 Shift+F6,弹出"羽化选区"对话框，设置半径为 20 像素，单击"确定"按钮，填充黑色，按快捷键 ctrl+D, 取消选区，效果如图 8-91 所示。

图 8-90

图 8-91

142 霓虹字——长城桑干酒庄

本实例主要通过"打开"命令、横排文字工具、图层样式、渐变工具等操作，制作霓虹字制作出"长城桑干酒庄"霓虹字效果。

难易程度：★★★

文件路径：素材\第 8 章\142

视频文件：mp4\第 8 章\142

01 执行"文件"|"打开"命令，在"打开"对话框中选择"背景"素材，单击"打开"按钮，如图 8-92 所示。

图 8-92

02 选择"横排文字工具" T，设置工具选项栏中的字体为"方正水黑简体"、"字体大小"为 60 点、"颜色"为红色（#ff0000），输入文字，如图 8-93 所示。

图 8-93

03 单击图层面板中的"添加图层样式"按钮 fx，在弹出的快捷菜单中选择"内发光"选项，弹出"图层样式"对话框，设置内发光的参数如图 8-94 所示。

04 设置发光类型为渐变，单击渐变条，弹出"渐变编辑器"对话框，设置参数如图 8-95 所示，其中浅黄色为（#fcf7c0）、黄色为（#fef508）、橙色为（#fe7008）、红色为（#ee3b12）。

图 8-94　　　　　　　　图 8-95

提示： "内发光"效果在文本或图像的内部产生光晕的效果。

05 单击"确定"按钮，退出"渐变编辑器"对话框，单击"确定"按钮，退出"图层样式"对话框，添加"内发光"的效果如图 8-96 所示。

06 运用同样的操作方法，继续为图层添加"外发光"、"投影"图层样式，设置参数分别如图 8-97 和图 8-98 所示。

图 8-96

图 8-99

图 8-97   图 8-98

07 单击"确定"按钮，退出"图层样式"对话框，为文字图层添加"图层样式"的效果，如图 8-99 所示。

08 选择"横排文字工具" T ，继续输入其他文字，制作图形，效果如图 8-100 所示。

图 8-100

143 星光文字——欢庆 6.1

本实例主要通过"新建"命令、钢笔工具、"高斯模糊"滤镜、涂抹工具、渐变工具、图层样式等操作，制作星光文字效果。

📖 难易程度：★★★★

🗂 文件路径：素材\第 8 章\143

🎬 视频文件：mp4\第 8 章\143

01 按快捷键 Ctrl+N，弹出"新建"对话框，在对话框中设置参数如图 8-101 所示，单击"确定"按钮，新建一个空白文件。

02 选择"钢笔工具" ✎ ，选择工具选项栏中的"路径"选项，绘制路径，如图 8-102 所示。

图 8-101　　　　　　　图 8-102

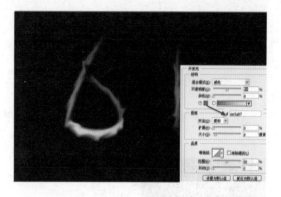

图 8-107

03 设置前景色为白色，选择"画笔工具" ，设置工具选项栏中的画笔样式为尖角，大小为 150 像素，"不透明度"为 100%，新建一个图层，选择"钢笔工具" ，单击右键，在弹出快捷菜单中选择"描边路径"，如图 8-103 所示。

04 执行"滤镜"|"模糊"|"高斯模糊"命令，弹出"高斯模糊"对话框，设置参数如图 8-104 所示。

08 单击"确定"按钮，退出"图层样式"对话框。

09 按快捷键 Ctrl+J，得到"图层 1 复制"图层，设置图层的"混合模式"为"颜色减淡"，如图 8-108 所示。

 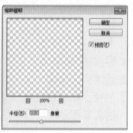

图 8-103　　　　　　　图 8-104

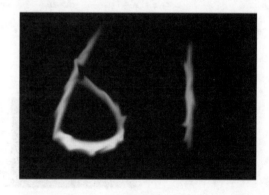

图 8-108

> **提示：** "高斯模糊"滤镜利用钟形高斯曲线，有选择性地快速模糊图像，其特点是中间高，两边低，呈尖峰状。

10 隐藏除"背景"和"图层 1 复制"以外的图层。

11 选择"图层 1 复制"图层，按住 Ctrl 键的同时，单击图层缩略图，将其载入选区，如图 8-109 所示。

05 单击"确定"按钮，退出"高斯模糊"对话框，效果如图 8-105 所示。

12 单击鼠标右键，在弹出的快捷菜单中选择"建立工作路径"选项，如图 8-110 所示。

 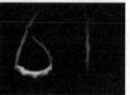

图 8-105　　　　　　　图 8-106

图 8-109　　　　　　　图 8-110

06 选择"涂抹工具" ，在图像上进行随意涂抹，效果如图 8-106 所示。

07 双击图层，弹出"图层样式"对话框，选择"外发光"选项，设置外发光参数如图 8-107 所示。

> **技巧：** 按住 Alt 键单击图层的眼睛图标 ，可显示/隐藏除本图层外的所有其他图层。

13 新建一个图层，选择"画笔工具" ，设置画笔大小为 1 像素，描边路径，如图 8-111 所示。

14 双击图层，弹出"图层样式"对话框，选择"外发光"选项，设置参数如图 8-112 所示。

图 8-111　　　　　　图 8-112

15 选择"描边"选项，设置描边参数如图 8-113 所示。

16 单击"确定"按钮，退出"图层样式"对话框，添加"外发光"、"描边"的效果如图 8-114 所示。

图 8-113　　　　　　图 8-114

17 连续 5 次按快捷键 Ctrl+J，复制"图层 2"图层，选择"移动工具" ，对复制的图层，进行随意的上下左右拖动，如图 8-115 所示。

18 对复制的图层执行"滤镜" | "模糊" | "动感模糊"命令，弹出"动感模糊"对话框，设置参数如图 8-116 所示。

图 8-115　　　　　　图 8-116

19 单击"确定"按钮，退出"动感模糊"对话框，效果如图 8-117 所示。

20 新建一个图层，命名为"渐变"，选择"渐变工具" ，在工具选项栏中单击渐变条 ，打开"渐变编辑器"对话框，设置参数如图 8-118 所示，其中玫红色为（#e91d8f）、紫罗兰色为（#6a52a2）。

图 8-117　　　　　　图 8-118

21 单击"确定"按钮，单击"线性渐变"按钮 ，在图像中由上至下拖动光标，填充渐变，设置图层混合模式为柔光，不透明度为 58%，单击图层面板上的"添加图层蒙版"按钮 ，为图层添加图层蒙版。

22 按 D 键，恢复前背景色为默认的黑白颜色，选择"渐变工具" ，单击"线性渐变"按钮 ，在图像窗口中按住并拖动光标，效果如图 8-119 所示。

23 运用上述复制图层的操作方法，复制"渐变"图层，对蒙版进行反向拉伸渐变，在工具选项栏中，设置图层的"不透明度"为 55%，图层的"混合模式"不变，效果如图 8-120 所示。

图 8-119　　　　　　图 8-120

24 新建一个图层，命名为"拉丝"，选择"钢笔工具" ，沿着文字的内部轮廓进行路径描绘，右键单击该路径，进行"描边路径"命令，在工具选项栏中，设置"混合模式"为柔光，并复制图层多次，选择"移动工具" ，对复制图层进行随意拖动，如图 8-121 所示。

25 新建图层，命名为"星光"，选择"画笔工具" ✎ ，按 F5 键，打开画笔面板，选择"星星"画笔预设，调整画笔大小，在图像窗口中绘制"星星"效果。

26 按快捷键 Shift+Alt+Ctrl+E，盖印可见图层，如图 8-122 所示。

图 8-121　　　　　　图 8-122

27 按快捷键 Ctrl+O，弹出"打开"对话框，选择"背景"素材，单击"打开"按钮，选择"移动工具" ➤ ，将刚刚制作完成的"星光文字"添加至文件中，放置在合适的位置，设置图层的混合模式为"滤色"，如图 8-123 所示。

28 运用上述绘制星星的操作方法，绘制"星形"，如图 8-124 所示，为本案例的最终效果。

💡 提　示： 与正片叠底模式的效果相反，"滤色"滤镜可以使图像产生漂白的效果，类似于多个摄影幻灯片在彼此之上投影。

图 8-123

图 8-124

144　橙子文字——足球还是橙子

本案例制作的是让人嘴馋的橙子果肉文字，果肉字制作之前需要先准备好水果素材，然后打上所需的文字，把果肉纹理贴到文字上面，再用图层样式制作一些描边及投影等样式即可。

📗 难易程度：★ ★ ★

🗂 文件路径：　素材\第 8 章\144

🎬 视频文件：　mp4\第 8 章\144

01 启动 Photoshop CC，执行"文件" | "打开"命令，打开如图 8-125 所示的素材文件。

02 选择"横排文字工具" Ｔ ，设置工具选项栏中的"字体"为迷你简萝卜，大小为 67 点，输入文字，如图 8-126 所示。

图 8-125　　　　　　　图 8-126

03 打开"橙子"素材，选择"套索工具" 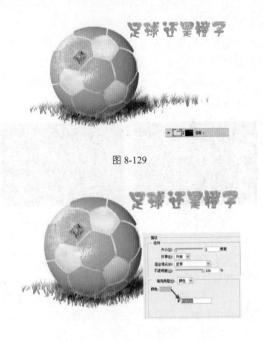，
圈选果肉部分，如图 8-127 所示。

图 8-129

图 8-127

04 按 V 键，切换到移动工具，拖至画面中，按
Alt 键同时移动果肉并复制两份，如图 8-128 所示。

图 8-130

图 8-128

图 8-131

09 使用横排文字工具，编辑其他文字，得到最
终效果如图 8-132 所示。

05 同时选中三个果肉图层，按快捷键Ctrl+E，合
并图层，缩小果肉比例。

06 按 Ctrl 键单击文字缩略图，将其载入选区，单
击图层面板底部的"添加图层蒙版"按钮 ，如
图 8-129 所示。

07 双击图层，弹出"图层样式"对话框，勾选
"描边"样式参数如图 8-130 所示。

08 勾选"投影"样式参数如图 8-131 所示，单击
"确定"按钮。

图 8-132

第 **9** 章

创意影像合成

Photoshop 具有化平淡为神奇的"魔力",能够将一些普普通通的照片进行合成,创造幽默、奇幻或美丽的图像效果,可以极大满足创作者的天马行空的创建欲望和丰富想象,这也正是 Photoshop 的魅力所在。创意影像的合成可以说是各种特效的综合运用,通过素材的叠加搭配上精致的文字,表现有主题有意境的作品。

本章主要讲解 Photoshop CC 在创意影像合成中的应用,其中包括超现实影像合成、残酷影像合成、趣味影像合成等 13 个实例。

145 超现实影像合成 1——天马行空的场景

本实例主要通过"新建"命令、"打开"命令、移动工具、画笔工具、图层蒙板、图层不透明度、混合模式，制作出天马行空的场景。

难易程度：★★★★★

文件路径：素材\第 9 章 145

视频文件：mp4\第 9 章\145

01 启用 Photoshop CC 后，执行"文件"|"新建"命令，弹出"新建"对话框，在对话框中设置参数，如图 9-1 所示，单击"确定"按钮，新建一个空白文件。

02 执行"文件"|"打开"命令，在"打开"对话框中选择"天空"素材，单击"打开"按钮，选择"移动工具" 📥，将素材添加至文件中，放置在合适的位置，如图 9-2 所示。

图 9-1　　　　　　图 9-2

03 运用同样的操作方法，添加"海洋"和"海豚"素材如图 9-3 所示。

04 选择"海豚"图层，单击图层面板上的"添加图层蒙版"按钮 🔲，为图层添加图层蒙版。设置前景色为黑色，选择"画笔工具" 🖌，在海豚的尾部进行涂抹，设置图层的"不透明度"为79%，效果如图 9-4 所示。

05 按快捷键 Ctrl+O，弹出"打开"对话框，选择"汽车"素材，单击"打开"按钮，选择"移动工具" 📥，将素材添加至文件中，放置在合适的位置，如图 9-5 所示。

图 9-3　　　　　　图 9-4

06 按快捷键 Ctrl+J，将"汽车"图层复制一层，得到"汽车复制"图层，设置图层的"不透明度"为 35%，按快捷键 Ctrl+T，进入自由变换状态，单击右键，进行垂直翻转，如图 9-6 所示。

图 9-5　　　　　　图 9-6

07 运用上述添加素材的操作方法，添加"闪电"素材，如图 9-7 所示。设置"闪电"图层的"混合模式"为"线性减淡（添加）"，效果如图 9-8 所示。

图 9-7　　　　　　　　图 9-8

08 运用同样的操作方法，添加其他闪电素材，设置混合模式，如图 9-9 所示。按快捷键 Ctrl+O，添加"月亮"素材，如图 9-10 所示。

图 9-9　　　　　　　　图 9-10

09 设置图层的"混合模式"为"明度"，"不透明度"为 85%，添加图层蒙版，效果如图 9-11 所示。

提 示：　"线性减淡（添加）"混合模式查看每个颜色通道的信息，通过降低其亮度来使颜色变亮，黑色混合时无变化。

10 运用同样的操作方法，添加其他素材，设置图层的混合模式，得到最终效果，如图 9-12 所示。

图 9-11　　　　　　　　图 9-12

提 示：在 Photoshop 中，蒙版就是遮罩，控制图层或图层组中的不同区域如何隐藏和显示。通过更改蒙版，可以对图层应用各种特殊效果，而不影响该图层上的实际像素。蒙版是灰度图像，我们可以像编辑其他图像那样来编辑蒙版。在蒙版中，用黑色绘制的内容将会隐藏，用白色绘制的内容将会显示，而用灰色绘制的内容将以各级度显示。

146 超现实影像合成 2——笔记本广告

本实例主要通过"新建"命令、"打开"命令、移动工具、渐变工具、混合模式、画笔工具，制作超现实影像合成。

难易程度：★ ★ ★ ★ ★

文件路径：素材\第 9 章 146

视频文件：mp4\第 9 章\146

01 按快捷键 Ctrl+N，弹出"新建"对话框，在对话框中设置参数如图 9-13 所示，单击"确定"按钮，新建一个空白文件。选择"渐变工具"，在工具选项栏中单击渐变条，打开"渐变编辑器"对话框，设参数如图 9-14 所示，其中蓝色数值为（#2d9ad2）、深蓝色数值为（#041a3c）。

图 9-13   图 9-14

02 单击"确定"按钮,关闭"渐变编辑器"对话框。按下工具选项栏中的"径向渐变"按钮 ▣,在图像中按住并拖动鼠标,填充渐变效果如图 9-15 所示。

03 执行"文件"|"打开"命令,在"打开"对话框中选择"云海"素材,单击"打开"按钮,选择"移动工具" ▶₊,将素材添加至文件中,调整好大小、位置,得到如图 9-16 所示的效果。

图 9-15   图 9-16

04 设置图层的"混合模式"为"正片叠底","不透明度"为 33%,单击图层面板上的"添加图层蒙版"按钮 ▣,为"云海"图层添加图层蒙版。设置前景色为黑色,选择"画笔工具" ✐,在图像上涂抹,隐藏部分图像,效果如图 9-17 所示。

05 新建一个图层,选择"画笔工具" ✐,设置前景色为白色,在图像窗口中绘制一道白线,如图 9-18 所示。

图 9-17   图 9-18

> **提示:** 蒙版是用于合成图像的重要功能,它可以隐藏图像内容,但不会将其删除,因此,用蒙版处理图像是一种非破坏性的编辑方式。

06 按快捷键 Ctrl+O,弹出"打开"对话框,选择"地图"素材,单击"打开"按钮,选择"移动工具" ▶₊,将素材添加至文件中,放置在合适的位置,设置图层的"不透明度"为 33%,如图 9-19 所示。

07 运用同样的操作方法,添加"阳光"素材,如图 9-20 所示。

图 9-19   图 9-20

08 选择最顶部的"阳光"素材,设置图层的"混合模式"为"线性加深";"不透明度"为 60%,添加图层蒙版。选择"画笔工具" ✐,隐藏部分图像,此时图像窗口,如图 9-21 所示。

图 9-21

09 运用上述添加素材的操作方法,继续添加"电脑"和"显示器图片"素材,如图 9-22 所示。

图 9-22

10 选择"显示器图片"，按快捷键 Ctrl+T，进入自由变换状态，单击鼠标右键，在弹出的快捷菜单中选择"变形"选项，调整图像的形状，使图片完全贴合到电脑显示器上，如图 9-23 所示。

图 9-23

11 添加其他素材，如图 9-24 所示。

图 9-24

12 新建一个图层，选择"画笔工具" ✏，按 F5键，打开"画笔"面板，选择"星星"画笔预设，在图像窗口中单击，调整画笔的大小，绘制星星图案，如图 9-25 所示。

图 9-25

13 选择"横排文字工具" T，添加文字，得到最终的效果如图 9-26 所示。

图 9-26

147　梦幻影像合成 1——雪中城堡

本实例主要通过"新建"命令、"打开"命令、移动工具、图层蒙版、混合模式、画笔工具，调整图层，制作梦境般的合成效果。

📙 难易程度：★★★★★

🗂 文件路径：　素材\第 9 章 147

🌐 视频文件：mp4\第 9 章\147

01 启动 Photoshop CC，执行"文件"|"新建"命令，弹出"新建"对话框，在对话框中设置参数，如图9-27所示，单击"确定"按钮，新建一个空白文件。

02 按快捷键 Ctrl+O，打开"沙漠"文件。选择"移动工具" ，将沙漠素材拖曳至编辑的文档中，按快捷键 Ctrl+T，适当调整大小和位置，如图9-28所示。

图 9-27　　　　　　　图 9-28

03 单击图层面板下的"创建新的填充或调整图层"按钮 ，创建"渐变映射"调整图层。单击"点按可编辑渐变"条，打开"渐变编辑器"对话框，设置相关颜色参数，如图9-29所示，按快捷键 Ctrl+Alt+G，创建剪贴蒙版，更改沙漠的颜色。

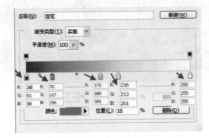

图 9-29

04 创建"曲线"调整图层，在弹出的窗口中设置相关参数，如图9-30所示，按快捷键 Ctrl+Alt+G，创建剪贴蒙版，增加沙漠的对比度。

图 9-30

05 创建"色彩平衡"调整图层，在弹出的对话框中设置相关参数，如图9-31所示，按快捷键 Ctrl+Alt+G，创建剪贴蒙版，使沙漠变成雪地。

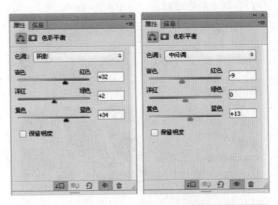

图 9-31

06 按快捷键 Ctrl+O，打开"天空"素材，拖曳至编辑的文档中，适当调整位置。单击"添加图层蒙版"按钮 ，为该图层添加蒙版。选择"渐变工具" ，在画布中拉出黑色到透明的线性渐变，隐藏多余的天空，效果如图9-32所示。

图 9-32

07 同上述操作方法，添加另一天空素材，更改其"不透明度"为59%，如图9-33所示。

图 9-33

图 9-36

08 切回到图层面板，单击图层面板底部的"创建新的填充或调整图层"按钮 ⬤，创建"色相/饱和度"调整图层，设置相关参数，如图 9-34 所示，按快捷键 Ctrl+Alt+G，创建剪贴蒙版，降低天空的饱和度。

图 9-34

09 创建"色彩平衡"调整图层，在弹出的对话框中设置相关参数，如图 9-35 所示，按快捷键 Ctrl+Alt+G，创建剪贴蒙版，更改天空的色彩。

图 9-35

10 按快捷键 Ctrl+Alt+Shift+N，新建图层。设置前景色为浅蓝色（#e3f1fc），选择"画笔工具" ✏，在天空与雪地衔接处涂抹，更改不透明度为 35%，绘制高光区域，效果如图 9-36 所示。

11 按快捷键 Ctrl+O，打开"城堡"及"台阶"素材。运用上述将素材转换为雪景的方法，将添加的素材转换为雪景，如图 9-37 所示。

图 9-37

12 按快捷键 Ctrl+O，打开"松树"素材。选择"移动工具" ⊕，将其拖曳至编辑的文档中，适当调整位置和大小。创建"色彩平衡"调整图层，在弹出的对话框中设置相关参数，按快捷键 Ctrl+Alt+G，剪贴到松树中，如图 9-38 所示。

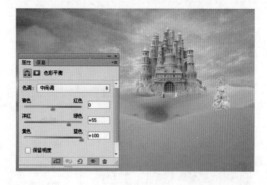

图 9-38

13 同样的方法，添加另外的松树素材，如图 9-39 所示。

图 9-39

14 添加人物素材，单击"添加图层蒙版"按钮，用黑色的画笔工具，在人物裙子下摆处涂抹，让裙子与雪地衔接自然，如图 9-40 所示。

图 9-40

15 双击该图层，打开"图层样式"对话框，在弹出的对话框中选择"投影"选项，设置如图 9-41 所示的参数。在该图层缩略图中的样式上单击鼠标右键，在弹出的快捷菜单中选择"创建图层"选项，将投影以图层的形式显示，按快捷快 Ctrl+T，对投影进行变形，并设不透明度为 18%。

图 9-41

16 同上述将沙漠转换为雪景的方法，更改人物的色彩，如图 9-42 所示。

图 9-42

17 同样的方法，添加"足迹"素材，如图 9-43 所示。

18 给文档添加"雪花"及"月亮"素材，并更改其混合模式，如图 9-44 所示。

图 9-43   图 9-44

19 选择最上面的图层，按快捷键 Ctrl+Shift+Alt+E，盖印图层。

20 单击"创建新的填充或调整图层"按钮，创建"色相/饱和度"调整图层，在弹出的对话框中设置相关参数，增加整体的饱和度，如图 9-45 所示。

图 9-45

21 创建"曲线"调整图层，设置相关参数，调整整体画面的对比度，如图 9-46 所示。

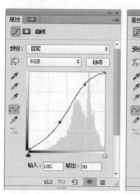

图 9-46

148 梦幻影像合成 2——水中的仙子

本实例主要运用"新建"命令、"打开"命令、移动工具、图层蒙版、色相/饱和度、高斯模糊、自由变换，制作一个梦幻影像合成。

📖 难易程度：★★★★★

🖼 文件路径：素材\第 9 章 148

🎞 视频文件：mp4\第 9 章\148

01 启动 Photoshop，执行"文件"|"打开"命令，在"打开"对话框中选择"大海"和"城堡"素材，单击"打开"按钮，如图 9-47 所示。

图 9-47

02 选择"磁性套索工具" 🔎，建立选区，选择"城堡"图像，运用"移动工具" ➤⊕，将素材添加至"大海"背景文件中，调整好大小、位置，得到如图 9-48 所示的效果。

图 9-48

03 执行"图像"|"调整"|"色相/饱和度"命令，弹出"色相/饱和度"对话框，设置参数如图 9-49 所示。

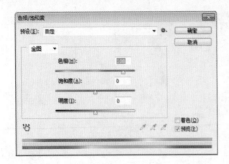

图 9-49

04 单击"确定"按钮,退出"色相/饱和度"对话框,图像效果如图 9-50 所示。

图 9-50

05 复制"城堡"图层,垂直翻转,单击图层面板上的"添加图层蒙版"按钮 ,为"城堡复制"图层添加图层蒙版。设置前景色为黑色,选择"画笔工具" ,设置不透明度为 60%,在城堡图像上涂抹,如图 9-51 所示。

图 9-51

06 新建一个图层,设置前景色为黑色,选择"画笔工具" ,在工具选项栏中设置"硬度"为 0%,"不透明度"和"流量"均为 70%,在图像窗口中单击鼠标,绘制如图 9-52 所示的光线。

07 选择"矩形选框工具" ,在图像窗口中按住鼠标并拖动,绘制选区。

08 选择"渐变工具" ,在工具选项栏中单击渐变条 ,打开"渐变编辑器"对话框,设置参数如图 9-53 所示,其中绿色的参考值为(#00ff2a)、浅绿色的为(#00fff5)、蓝色的为(#1000ff)、紫色的为(#923ce9)、深紫色的为(#10184e)。

图 9-52 　　　　　　　图 9-53

09 单击"确定"按钮,关闭"渐变编辑器"对话框。按下工具选项栏中的"线性渐变"按钮 ,在图像中按住并拖动鼠标,填充渐变效果如图 9-54 所示。

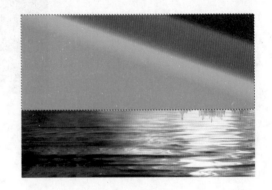

图 9-54

10 设置"渐变"图层的"混合模式"为"色相",效果如图 9-55 所示。

图 9-55

"色相"混合模式采用底色的亮度，饱和度以及上方图层图像的色相来作为结果色。混合色的亮度及饱和度与底色相同，但色相则由上方图层的颜色来决定。

11 选择"钢笔工具" ，设置工具选项栏中的"工作模式"为"形状"，绘制图形，如图 9-56 所示。

12 执行"滤镜"|"模糊"|"高斯模糊"命令，弹出"高斯模糊"对话框，设置参数如图 9-57 所示。

13 单击"确定"按钮，执行滤镜效果并退出"高斯模糊"对话框。

图 9-56　　　　　　　图 9-57

14 双击图层，弹出"图层样式"对话框，选择"外发光"选项，设置外发光参数如图 9-58 所示。

15 单击"确定"按钮，退出"图层样式"对话框，添加"外发光"的效果如图 9-59 所示。

图 9-58　　　　　　　图 9-59

16 按快捷键 Ctrl+J，将"形状 1"图层复复制一层，得到"形状 1 复制"图层。

17 按快捷键Ctrl+T，进入自由变换状态，将"形状 1 副本"调整至合适的位置和角度，如图 9-60 所示。

图 9-60

18 运用同样的操作方法，复制并变换图形，得到如图 9-61 所示的效果。

图 9-61

19 合并所有形状图层，单击图层面板上的"添加图层蒙版"按钮 ，为图层添加图层蒙版，按 D 键，恢复前背景为默认的黑白颜色，选择"渐变工具" ，按下"径向渐变"按钮 ，在图像窗口中按住并拖动鼠标，填充渐变，设置图层的"混合模式"为"强光"，效果图 9-62 所示。

图 9-62

20 将合并的形状图层复制一次，调整至合适的位置和角度，设置形状复制图层的"不透明度"为

60%，如图 9-63 所示。

图 9-63

21 新建一个图层，选择"画笔工具"，设置前景色为白色，在图像窗口中合适位置，单击鼠标进行涂抹，将白色部分加深，效果如图 9-64 所示。

22 按快捷键 Ctrl+O，弹出"打开"对话框，选择"梦幻人物"、"花朵"、"蝴蝶"素材，单击"打开"按钮，选择"移动工具"，将素材添加至文件中，放置在合适的位置，得到最终的效果如图 9-65 所示。

图 9-64

图 9-65

149 梦幻影像合成 3——星际美人

本实例主要通过"新建"命令、"打开"命令、移动工具、添加杂色滤镜、动感模糊滤镜、极坐标滤镜、曲线、色彩平衡、亮度/对比度，制作一个梦幻影像合成。

难易程度：★★★★★

文件路径：素材\第 9 章 149

视频文件：mp4\第 9 章\149

01 启用 Photoshop CC 后，执行"文件"|"新建"命令，弹出"新建"对话框，在对话框中设置参数，如图 9-66 所示，单击"确定"按钮，新建一个空白文件。

02 新建一个图层，按快捷键 Alt+Delete，填充颜色为黑色。执行"滤镜"|"杂色"|"添加杂色"命令，弹出"添加杂色"对话框，设置参数如图 9-67 所示。

图 9-66

图 9-67

图 9-72

图 9-73

03 单击"确定"按钮，执行滤镜效果并退出"添加杂色"对话框，效果如图 9-68 所示。

04 执行"滤镜"|"模糊"|"动感模糊"命令，弹出"动感模糊"对话框，设置参数如图 9-69 所示。

图 9-68　　　　　图 9-69

05 单击"确定"按钮，执行滤镜效果并退出"动感模糊"对话框，执行"图像"|"图像旋转"|"90 度（顺时针）"命令，如图 9-70 所示。

06 执行"滤镜"|"扭曲"|"极坐标"命令，弹出"极坐标"对话框，设置参数如图 9-71 所示。

图 9-70

图 9-71

07 单击"确定"按钮，执行滤镜效果并退出"极坐标"对话框，效果如图 9-72 所示。

08 新建一个图层，选择"渐变工具"，在工具选项栏中单击渐变条，打开"渐变编辑器"对话框，设置参数如图 9-73 所示，其中蓝色的参考值为（#3a80a6）。

09 单击"确定"按钮，关闭"渐变编辑器"对话框。按下工具选项栏中的"径向渐变"按钮，在图像中按住并拖动鼠标，填充渐变，在图层面板中设置图层的"混合模式"为"线性加深"，效果如图 9-74 所示。

10 按快捷键 Ctrl+O，弹出"打开"对话框，选择"地球"素材，单击"打开"按钮，选择"移动工具"，将素材添加至文件中，放置在合适的位置，如图 9-75 所示。

图 9-74　　　　　图 9-75

11 单击图层面板中的"创建新的填充或调整图层"按钮，在打开的快捷菜单中选择"曲线"、"色彩平衡"、"亮度/对比度"命令，系统自动添加 3 个调整图层，设置参数如图 9-76 所示。

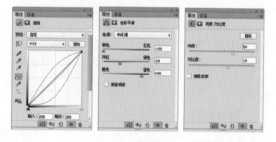

图 9-76

12 此时图像效果如图 9-77 所示。新建一个图层，设置前景色为白色，选择"画笔工具"，在工具选项栏中设置"硬度"为 0%，"不透明度"和"流量"均为 80%，在图像窗口中单击鼠标，绘制如图 9-78 所示的光点。

框，添加"外发光"的效果如图 9-82 所示。

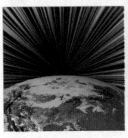

图 9-77　　　　　　图 9-78

图 9-81　　　　　　图 9-82

13 运用上述填充渐变的操作方法，新建一个图层，填充从透明到黑色的径向渐变，如图 9-79 的效果。按快捷键 Ctrl+O，添加"人物"素材，如图 9-80 所示。

16 选择"横排文字工具" ，在工具选项栏中选择"汉仪中宋简"，"大小"为 30 点，输入文字，如图 9-83 所示。

17 运用同样的操作方法，输入其他的文字，得到最终的效果如图 9-84 所示。

图 9-79　　　　　　图 9-80

图 9-83　　　　　　图 9-84

14 双击图层，弹出"图层样式"对话框，选择"外发光"选项，设置外发光的参数如图 9-81 所示。

15 单击"确定"按钮，退出"图层样式"对话

150　残酷影像合成——火焰人

本实例主要通过"新建"命令、"打开"命令、移动工具、钢笔工具、色相/饱和度、图层蒙版，制作一个残酷影像合成。

难易程度：★★★★★

文件路径：素材\第 9 章\150

视频文件：mp4\第 9 章\150

01 启动 Photoshop CC，执行"文件"|"新建"命令，弹出"新建"对话框，在对话框中设置参数，如图 9-85 所示，单击"确定"按钮，新建一个文档。

02 新建一个图层，按快捷键 Alt+Delete，填充颜色为黑色。

03 按快捷快 Ctrl+O，打开"火焰"素材。选择"移动工具" ，将素材拖曳至编辑的文档中，按快捷快 Ctrl+T，适当的调整大小和位置，更改其混合模式为"滤色"。单击图层面板底部的"添加图层蒙版"按钮 ，添加一个蒙版，用黑色的画笔工具将多余的火焰隐藏，如图 9-86 所示。

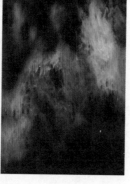

图 9-85　　　　　　　图 9-86

04 按快捷键 Ctrl+O，打开"人物"素材并添加至编辑的文档中。选择"钢笔工具" ，将人物抠选出来，单击"添加图层蒙版"按钮 ，将人物边多余的背景隐藏，如图 9-87 所示。

05 按快捷键 Ctrl+J，复制人物图层，选择"画笔工具" ，用白色的画笔在蒙版上涂抹，将人物身上的肌肉显示出来，如图 9-88 所示。

图 9-87　　　　　　　图 9-88

06 单击图层面板底部的"创建新的填充或调整图层"按钮 ，创建"色相/饱和度"调整图层，在弹出的对话框中设置相关参数，如图 9-89 所示，按快捷键 Ctrl+Alt+G，创建剪贴蒙版。

图 9-89　　　　　　　图 9-90

07 选择"钢笔工具" ，在工具选项栏中设置"工具模式"为"形状"，"填充"为"黑色"，"描边"为"无"。在人物的胳膊上创建如图 9-90 所示的形状。同上述操作方法，依次在人物身上绘制形状，制作人物身上的裂痕，按快捷键 Ctrl+H 隐藏路径，如图 9-91 所示。

08 按快捷键 Ctrl+O，添加另一火焰素材。适当调整大小。单击"添加图层蒙版"按钮 ，添加蒙版，用黑色的画笔工具将火焰融入到裂痕形状中，如图 9-92 所示。

图 9-91　　　　　　　图 9-92

09 运用同样的操作方法，依次给裂痕添加火焰，如图 9-93 所示。

10 按快捷键 Ctrl+O，打开"火焰.psd"文件，选择合适的火焰添加至编辑的文档中，适当调整位置，如图 9-94 所示。

度"调整图层,在弹出的对话框中设置相关参数,按快捷键 Ctrl+Alt+G,将饱和度剪贴到该火焰中,如图 9-95 所示。

图 9-93   图 9-94

11 添加火焰至右下角,更改其图层混合模式为"滤色","不透明度"为"63%"。单击"创建新的填充或调整图层"按钮 ⊘,创建"色相/饱和

图 9-95

151 趣味影像合成——神奇的果汁

本实例主要通过"新建"命令、"打开"命令、移动工具、"云彩"滤镜、图层样式、"色相/饱和度"命令,制作一张趣味影像合成。

难易程度:★★★★★

文件路径:素材\第 9 章 151

视频文件:mp4\第 9 章\151

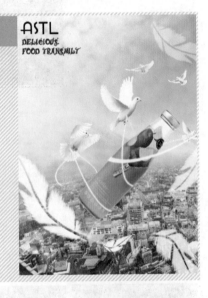

01 启用 Photoshop CC 后,执行"文件"|"新建"命令,弹出"新建"对话框,在对话框中设置参数,如图 9-96 所示,单击"确定"按钮,新建一个空白文件。

02 执行"文件"|"打开"命令,在"打开"对话框中选择"背景"素材,选择"移动工具" ▸+,将素材添加至文件中,调整好大小、位置,得到如图 9-97 所示的效果。

03 单击图层面板上的"添加图层蒙版"按钮 ▣,为"图层 1"图层添加图层蒙版。设置前景色为灰色(#a8a8ac),在图层蒙版上执行"滤镜"|"渲染"|"分层云彩"命令,为背景添加云彩效果,如图 9-98 所示。

图 9-96   图 9-97

04 新建一个图层,设置前景色为白色,选择"画笔工具" ,在工具选项栏中设置"硬度"为0%,"不透明度"和"流量"均为80%,在图像左上角的深色区域绘制,遮盖图像左上角深色部分,设置图层的"混合模式"为"叠加",如图9-99 所示。

05 连续 3 次按 Ctrl+J 组合键,复制图层 3,使叠加效果更加明显,画面更加有层次感,效果如图9-100 所示。

图 9-98　　　　图 9-99　　　　图 9-100

06 单击调整面板中的"色相/饱和度"按钮 ,系统自动添加一个"色相/饱和度"调整图层,在调整面板中设置参数如图 9-101 所示。此时图像效果如图9-102 所示。

图 9-101　　　　　　图 9-102

07 运用上面添加素材的操作方法,添加"瓶子"、"鸽子"和"羽毛"素材,放置图像窗口中的合适位置,如图 9-103 所示。

08 选择"钢笔工具" ,设置工具选项栏中的"工作模式"为 形状 、"填充"为"白色","描边"为"无",绘制图形,如图 9-104 所示。

图 9-103　　　　图 9-104

09 双击图层,弹出"图层样式"对话框,选择"外发光"选项,设置参数如图 9-105 所示。单击"确定"按钮,退出"图层样式"对话框,添加"外发光"的效果如图 9-106 所示。

图 9-105　　　　图 9-106

10 运用同样的操作方法,绘制其他图形,添加"外发光"图层样式,如图 9-107 所示。选择"横排文字工具" ,添加文字,得到最终效果,如图 9-108 所示。

图 9-107　　　　图 9-108

152 趣味影像合成——奇妙的风景

本实例主要通过"新建"命令、"打开"命令、移动工具、渐变工具、图层样式、"色相/饱和度"命令，制作一个趣味影像合成。

难易程度：★★★★★

文件路径：素材\第9章152

视频文件：mp4\第9章\152

01 启用 PhotoshopCC 后，执行"文件"|"新建"命令，弹出"新建"对话框，在对话框中设置参数，如图 9-109 所示，单击"确定"按钮，新建一个空白文件。

02 按快捷键 Ctrl+O，打开"红唇"素材。选择"移动工具" ，将素材拖曳至编辑的文档中，适当调整大小和位置，如图 9-110 所示。

图 9-111　　　　　　图 9-112

05 在弹出的"特殊效果"对话框中选择"罗素彩虹"渐变，如图 9-113 所示。

06 单击"确定"按钮，选择工具选项栏中的"径向渐变"按钮 ，在文档中从中心往四周拉出渐变，效果如图 9-114 所示。

图 9-109　　　　　　图 9-110

03 按快捷键 Ctrl+O，打开"人物"素材并添加至编辑的文档中。单击图层面板底部的"添加图层蒙版"按钮 ，为该图层添加蒙版，选择"画笔工具" ，用黑色的画笔将多余的人物部位隐藏，如图 9-111 所示。

04 按快捷键 Ctrl+Shift+Alt+N，新建图层。选择"渐变工具" ，在工具选项栏中打开"渐变编辑器"对话框，单击对话框中图标 不放，弹出快捷菜单，在快捷菜单中选择"特殊效果"选项，如图 9-112 所示。

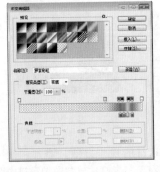

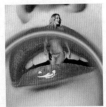

图 9-113　　　　　　图 9-114

07 选择"移动工具" ，将彩虹拖曳至文档下方。按快捷键 Ctrl+T 显示自由变换的定界框，单击鼠标右键，在弹出的快捷菜单中选择"变形"选项，如图 9-115 所示。

08 依次拖动定界框上的描点，对彩虹进行变形，如图 9-116 所示。

图 9-119

图 9-115　　　　　图 9-116

09 单击回车键确认变形操作，更改其不透明度为 40%，如图 9-117 所示。

10 同上述添加素材的方法，依次给文档添加"草地""花草""菊花"等素材，如图 9-118 所示。

图 9-120

图 9-117　　　　　图 9-118

13 按 F5 键，打开"画笔"面板，单击右边的按钮 ，弹出的快捷菜单中选择"载入画笔"选项，载入星星画笔，如图 9-121 所示。

14 按快捷键 Ctrl+Shift+Alt+N，新建图层。设置前景色为白色，在嘴唇上绘制星光，效果如图 9-122 所示。

11 切换到图层面板。选中"草地"图层，单击"创建新的填充或调整图层"按钮 ，创建"亮度/对比度"调整图层，在弹出的对话框中设置相关参数，按快捷键 Ctrl+Alt+G，创建剪贴蒙版，改变草地的色彩，如图 9-119 所示。

12 选中"菊花"图层，创建"曲线"调整图层，在弹出的对话框中设置相关参数，按快捷键 Ctrl+Alt+G，创建剪贴蒙版，加深菊花，如图 9-120 所示。

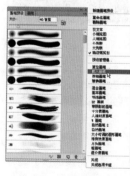

图 9-121　　　　　图 9-122

153 幻想影像合成 1——另一个世界

本实例主要通过"新建"命令、"打开"命令、移动工具、不透明度、图层蒙版、画笔工具、调整图层、钢笔工具，制作一张另类的幻想影像合成。

📖 难易程度：★★★★★

🖼 文件路径：素材\第 9 章 153

🎬 视频文件：mp4\第 9 章\153

01 启动 Photoshop CC，执行"文件"|"新建"命令，弹出"新建"对话框，在对话框中设置参数，如图 9-123 所示，单击"确定"按钮，新建一个空白文件。

02 按快捷键 Ctrl+O，打开"草丛"素材。选择"移动工具" ⊹，将素材拖曳至编辑的文档中，适当调整大小和位置，如图 9-124 所示。

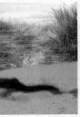

图 9-125　　　　图 9-126　　　　图 9-127

06 添加"湖泊"素材，单击"添加图层蒙版"按钮 ▣，添加一个蒙版，选择"画笔工具" ✐，用黑色的柔边圆画笔涂抹湖泊的四周，在涂抹的过程中要注意画笔不透明度的变化，如图 9-128 所示。

07 单击图层面板底部的"创建新的填充或调整图层"按钮 ◑，创建"曲线"调整图层，在弹出的对话框中设置相关参数，按快捷键 Ctrl+Alt+G，创建剪贴蒙版，只改变湖泊的色彩，如图 9-129 所示。

图 9-123　　　　　　图 9-124

03 打开"沙滩"素材并添加至编辑的文档中，适当调整大小。单击图层面板底部的"添加图层蒙版"按钮 ▣，为该图层添加蒙版，选择"画笔工具" ✐，用黑色的画笔将多余的部分隐藏，如图 9-125 所示。

04 按快捷键 Ctrl+Alt+Shift+N，新建图层。选择"画笔工具" ✐，设置前景为黑色，适当降低其不透明度，绘制出阴影部分，如图 9-126 所示。

05 添加"骷髅头"素材，按快捷键 Ctrl+T，适当调整其大小和位置，如图 9-127 所示。

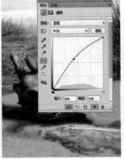

图 9-128　　　　　　图 9-129

08 同上述添加方法，添加所需要的素材，如图
9-130 所示。打开"滑滑梯"素材，添加至编辑的
文档中，创建图层蒙版，隐藏多余的部分。创建
"色相/饱和度"调整图层，在弹出的对话框中设
置相关参数，按快捷键 Ctrl+Alt+G，创建剪贴蒙
版，改变滑滑梯的色彩，如图 9-131 所示。

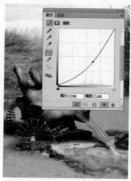

图 9-132　　　　　　　图 9-133

11 同添加素材的方法，添加"鸟"和"骷髅"
等素材，最终效果如图 9-135 所示。

图 9-130　　　　　　　图 9-131

09 同样的方法，添加"水车"素材，如图 9-132 所
示。添加"电线杆"素材。新建图层，选择"矩形选
框工具" ，在电线杆旁创建选区，按快捷键
Shift+F6，羽化 5 像素，按快捷键 Alt+Delete 填充黑
色，制作电线杆的阴影部分，如图 9-133 所示。

10 选择"钢笔工具" ，在工具选项中设置
"工作模式"为"形状"，"填充"为"无"，
"描边"为"黑色"，"形状描边宽度"为 0.5，
在文档中创建如图 9-134 所示的路径，系统会自动
为绘制的路径进行描边。

图 9-134　　　　　　　图 9-135

154 幻想影像合成 2——空中岛

　　本实例主要通过"新建"命令、"打开"命令、
移动工具、矩形选框工具、图层蒙版、画笔工具、
调整图层、钢笔工具、形状工具，制作一幅幻想
影像合成。

难易程度：★★★★★

文件路径：素材\第 9 章 154

视频文件：mp4\第 9 章\154

01 启动 Photoshop CC，执行"文件"|"新建"命
令，弹出"新建"对话框，在对话框中设置参数，

如图 9-136 所示，单击"确定"按钮，新建一个空
白文件。

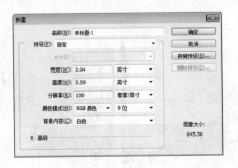

图 9-136

02 按快捷键 Ctrl+Alt+Shift+N，新建图层。选择"渐变工具" ，在工具选项栏中的"渐变编辑器"中设置从灰黄色（#b8b46d）到白色再到灰黄色（#b8b46d）的渐变效果，如图 9-137 所示。

图 9-137

03 单击工具选项上的"对称渐变"按钮 ，从文档的左边往右边拉出对称渐变，如图 9-138 所示。

04 选择"画笔工具" ，分别用灰黄色及白色在文档中涂抹，形成烟雾缭绕的仙境。在涂抹的过程中注意降低画笔的透明度，如图 9-139 所示。

图 9-138　　　　　图 9-139

05 新建图层，将前景色设为白色，选择"画笔工具" ，将画笔的大小改为 2 像素。选择"多边形工具" ，在其工具选项栏中设置"工具模式"为"路径"，"边"为 50 及"工具选项"参数等，拖动光标在文档中绘制放射星性，如图 9-140 所示。

06 单击鼠标右键，在弹出的快捷菜单中选择"描边路径"选择，在弹出的对话框中选择"画笔"选项，勾选"模拟压力"，按快捷键 Ctrl+H，隐藏路径，如图 9-141 所示。

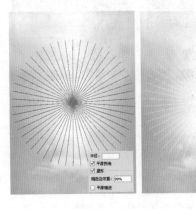

图 9-140　　　　　图 9-141

07 选择"椭圆选框工具" ，在放射线上创建选区，按快捷键 Shift+F6，羽化 50 像素，按快捷键 Ctrl+Shfit+I，反选选区，按 Delete 键删除多余放射线，如图 9-142 所示。

08 按快捷键 Ctrl+O，打开"彩虹"素材并拖曳至编辑的文档中，单击面板底部的"添加图层蒙版"按钮 ，添加一个蒙版。选择"画笔工具" ，用黑色的画笔将多余的彩虹隐藏，并设不透明度为 50%，如图 9-143 所示。

图 9-142　　　　　图 9-143

09 按快捷键 Ctrl+G，新建图层组，打开"山"素材，选择"套索工具" ，在山顶创建选区，

按快捷键 Ctrl+Alt 的同时将选区内的图像拖曳到编辑的窗口中，适当调整大小。单击"添加图层蒙版"按钮 ▣，运用黑色的画笔工具将多余的部分擦除，如图 9-144 所示。

10 打开"草地"素材，选择"多边形套索工具" ⩗，在草地上创建一个多边形，按快捷键 Ctrl+Alt 的同时将选区内的图像拖曳到编辑的窗口中，适当调整大小。单击"添加图层蒙版"按钮 ▣，运用黑色的画笔工具将多余的部分擦除，如图 9-145 所示。

图 9-144   图 9-145

11 单击图层面板底部的"创建新的填充或调整图层"按钮 ◑，创建"可选颜色"调整图层，在弹出的对话框中设置相关参数，按快捷键 Ctrl+Alt+G，剪贴到草地中，效果如图 9-146 所示。

12 同上述添加素材的操作方法，依次在岛上添加素材，如图 9-147 所示。

图 9-146   图 9-147

13 在草地的图层下新建图层。选择"椭圆选框工具" ◯，按 Shift 键的同时拖动鼠标，创建一个正圆，设置前景色为青色（# 9ad7d0），按快捷键 Alt+Delete 填充前景色，如图 9-148 所示。

14 将鼠标放置在选区内，当光标变为 ▸□ 形状时，单击鼠标右键，在弹出的快捷菜单中选择"变换选区"选项，这时会显示定界框，按 Shift 键的同时正比例的缩放定界框，选区也随之缩放。设置前景色为白色，填充白色，如图 9-149 所示。

图 9-148   图 9-149

15 同上述操作方法，制作装饰圆并复制放在适合的位置，作为点缀，如图 9-150 所示。

16 新建图层，选择"椭圆选框工具" ◯，按 Shift 键的同时拖动鼠标再次创建正圆，填充红色。将前背景色恢复为默认值，按 X 键切换前景色和背景色，选择"渐变工具" ▮，在"渐变编辑器"对话框中选择"白色到透明"的渐变，在红色的正圆中拉出径向渐变，如图 9-151 所示。

图 9-150   图 9-151

17 按快捷快 Ctrl+J，多复制几个渐变圆，适当调整大小，放置在合适的位置，如图 9-152 所示。

18 选择"自定形状工具" ⬘，在工具选项栏中设置"工具模式"为"形状"，"填充"为"土黄色（#e0d8a7）"，"描边"为"无"，选择"花1"形状，在画布中绘制形状，如图 9-153 所示。

添加蒙版，选择黑色的画笔工具，将部分白色云朵隐藏，如图 9-154 所示。

20 同上述添加素材的方法，为图像添加"金鱼""水滴"等素材，最终效果如图 9-155 所示。

图 9-152　　　　　图 9-153

19 按快捷键 Ctrl+J，复制形状，更改其填充颜色为白色。切换到图层面板，单击鼠标右键，在弹出的快捷菜单中选择"栅格化图层"选项，将图层栅格化；单击"添加图层蒙版"按钮 ▣，为该形状

图 9-154　　　　　图 9-155

155　广告影像合成 1——生命之源

本实例主要通过"新建"命令、"打开"命令、移动工具、图层蒙版、混合模式、画笔工具，加深工具、制作一个具有使用意义的广告影像合成。

难易程度：★★★★★

文件路径：素材\第 9 章 155

视频文件：mp4\第 9 章\155

01 启动 Photoshop CC，执行"文件"|"新建"命令，弹出"新建"对话框，在对话框中设置参数，如图 9-156 所示，单击"确定"按钮，新建一个空白文件。

02 按快捷键 Ctrl+O，打开"雪山"素材。选择"移动工具" ▸⊕，将素材拖曳至编辑的文档中，适当调整大小和位置，如图 9-157 所示。

03 选择"套索工具" ◯，将天空下创建选区，单击图层面板底部的"创建新的填充或调整图层"按钮 ◑，创建"曲线"调整图层，在弹出的对话框中设置相关参数，如图 9-158 所示。

图 9-156　　　　　图 9-157

图 9-158

图 9-162   图 9-163

04 按快捷快 Ctrl+O，打开"草铺"素材并添加到编辑的窗口中，适当调整大小及位置，单击"添加图层蒙版"按钮 ，添加图层蒙版，选择"画笔工具" ，用黑色的画笔将多余的草铺隐藏，如图 9-159 所示。

05 添加"饮料"素材，双击该图层，打开"图层样式"对话框，在弹出的对话框中选择"外发光"选项，设置相关参数，如图 9-160 所示。

06 添加"光束"素材，更改其混合模式为"滤色"，单击"添加图层蒙版"按钮 ，用黑色的画笔工具将多余的部分隐藏，如图 9-161 所示。

图 9-164   图 9-165

10 选择"加深工具" ，在饮料及树藤的底部涂抹，加深局部区域，让整体看起来更有立体感，如图 9-166 所示。

11 打开"云朵"素材，分别在饮料的前面及草铺的后面添加云朵，如图 9-167 所示。

图 9-159   图 9-160   图 9-161

07 打开"树藤"素材，选择"磁性套索工具" ，抠选出部分树藤，按快捷快 Ctrl+Alt 的同时将选区内的图像拖至文档中，按快捷键 Ctrl+T 对图像进行变形处理。选择"加深工具" ，对树藤的部分区域加深，如图 9-162 所示。

08 单击图层面板底部的"创建新的填充或调整图层"按钮 ，创建"亮度/对比度"调整图层，在弹出的对话框中设置相关参数，如图 9-163 所示，按快捷键 Ctrl+Arl+G 创建剪贴蒙版，只影响树藤图层。

09 双击"树藤"图层，打开"图层样式"对话框，在弹出的对话框中选择"投影"选项，设置相关参数，如图 9-164 所示。同上述操作方法，制作缠绕在饮料上的树藤，如图 9-165 所示。

图 9-166   图 9-167

12 同上述添加素材的操作的方法，依次给文档添加素材，如图 9-168 所示。打开"彩色烟雾"素材，选择"套索工具" ，选中需要的烟雾，按快捷键 Ctrl+Alt 的同时将烟雾拖曳至编辑的文档中，适当调整大小及位置，更改其图层混合模式为"正片叠底"，如图 9-169 所示。

图 9-168　　　　　　图 9-169

图 9-170　　　　　　图 9-171

13 同样的方法，依次添加烟雾素材，如图 9-170 所示。

14 添加"枫叶"素材。执行"滤镜"|"模糊"|"动感模糊"命令，在弹出的"动感模糊"对话框中设置相关参数，单击"确定"按钮，得到如图 9-171 所示的效果。

15 同样的方法，添加枫叶素材，如图 9-172 所示。

16 单击图层面板底部的"创建新的填充或调整图层"按钮 ，创建"色相/饱和度"选项，在弹出的对话框中设置相关参数，得到最终效果如图 9-173 所示。

图 9-172　　　　　　图 9-173

156　广告影像合成 2——手机广告

本实例主要通过"新建"命令、"打开"命令、移动工具、图层蒙版、混合模式、画笔工具，钢笔工具、制作一个具有使用意义的广告影像合成。

难易程度：★ ★ ★ ★ ★

文件路径：素材\第 9 章 156

视频文件：mp4\第 9 章\156

01 启动 Photoshop CC，执行"文件"|"新建"命令，弹出"新建"对话框，在对话框中设置参数，如图 9-174 所示，单击"确定"按钮，新建一个空白文件。

02 按快捷键 Ctrl+O，打开"背景"素材。选择"移动工具" ，将素材拖曳至编辑的文档中，适当调整大小和位置，如图 9-175 所示。

图 9-174　　　　　图 9-175

图 9-178

03 添加人物素材，按Ctrl键的同时单击图层，载入人物选区，如图9-176 所示。

图 9-176

图 9-179

04 单击图层面板底部的"创建新的填充或调整图层"按钮 ⬛，创建"色阶"调整图层，在弹出的对话框中设置相关参数，如图 9-177 所示。

06 按快捷键 Ctrl+Shift+Alt+N，新建图层。设置前景色为粉红色（#edcdcb），选择"画笔工具" 🖌，降低其不透明度，在人物脸颊上涂抹，绘制腮红，如图 9-180 所示。

图 9-177

图 9-180

05 选择"钢笔工具" ✒，在人物嘴唇上创建路径，如图 9-178 所示。按快捷键Ctrl+Enter，将路径转换为选区，按快捷键 Shift+F6，羽化 3 像素，创建"色彩平衡"调整图层，在弹出的对话框中设置参数，更改嘴唇的色彩，如图 9-179 所示。

07 在画笔工具选项栏中，单击"画笔面板"按钮 🖌，在弹出的面板中设置相关参数，如图 9-181 所示。新建图层。将前景色设为黑色，用画笔工具在人物的睫毛上单击，加深睫毛，如图 9-182 所示。

225

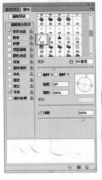
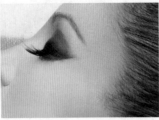

图 9-181　　　　　　　图 9-182

08 按快捷键 Ctrl+O，打开"荷花"素材。选择"移动工具" ，将素材拖曳到文档中，适当调整大小及位置，并更改其混合模式为"变暗"，如图 9-183 所示。

图 9-183

09 新建图层。选择"画笔工具" ，在"画笔预设选取器"中选择"硬边圆"画笔，设置不同的颜色，在人物的眼角处绘制出亮光，如图 9-184 所示。

图 9-184

10 同上述添加素材的方法，依次在文档添加素材，得到如图 9-185 所示的效果。

图 9-185

11 按快捷键 Ctrl+Shift+Alt+E，盖印图层。添加"手机"素材，双击手机图层打开"图层样式"对话框，在弹出的对话框中选择"外发光"选项，设置相关参数，如图 9-186 所示。

图 9-186

12 按快捷键 Ctrl+[，将手机图层向下移动一层。选中盖印的图层，按快捷键 Ctrl+T，调整其大小及位置，如图 9-187 所示。

图 9-187

13 选择"横排文字工具" T ，在文档中输入相关文字，如图 9-188 所示。

图 9-188

14 新建图层，选择"矩形选框工具" ，在文档中制作条形码即可，最终效果如图 9-189 所示。

图 9-189

157 风景影像合成——海螺小屋

本实例主要通过"新建"命令、"打开"命令、移动工具、图层蒙版、混合模式、画笔工具，制作一个风景影像合成。

难易程度：★★★★★

文件路径：素材\第 9 章 157

视频文件：mp4\第 9 章\157

01 启动 Photoshop CC，执行"文件"|"打开"命令，在"打开"对话框中选择"背景"素材，单击"打开"按钮，打开文件，如图 9-190 所示。

02 运用同样的操作方法，继续添加一张"天空"素材，如图 9-191 所示。

03 设置"天空"素材的图层"混合模式"为"强光"，效果如图 9-192 所示。

04 添加一个"星球"素材，设置图层的"混合模式"为"明度"，"不透明度"为 50%，效果如图 9-193 所示。

图 9-190

图 9-191

图 9-192

图 9-193

05 运用同样的操作方法，添加"星球 1"素材，设置图层的"混合模式"为"点光"，效果如图 9-194 所示。

图 9-194

06 添加一个"海螺"素材，单击图层面板上的"添加图层蒙版"按钮 ▣ ，为"海螺"图层添加图层蒙版。设置前景色为黑色，选择"画笔工具" ✍ ，擦除海螺底部的像素，使它和背景过渡自然，效果如图 9-195 所示。

图 9-195

07 选择"加深工具" ◔ ，单击背景图层，在靠近海螺图像底部单击，制作出阴影效果，如图 9-196 所示。

图 9-196

08 运用上述添加素材的操作方法，继续添加"门"和"窗户"素材，放置合适的位置，如图 9-197 所示。

图 9-197

09 新建一个图层，选择"画笔工具" ✍ ，设置画笔的不透明度为 60%，硬度为 0%，在图像窗口中单击，绘制光点，如图 9-198 所示。

图 9-198

10 选择"横排文字工具" T ，输入文字，效果如图 9-199 所示。

图 9-199

第**10**章
标志设计

　　随着社会经济、政治、科技、文化的飞跃发展，经过精心设计从而具有高度艺术性和实用性的标志，已被广泛应用于社会各个领域，对人类社会性发展与进步发挥着巨大作用和影响。

　　标志是一种精神文化的象征，随着商业全球化趋势的日渐增强，标志的设计质量已经被越来越多的客户看重，有的大型企业已经意识到花重金去设计一个好标志是非常值得的，因为它折射出的是企业文化和精神的抽象视觉形象。

　　本章通过 10 个实例，内容涉及文化类标志、电子类标志、科技类标志、酒店类标志、房产类标志和商场类标志等各个方面，具体介绍了在 Photoshop CC 中标志的制作方法和操作技巧。

158 家居产品标志——欧典

本实例主要通过"新建"命令、横排文字工具、钢笔工具、椭圆工具、渐变工具等操作，制作一个家居产品的标志。

📖 难易程度：★ ★ ★ ★

📁 文件路径：素材\第 10 章\158

🎬 视频文件：mp4\第 10 章\158

01 执行"文件"|"新建"命令，弹出"新建"对话框设置参数如图 10-1 所示，单击"确定"按钮，新建文件。

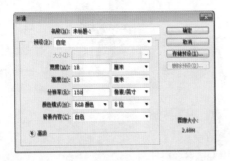

图 10-1

02 选择"椭圆工具" 🔘，选择工具选项栏中的"形状"，填充色设为渐变色，参数如图 10-2 所示。

03 按 Shift 键绘制正圆，如图 10-3 所示。

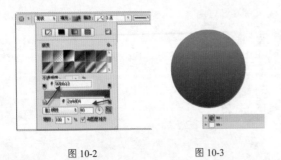

图 10-2　　　　图 10-3

04 按快捷键 Ctrl+J，复制正圆，按快捷键 Ctrl+T，进入自由变换状态，向下压扁正圆，按回车键确定变换，在工具选项栏中更改填充色为白色。

05 单击图层面板底部的"添加图层蒙版"按钮 ▣，选中图层蒙版，按 D 键前背景色默认为黑白色，选择"渐变工具" ▣，在工具选项栏的渐变条中设为前景色到背景色，在椭圆上由下往上拉出一条直线，如图 10-4 所示。

06 选择"钢笔工具" ✏️，在工具选项栏中设置参数如图 10-5 所示。

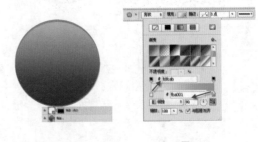

图 10-4　　　　　　　　　图 10-5

07 绘制如图 10-6 所示的路径。

08 通过上述相同的方法，完成如图 10-7 所示的路径绘制。

图 10-6　　　　　　　图 10-7

09 选中"形状"图层，按快捷键 Ctrl+G 编织组，选中"组 1"，单击图层面板底部的"添加图层样式"按钮 **fx.**，在弹出的快捷菜单中选择"投影"选项，弹出"图层样式"对话框，设置参数如图 10-8 所示。

图 10-8

提 示：使用钢笔工具绘制矢量路径时，如果锚点偏离了轮廓，可以按住 Ctrl 键切换为直线选择工具 **k.**，将它拖回到轮廓线上，按 Alt 键可以切换到转换点工具。

10 单击"确定"按钮，退出"图层样式"对话框，按快捷键 Ctrl+J，复制组 1，得到"组 1 复制"，按快捷键 Ctrl+T，进入自由变换状态，单击鼠标右键，选择"水平翻转"选项，往右移动对象，按回车键，确定变换，如图 10-9 所示。

图 10-9

11 选择"椭圆工具" **◯.**，绘制两个正圆路径并填充相应的颜色。

12 选择"横排文字工具" **T.**，设置工具选项栏中的字体为"方正大黑简体"，输入文字，在文字上单击鼠标右键，弹出快捷菜单，选择"转换为形状"选项，如图 10-10 所示。

图 10-10

13 按快捷键 Ctrl+T，进入自由变换状态，拖长文字形状，选择"删除锚点工具" **⌀.**，删除不需要的锚点，并更改工具选项栏中的填充色，如图 10-11 所示。

图 10-11

14 执行"图层" | "图层样式" | "描边"命令，弹出"图层样式"对话框，设置参数，单击"确定"按钮，使用横排文字工具编辑其他的文字，如图 10-12 所示。

图 10-12

159 餐厅标志——43 度

本实例主要通过"新建"命令、横排文字工具、将文字转换为形状、图案填充、钢笔工具等操作，制作一个餐厅的标志。

📖 难易程度：★★★

📁 文件路径：素材\第 10 章\159

🎬 视频文件：mp4\第 10 章\159

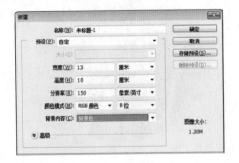

01 执行"文件"|"新建"命令，弹出"新建"对话框，设置参数如图 10-13 所示，单击"确定"按钮。

图 10-13

02 打开"图案"素材文件，执行"编辑"|"定义图案"命令，弹出"图案名称"对话框，保存默认值，单击"确定"按钮。

03 切回新建图层面板，执行"编辑"|"填充"命令，或按快捷键 Shift+F5，弹出"填充"对话框，设置参数如图 10-14 所示，单击"确定"按钮。

04 新建图层，选择"椭圆选框工具"⬭，在画面中绘制一个椭圆，按快捷键 Ctrl+Shift+I，反选选区，再按快捷键 Shift+F6，弹出"羽化选区"对话框，设置半径为 30 像素，单击"确定"按钮，设前景色为黑色，按快捷键 Alt+Delete，填充前景色，如图 10-15 所示。

05 按快捷键 Ctrl+D，取消选区，设图层不透明度为 49%。

图 10-14   图 10-15

06 选择"钢笔工具"✒，选择工具选项栏中的"形状"，设置填充色为如图 10-16 所示，绘制路径。

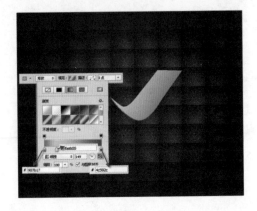

图 10-16

07 通过相同的方法，继续绘制两个形状路径，如图 10-17 所示。为两个形状图层添加图层蒙版，隐藏不需要的部分，在形状 1 图层上新建图层，设前景色为白色，选择"画笔工具"✏，涂抹底部，使其产生反光效果，如图 10-18 所示。

图 10-17 　　　　　 图 10-18 　　　　　　 图 10-19 　　　　　 图 10-20

08 使用钢笔工具绘制形状路径，设置不同的填充色，如图 10-19 所示。

09 按 Shift 键同时选中"形状 1.2.3"图层，按快捷键 Ctrl+J，复制对象，再按快捷键 Ctrl+G，编织组，选择"移动工具" ，移动至合适的位置，重新更改填充色，设置组 1 的不透明度为 50%，如图 10-20 所示。

10 选择"横排文字工具" ，设置工具选项栏中的字体为"方正超粗黑简体"，输入文字，如图 10-21 所示，执行"图层" | "栅格化" | "文字"命令。

11 将文字图层载入选区，设置前景色为（#907b17）、背景色为（#4c592c），选择"渐变工具" ，在工具选项栏中的"渐变条"中选择"前景色到背景色"，从左下角往右上角拉出一条直线，填充渐变色，按快捷键 Ctrl+D，取消选区，效果如图 10-22 所示。

图 10-21 　　　　　　　 图 10-22

160　饮食标志——海鲜粥吧

本实例主要通过"新建"命令、横排文字工具、钢笔工具、创建剪贴蒙版、图层样式等操作，制作一个饮食的标志。

难易程度：★ ★ ★

文件路径：素材\第 10 章\160

视频文件：mp4\第 10 章\160

01 执行"文件" | "新建"命令，弹出"新建"对话框，设置参数如图 10-23 所示。单击"确定"按钮，新建一个空白文件。

02 选择"钢笔工具" ，选择工具选项栏中的"形状"，填充色和描边色均设为渐变色，参数如图 10-24 所示。绘制图形，效果如图 10-25 所示。

图 10-23

图 10-24

03 新建图层，按 D 键，前背景色默认为黑白色，选择"渐变工具" ，在工具选项栏中的"渐变条"单击"前景色到背景色"，由右下角往左上角拉出一条直线，再使用画笔工具在黑白相间的位置涂抹，效果如图 10-26 所示。

图 10-25　　　　　　　图 10-26

04 执行"图层"|"创建剪贴蒙版"命令，为图层添加剪贴蒙版，如图 10-27 所示。

05 选择"钢笔工具" ，绘制形状路径，如图 10-28 所示。

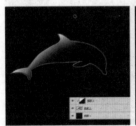 

图 10-27　　　　　　　图 10-28

06 新建图层，选择"画笔工具" ，在图层上涂出七彩效果，如图 10-29 所示。

07 按快捷键 Ctrl+Alt+G，创建剪贴蒙版，如图 10-30 所示。

图 10-29　　　　　　　图 10-30

08 通过运用相同的方法，绘制形状路径，得到如图 10-31 所示的效果。

09 新建图层，设置前景色为棕色（#302a28），选择"椭圆选框工具" ，按 Shift 键绘制正圆选框，按快捷键 Shift+F6，弹出"羽化选区"对话框，设置半径为 50 像素，单击"确定"按钮，按快捷键 Alt+Delete，填充前景色，如图 10-32 所示。

图 10-31　　　　　　　图 10-32

10 按快捷键 Ctrl+D，取消选区，设置图层不透明度为 80%，移至背景图层上面。

11 继续使用钢笔工具，绘制路径，效果如图 10-33 所示。

12 选择"横排文字工具" ，设置工具选项栏中的字体为"汉仪雁翔体"，再输入文字，得到最终效果如图 10-34 所示。

图 10-33　　　　　　　图 10-34

161 房地产标志 1——上海故事

本实例主要通过"新建"命令、横排文字工具、钢笔工具、图层样式等操作，制作一个房地产的标志。

難易程度：★★★

文件路径：素材\第 10 章\161

视频文件：mp4\第 10 章\161

---

01 启动 Photoshop CC，执行"文件"|"新建"命令，弹出"新建"对话框，设置参数如图 10-35 所示，单击"确定"按钮，新建一个文件。

图 10-35

02 选择"钢笔工具"，选择工具选项栏中的"形状"，填充色为桃花色（#f25c9b），如图 10-36 所示。

03 选择"钢笔工具"，设置工具选项栏中的填充色为（# fe62a3），绘制路径，如图 10-37 所示。

图 10-36

图 10-37

04 双击图层，弹出"图层样式"对话框，勾选

"渐变叠加"，设置渐变叠加参数如图 10-38 所示。

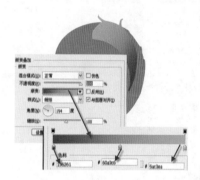

图 10-38

05 参数设置完毕后，单击"确定"按钮，退出"图层样式"对话框，继续使用钢笔工具，绘制路径，并添加渐变叠加样式，参数如图 10-39 所示。

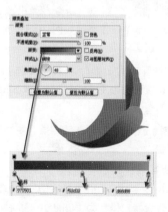

图 10-39

06 绘制形状路径，并添加渐变叠加样式，参数如图 10-40 所示。其中渐变颜色为深绿（#1f734f）到浅绿（#66da7d）。

07 用相同的方法，绘制其他的路径图形，设置相应的填充颜色，如图 10-41 所示。

08 使用横排文字工具编辑文字，得到最终效果如图 10-42 所示。

图 10-40

图 10-41　　　　　　图 10-42

162° 茶餐会所标志——茗宴

本实例主要通过"新建"命令、横排文字工具、钢笔工具、椭圆工具、羽化选区命令等操作，制作一个茶餐会所的标志。

难易程度：★★★

文件路径：素材\第 10 章\162

视频文件：mp4\第 10 章\162

01 执行"文件"|"新建"命令，弹出"新建"对话框，在对话框中设置参数如图 10-43 所示，单击"确定"按钮，新建一个空白文件。

02 选择"椭圆工具" 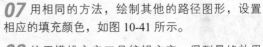，选择工具选项栏中的"形状"，设填充色为（#bb0563），按 Shift 键，绘制正圆，如图 10-44 所示。

03 按快捷键 Ctrl+J，复制正圆图层，更改填充色为黄色并调整大小，如图 10-45 所示。

04 复制黄色形状图层，执行"图层"|"栅格化"|"形状"命令，按 Ctrl 键单击图层缩略图，将其载入选区，设置前景色为（#fbdf20），按快捷键 Shift+F6，弹出"羽化选区"对话框，设置半径为

40 像素，单击"确定"按钮，按快捷键 Alt+Delete，填充前景色，如图 10-46 所示。

05 按快捷键 Ctrl+D，取消选区。

图 10-43　　　　　　图 10-44

颜色，如图 10-50 所示。

图 10-45　　　　　　　图 10-46

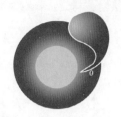 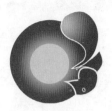

图 10-49　　　　　　　图 10-50

06 新建图层，选择"钢笔工具" ，选择工具选项栏中的"路径"，绘制路径，按快捷键 Ctrl+回车，将其载入选区，选择"渐变工具" ，单击工具选项栏中的"渐变条"，弹出"渐变编辑器"对话框，设置参数如图 10-47 所示。

11 为三个图层添加图层蒙版，设置前景色为黑色，使用画笔工具隐藏部分描边效果，如图 10-51 所示。

12 按 Shift 键同时选中三个图层，按快捷键 Ctrl+Alt+E，合并图层，选中合并图层，按快捷键 Ctrl+T,进入自由变换状态，调整图形的角度。采用相同方法，再次复制一份并调整角度，如图 10-52 所示。

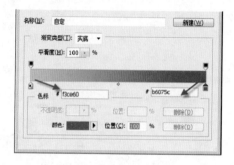

图 10-47

07 单击"确定"按钮，按"径向渐变" ，由左上角往右下角拉出一条直线，填充径向渐变。

08 执行"编辑" | "描边"命令，弹出"描边"对话框，设置参数如图 10-48 所示。

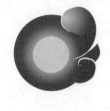 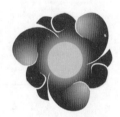

图 10-51　　　　　　　图 10-52

13 选择"横排文字工具" ，设置工具选项栏中的字体为"汉仪柏青体简"，颜色设为（#c4f824），输入文字，得到最终效果如图 10-53 所示。

图 10-48

09 单击"确定"按钮，按快捷键 Ctrl+D，取消选区，如图 10-49 所示。

10 通过相同的方法，绘制路径，并填充相应的

图 10-53

163 网站标志——魅丽 e 购

本实例通过"新建"命令、横排文字工具、钢笔工具、渐变编辑器、图层样式、直接选择工具等操作，制作一个网站的标志。

📖 难易程度：★ ★ ★

📁 文件路径：素材\第 10 章\163

🎬 视频文件：mp4\第 10 章\163

01 启用 Photoshop CC 后，执行"文件"|"新建"命令，弹出"新建"对话框，设置参数如图 10-54 所示，单击"确定"按钮，新建一个空白文件。

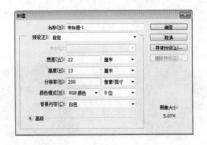

图 10-54

02 选择"钢笔工具" ，选择工具选项栏中的"形状"，设填充色为"黑色"，绘制如图 10-55 所示的路径。

03 执行"图层"|"图层样式"|"渐变叠加"命令，弹出"图层样式"对话框，单击渐变条，在弹出的"渐变编辑器"对话框中设置参数如图 10-56 所示。

图 10-55

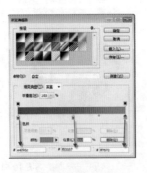

图 10-56

04 运用同样的操作方式，为图层添加"投影"图层样式，参数设置如图 10-57 所示。

图 10-57

05 单击"确定"按钮退出图层样式对话框。

06 运用上述绘制人物头部的操作方式，绘制手，并添加同样的图层样式，如图 10-58 所示。

07 选择"横排文字工具" ，设置工具选项栏中的字体为"方正中等线简体"，"大小"为 10 点，输入文字如图 10-59 所示。

图 10-58   图 10-59

08 执行 "编辑" | "变换" | "缩放" 命令，调整文字的大小，如图 10-60 所示。

图 10-60

09 单击鼠标右键，在弹出的快捷菜单中选择 "转换为形状" 选项，将文字转换为形状，如图 10-61 所示。

图 10-61

10 选择 "删除锚点工具" ，删除多余的锚点，如图 10-62 所示。

图 10-62

> **提示**：路径锚点分为两种：一种是平滑点，另外一种是角点。平滑点连接可以形成平滑的曲线，而角点连接则形成直线或者转角曲线。

11 选择 "直接选择工具" ，调整路径形状，并填充黑色，如图 10-63 所示。

12 运用上述为人物图层添加 "渐变叠加" 的操作方法，为文字图层添加同样的 "图层样式"，效果如图 10-64 所示。

图 10-63

图 10-64

13 按快捷键 Ctrl+O，弹出 "打开" 对话框，选择 "袋子" 素材，单击 "打开" 按钮，选择 "移动工具" ，将素材添加至文件中，调整好大小、位置和图层顺序，得到如图 10-65 所示的效果。

图 10-65

14 运用上面输入文字的操作方式，添加其他的文字，得到最终效果如图 10-66 所示。

图 10-66

164 产品标志——阳光水壶

本实例通过"新建"命令、横排文字工具、椭圆工具、从路径区域减去按钮、图层样式和图层蒙版等操作，制作一个产品的标志。

难易程度：★★★

文件路径：素材\第 10 章\164

视频文件：mp4\第 10 章\164

01 启用 Photoshop CC 后，执行"文件"|"新建"命令，弹出"新建"对话框，在对话框中设置参数如图 10-67 所示，单击"确定"按钮，新建一个空白文件。

02 选择"椭圆工具" ，选择工具选项栏中的"形状"，按 Shift 键的同时拖动鼠标，绘制一个正圆，勾选工具选项栏中的"减去顶层形状" ，继续绘制正圆，如图 10-68 所示。

图 10-67   图 10-68

03 双击图层，弹出"图层样式"对话框，选择"渐变叠加"选项，单击渐变条，在弹出的"渐变编辑器"对话框中设置参数如图 10-69 所示。

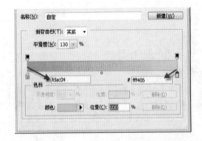

图 10-69

04 单击"确定"按钮，返回"图层样式"对话框，设置渐变叠加参数如图 10-70 所示。

图 10-70

05 单击"确定"按钮，退出"图层样式"对话框，添加"渐变叠加"的效果如图 10-71 所示。

06 选择"钢笔工具" ，选择工具选项栏中的"形状"，绘制如图 10-72 所示的图形。

图 10-71   图 10-72

07 分别设置前景色为绿色（#00ad5f）和绿黄色（#8ac832），运用同样的操作方式，绘制图形如图 10-73 所示。

08 单击图层面板上的"添加图层蒙版"按钮
▣ ，为图层添加图层蒙版，选择"渐变工具"
▣ ，单击工具选项栏中的渐变条，从弹出的渐变
列表中选择"黑白"渐变，按下"线性渐变"按钮
▣ ，在图像窗口中按住并拖动鼠标，填充黑白线
性渐变，效果如图 10-74 所示。

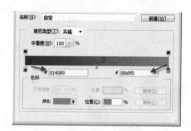

图 10-78

12 单击"确定"按钮，返回"图层样式"对话
框，设置参数如图 10-79 所示。

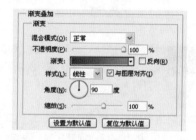

图 10-79

图 10-73

图 10-74

09 运用同样的操作方法，绘制"叶子"图形，
如图 10-75 所示。选中两个叶子形状图层，按快捷
键 Ctrl+E，合并图层，再按快捷键 Ctrl+J，复制图
层，按快捷键 Ctrl + T，进入自由变换状态，按住
Alt 键的同时，拖动中心控制点至下侧边缘位置，
按快捷键 Ctrl + Alt + Shift + T，可在进行再次变换
的同时复制变换对象，效果如图 10-76 所示。

13 单击"确定"按钮，退出"图层样式"对话
框，添加渐变叠加效果如图 10-80 所示。

图 10-80

图 10-75

图 10-76

10 选择"横排文字工具" ▣ ，设置工具选项栏
中的字体为"Stencil Std"，"大小"为 122 点，输
入文字，如图 10-77 所示。

14 执行"图层"|"复制图层"命令，弹出"复
制图层"对话框，保持默认设置，单击"确定"按
钮，将"文字"图层复制一层，得到"文字复制"
图层，设置文字颜色为白色，如图 10-81 所示。

图 10-77

11 双击图层，弹出"图层样式"对话框，选择
"渐变叠加"，为文字图层添加渐变叠加的图层样
式，渐变参数值如图 10-78 所示。

图 10-81

15 运用同样的操作方法，继续复制图层，添加图层样式，效果如图 10-82 所示。

16 运用同样的操作方法，输入文字，得到最终的效果如图 10-83 所示。

图 10-82

图 10-83

165 家居产业标志——森美居木业

本实例主要通过"新建"命令、横排文字工具、圆角矩形、自由变换、钢笔工具、画笔工具、图层样式等操作，制作一个家居产业的标志。

难易程度：★★★

文件路径：素材\第 10 章\165

视频文件：mp4\第 10 章\165

01 启用 Photoshop CC 后，执行"文件"|"新建"命令，弹出"新建"对话框，在对话框中设置参数如图 10-84 所示，单击"确定"按钮，新建一个空白文件。

02 选择"圆角矩形工具"，选择工具选项栏中的"形状"，填充色为（#016c3f），半径为 20 像素，在图像窗口中按住鼠标并拖动，绘制圆角矩形。

03 按快捷键 Ctrl+T，进入自由变换状态，单击鼠标右键，在弹出的快捷菜单中选择"旋转"选项，旋转图形调整至合适的位置和角度，如图 10-85 所示。

04 执行"图层"|"图层样式"|"渐变叠加"命令，弹出"图层样式"对话框，单击渐变条，在弹出的"渐变编辑器"对话框中设置参数如图 10-86 所示。单击"确定"按钮，选择"投影"选项，设置投影的参数如图 10-87 所示。

图 10-84

图 10-85

图 10-86

图 10-87

05 单击"确定"按钮，退出"图层样式"对话框，为图形添加"渐变叠加"和"投影"图层样式，效果如图 10-88 所示。

06 设置前景色为白色，运用上述绘制圆角矩形同样的操作方式，绘制"圆角矩形 2"，如图 10-89 所示。

设置工具选项栏中的"硬度"为 0%，"不透明度"和"流量"均为 80%，在图像窗口中单击鼠标，绘制如图 10-95 所示的光点。在绘制的时候，可通过按"〔"键和"〕"键调整画笔的大小，便绘制出不同大小的光点。

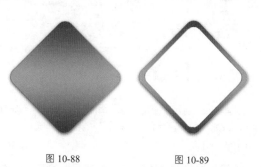

图 10-88　　　　　　图 10-89

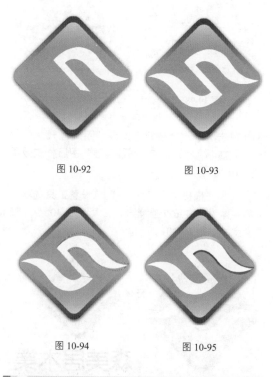

图 10-92　　　　　　图 10-93

图 10-94　　　　　　图 10-95

07 单击图层面板上的"添加图层蒙版"按钮，为图层添加图层蒙版，选择"渐变工具"，单击工具选项栏渐变条，从弹出的渐变列表中选择"黑白"渐变，单击"线性渐变"按钮，在图像窗口中按住并拖动鼠标，填充黑白线性渐变，效果如图 10-90 所示。

08 运用同样的操作方法，制作标识下部的高光，如图 10-91 所示。

技 巧： 在使用钢笔工具时，按住 Ctrl 键可切换至直接选择工具；按住 Alt 键可切换至转换点工具。

13 运用同样的操作方法，复制图层，得到如图 10-96 所示的效果。

14 运用同样的操作方式，新建一个图层，选择"画笔工具"，填充颜色，如图 10-97 所示。

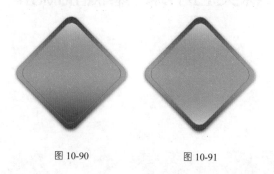

图 10-90　　　　　　图 10-91

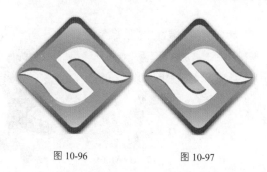

图 10-96　　　　　　图 10-97

09 新建图层，选择"钢笔工具"，选择工具选项栏中的"路径"，绘制如图 10-92 所示的图形。

10 复制路径，按快捷键Ctrl+T，进入自由变换状态，单击鼠标右键，在弹出的快捷菜单中依次选择"水平翻转""垂直翻转"选项，水平翻转图层，然后调整至合适的位置和角度，如图 10-93 所示。

11 新建图层，选择"钢笔工具"，绘制路径，选择工具选项栏中的"路径"，按快捷键回车+Ctrl，转换路径为选区，如图 10-94 所示。

12 设置不同的前景色，选择"画笔工具"，

15 运用同样的操作方法，绘制图形并添加"内阴影"和"斜面浮雕"的图层样式，参数如图

10-98 和图 10-99 所示。

图 10-98　　　　图 10-99

16 单击"确定"按钮，退出"图层样式"，为图形添加"内阴影"和"斜面浮雕"图层样式效果如图 10-100 所示。

17 选择"横排文字工具" T ，设置工具选项栏中的字体为"方正准圆繁体"、大小为 40 点，输入文字，如图 10-101 所示。

图 10-100　　　　图 10-101

18 运用同样的操作方法，为图层添加"投影"和"外发光"的图层样式，参数如图 10-102 和图 10-103 所示。

图 10-102　　　　图 10-103

19 单击"确定"按钮，退出"图层样式"，为图形添加"投影"和"外发光"的图层样式，如图 10-104 所示。

20 运用同样的操作方法，添加其他的文字，得到最终的效果如图 10-105 所示。

图 10-104　　　　图 10-105

166　电子产品标志——电子眼

　　本实例主要通过"新建"命令、横排文字工具、钢笔工具、画笔工具、渐变工具等操作，制作一个电子产品的标志。

　难易程度：★★★

　文件路径：素材\第 10 章\166

　视频文件：mp4\第 10 章\166

01 启用 Photoshop CC 后，执行"文件"|"新建"命令，弹出"新建"对话框，在对话框中设置参数，如图 10-106 所示，单击"确定"按钮，新建一个空白文件。

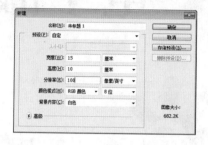

图 10-106

02 选择"钢笔工具" ，选择工具选项栏中的"形状"，绘制手形图形，如图 10-107 所示。

03 选择"椭圆工具" ，按 Shift 键的同时拖动鼠标，绘制一个正圆，如图 10-108 所示。

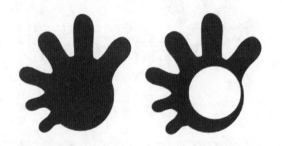

图 10-107　　　　　图 10-108

04 运用同样的操作方法，绘制其他正圆，填充不同的颜色，如图 10-109 所示。

05 按快捷键 Ctrl+O，弹出"打开"对话框，选择"迷雾"素材，单击"打开"按钮，选择"移动工具" ，将素材添加至文件中，放置在合适的位置，如图 10-110 所示。

图 10-109　　　　　图 10-110

06 按 Alt 键的同时，移动光标至分隔两个图层的实线上，当光标显示为 形状时，单击鼠标左键，创建剪贴蒙版，图像效果如图 10-111 所示。

07 单击鼠标右键，将"形状 1"图层栅格化，并将栅格后的图层载入选区，如图 10-112 所示。

图 10-111　　　　　图 10-112

08 选择"渐变工具" ，单击工具选项栏中的渐变条 ，打开"渐变编辑器"对话框，设置参数如图 10-113 所示。单击"确定"按钮，关闭"渐变编辑器"对话框。按下工具选项栏中的"线性渐变"按钮 ，在图像中拖动光标，填充渐变效果如图 10-114 所示。

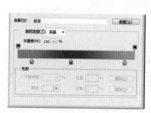

图 10-113　　　　　图 10-114

09 新建一个图层，选择"钢笔工具" ，绘制路径，如图 10-115 所示。

10 选择"画笔工具" ，设置前景色为白色，画笔"大小"为"5像素"、"硬度"为0%，选择"钢笔工具" ，在绘制的路径上方单击鼠标右键，在弹出的快捷菜单中选择"描边路径"选项，在弹出的对话框中选择"画笔"选项，并选中"模拟压力"复选框，单击"确定"按钮，描边路径，得到如图 10-116 所示的效果。

11 选择"横排文字工具" ，设置工具选项栏中的字体为"方正姚体"，"字体大小"为 33 点，输入文字，如图 10-117 所示。按快捷键 Ctrl+T，进入自由变换状态，调整文字的间距和大小，如图 10-118 所示。

图 10-115　　　　　图 10-116

图 10-118

图 10-119

图 10-117

12 运用上述填充渐变的操作方法，为文字图层添加渐变效果，如图 10-119 所示。

13 运用上面输入文字的操作步骤，输入其他文字，得到最终的效果如图 10-120 所示。

图 10-120

167 房地产标志 2——凯旋城

本实例主要通过 "新建" 命令、横排文字工具、钢笔工具、创建剪贴蒙版、图层样式等操作，制作一个房地产的标志。

难易程度：★★★

文件路径：素材\第 10 章\167

视频文件：mp4\第 10 章\167

01 按快捷键 Ctrl+O，弹出 "打开" 对话框，选择 "背景" 素材，单击 "打开" 按钮，如图 10-121 所示。

02 新建图层，选择 "钢笔工具" ，选择工具选项栏中的 "路径" 按钮，绘制路径，按快捷键回车+Ctrl，转换路径为选区。

图 10-121

图 10-125

03 选择"渐变工具" ，在工具选项栏中单击渐变条，打开"渐变编辑器"对话框，设置参数如图 10-122 所示。

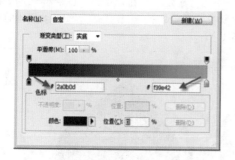

图 10-122

07 新建图层，选择"钢笔工具"，选择工具选项栏中"路径"，绘制路径，按快捷键回车+Ctrl，转换路径为选区，如图 10-126 所示。

图 10-126

04 单击"确定"按钮，关闭"渐变编辑器"对话框。单击"线性渐变"按钮，在图像中按住并由上至下拖动光标，填充渐变效果如图 10-123 所示，按快捷键 Ctrl+D，取消选区。

05 按快捷键 Ctrl+O，添加"火"素材，按快捷键 Ctrl+Alt+G，创建剪贴蒙版，如图 10-124 所示。

08 选择"渐变工具"，单击工具选项栏中的渐变条，打开"渐变编辑器"对话框，设置参数如图 10-127 所示。

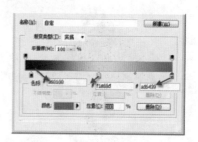

图 10-127

图 10-123　　　　　　图 10-124

06 运用同样的操作方法，添加"铜像"素材，创建剪贴蒙版，如图 10-125 所示。

09 单击"确定"按钮，关闭"渐变编辑器"对话框。单击"线性渐变"按钮，在图像中按住并由上至下拖动光标，填充渐变效果如图 10-128 所示。

10 运用同样的操作方法，绘制路径，填充渐变，如图 10-129 所示。

图 10-128

图 10-129

11 选择"横排文字工具" [T]，设置工具选项栏中的字体为"汉仪中宋简"，"大小"为 36 点，"颜色"为橙色(#ffad4d)，输入文字，如图 10-130 所示。

图 10-130

12 单击图层面板中的"添加图层样式"按钮 [fx.]，在弹出的快捷菜单中选择"斜面和浮雕"选项，弹出"图层样式"对话框，设置参数如图

10-131 所示。

13 选择"光泽"选项，设置参数如图 10-132 所示。

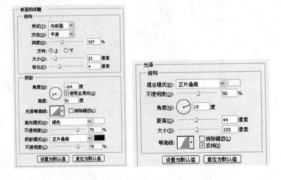

图 10-131   图 10-132

14 单击"确定"按钮，退出"图层样式"对话框，为文字图层添加"图层样式"的效果如图 10-133 所示。

图 10-133

15 运用上述制作文字的操作方法，输入其他文字，得到最终效果如图 10-134 所示。

图 10-134

第 11 章

卡片设计

　　卡片设计是平面设计中的一种常见形式。卡片的类型很多，有名片、贺卡、VIP 卡、邀请函等。本章通过 12 个实例，详细讲解使用 Photoshop CC 制作各类卡片的方法和流程。

　　制作卡片时，要根据具体的用途设计版式与色彩。卡片设计的形式是由其本身的功能、设计理念、所要传达的信息、应用媒体以及目标受众来决定的。在基本卡片设计的原则上，同时进行创新设计，既突出它的独特性，又体现其功能性。

168 亲情卡——中国电信

本实例主要通过"新建"命令、横排文字工具、渐变工具、图层样式、自定形状工具、变形文字"打开"命令、移动工具等操作，制作一张亲情卡。

难易程度：★★★★

文件路径：素材\第 11 章\168

视频文件：mp4\第 11 章\168

01 启动 Photoshop CC 后，执行"文件"|"新建"命令，弹出"新建"对话框，在对话框中设置参数如图 11-1 所示，单击"确定"按钮，新建一个空白文件。

02 选择"渐变工具"，单击工具选项栏中的渐变条，打开"渐变编辑器"对话框，设置参数如图 11-2 所示，其中深粉色数值为（#c100a6），粉色的数值为（#ff3cb4）。

图 11-1

图 11-2

03 单击"确定"按钮，关闭"渐变编辑器"对话框。按下工具选项栏中的"线性渐变"按钮，在图像中按住并由上至下拖动光标，填充渐变效果如图 11-3 所示。

04 执行"文件"|"打开"命令，在"打开"对话框中选择"翅膀"素材，单击"打开"按钮，选择"移动工具"，将素材添加至文件中，放置在合适的位置，如图 11-4 所示。

05 选择"自定形状工具"，单击工具选项栏"形状"下拉列表按钮，选择"心"形状，如图 11-5 所示。

图 11-3

图 11-4

06 选择"形状"，在图像窗口中，拖动光标绘制一个"心"形状，如图 11-6 所示。

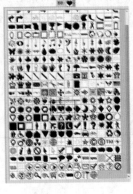

图 11-5

图 11-6

提示：Photoshop 提供了大量的自定义形状，包括箭头、标识、指示牌等。选择自定形状工具后，单击工具选项栏"形状"选项下拉列表右侧的按钮，可以打开一个下拉列表，在该面板中可以选择这些形状。

07 执行"图层"|"图层样式"|"渐变叠加"命令，弹出"图层样式"对话框，单击渐变条，在弹出的"渐变编辑器"对话框中设置参数如图11-7所示，其中粉色的参考值为（#f135ac），玫红色的参考值为（#b7005b）

08 单击"确定"按钮，返回"图层样式"对话框，设置"渐变叠加"的参数如图11-8所示。

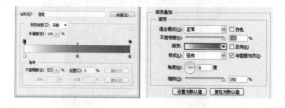

图 11-7　　　　　　图 11-8

09 选择"投影"和"内发光"选项，设置参数如图11-9所示。

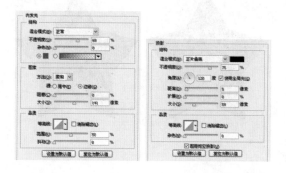

图 11-9

10 单击"确定"按钮，退出"图层样式"对话框，为"心"图层添加"图层样式"效果如图11-10所示。

11 选择"横排文字工具" T ，在工具选项栏中选择"方正大标宋简体"，"字体大小"为33，输入文字，如图11-11所示。

图 11-10　　　　　　图 11-11

12 单击工具选项栏文字编辑按钮 ，弹出"变形文字"对话框，设置参数如图11-12所示。

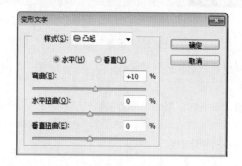

图 11-12

13 单击"确定"按钮，退出"变形文字"对话框，在图层面板中设置图层的"不透明度"为75%，效果如图11-13所示。

图 11-13

14 运用上述添加文字的操作方法，添加其他的文字，得到最终的效果，如图11-14所示。

图 11-14

169 货架贴——新品上市

本实例主要通过"新建"命令、"打开"命令、移动工具、多边形工具、画笔工具、创建剪贴蒙版、混合模式等操作，制作一个货架贴。

难易程度：★★★★

文件路径：素材\第 11 章\169

视频文件：mp4\第 11 章\169

01 按快捷键 Ctrl+N，弹出"新建"对话框，在对话框中设置参数如图 11-15 所示，单击"确定"按钮，新建一个空白文件。

02 选择"多边形工具" ⬡，在工具选项栏中设置参数，如图 11-16 所示。

图 11-15 　　　　　图 11-16

📚 **提 示**：工具选项栏中"边"参数默认为 5，取值范围为 3～100。

03 设置"工具模式"为"形状"，设置填充色为大红色（#910000），在图像窗口中绘制图形，如图 11-17 所示。

04 新建一个图层，设置前景色为红色（#e11810），选择"画笔工具" ✏，在五角星的一角进行涂抹，并创建剪贴蒙版，效果如图 11-18 所示。

05 运用同样的操作方法，设置前景色为黄色（#ffed00），选择"画笔工具" ✏，继续进行涂抹，并创建剪贴蒙版，效果如图 11-19 所示。

06 运用上述制作五角星一角的操作方法，制作

其他四个角，效果如图 11-20 所示。

图 11-17 　　　　　图 11-18

图 11-19 　　　　　图 11-20

07 运用上述绘制"五角星"的操作方法，按 D 键，恢复前景色和背景色的默认设置，继续绘制一个五角星图形，如图 11-21 所示。

08 执行"文件"|"打开"命令，在"打开"对话框中选择"光线"素材，单击"打开"按钮，选择"移动工具" ⊕，将素材添加至文件中，放置在合适的位置，如图 11-22 所示。

图 11-21　　　　　　　图 11-22

图 11-23　　　　　　　图 11-24

09 按住 Alt 键的同时，移动光标至分隔两个图层的实线上，当光标显示为 ⌊□ 形状时单击，创建剪贴蒙版，如图 11-23 所示。

10 将"五角星 2"图层载入选区，新建一个图层，调整图层顺序，选择"画笔工具" ✎，沿着选区周围进行涂抹，制作立体效果如图 11-24 所示。

11 设置图层的"混合模式"为"正片叠底"，"不透明度"为"61%"，效果如图 11-25 所示。

12 运用上述添加素材的操作方法，添加其他素材，放置合适的位置，最终效果如图 11-26 所示。

图 11-25　　　　　　　图 11-26

170　配送卡——贺中秋

本实例主要通过"新建"命令、"打开"命令、套索工具、矩形选框工具、直排文字工具、创建剪贴蒙版、混合模式等操作，制作一张配送卡。

📖 难易程度：★★★★

👆 文件路径：素材\第 11 章\170

🎬 视频文件：mp4\第 11 章\170

01 执行"文件"|"新建"命令，弹出"新建"对话框，设置参数如图 11-27 所示，单击"确定"按钮。

02 选择"圆角矩形工具" ▣，选择工具选项栏中的"形状"，设置填充颜色，半径为 20 像素，如图 11-28 所示。

03 在画面中绘制一个圆角矩形，按快捷键 Ctrl+O，打开"牡丹花"文件，拖至画面中，调整好大小和位置，如图 11-29 所示。

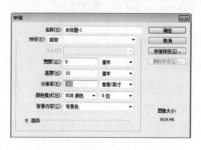

图 11-27

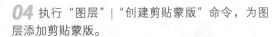

图 11-28　　　　　图 11-29　　　　　　图 11-32　　　　　图 11-33

04 执行"图层"|"创建剪贴蒙版"命令，为图层添加剪贴蒙版。

05 单击图层面板底部的"创建新的填充或调整图层"按钮 ，在弹出的快捷菜单中选择"色相/饱和度"，设置参数，单击"此调整剪切到此图层"按钮 ，参数及效果如图 11-30 所示。

06 添加"象形文字"至画面中，调整好位置及大小，设置图层混合模式为"柔光"，并将图层移至"圆角矩形 1"图层上，系统会自动为图层添加剪贴蒙版，如图 11-31 所示。

图 11-30　　　　　　　图 11-31

07 新建图层，设前景色为深蓝色（#215ba5），选择"矩形选框工具" ，绘制矩形选框，按 Alt 键，在矩形选框中绘制一个略小的矩形，按快捷键 Alt+Delete，填充前景色，效果如图 11-32 所示。

08 按快捷键 Ctrl+D，取消选区，设图层不透明度为 75%，并将其移至象形文字图层上，系统会自动为图层添加剪贴蒙版，如图 11-33 所示。

09 选择"椭圆工具" ，选择工具选项栏中的"形状"，设置填充颜色的参数 如图 11-34 所示。

10 按 Shift 键绘制一个正圆路径。打开"祥云"文件，按 L 键切换到套索工具，圈出所需要的祥云，移至画面中，并为祥云图层创建色相/饱和度调整图层及剪贴蒙版，效果如图 11-35 所示。

图 11-34　　　　　图 11-35

11 选择"直排文字工具" ，设置字体为"汉仪行楷简体"和"汉仪雪君体繁"，文字颜色为黄色（#f4ce7b），分别建立"贺""中""秋"三个文字图层，效果如图 11-36 所示。

12 通过相同的方法，编辑其他的文字，效果如图 11-37 所示。

图 11-36　　　　　图 11-37

13 选择"钢笔工具" ，绘制形状路径，如图 11-38 所示。

14 按 Shift 键同时选中除背景外的所有图层，按快捷键 Ctrl+Alt+E，合并图层，按快捷键 Ctrl+T，进入自由变换状态，单击右键，在弹出的快捷菜单中选择"垂直翻转"选项，按回车键确定变换，移至卡片下面，并为图层添加图层蒙版，使用渐变工具，隐藏部分效果，使其产生倒影效果，如图 11-39 所示。

图 11-38

图 11-39

171 贵宾卡——诗雨轩

本实例主要通过"新建"命令、横排文字工具、渐变工具、自定形状工具、"文字转换为形状""打开"命令、移动工具等操作，制作一张贵宾卡。

📖 难易程度：★★★★

🖼 文件路径：素材\第 11 章\171

🧠 视频文件：mp4\第 11 章\171

01 执行"文件"|"新建"命令，在弹出的"新建"对话框中设置参数如图 11-40 所示，单击"确定"按钮。

图 11-40

02 选择"渐变工具" 🔲，单击工具选项栏中的"渐变条"，选择"黑、白渐变"，单击"线性渐变"按钮 🔲，从下往上拉出一条直线，如图 11-41 所示。

图 11-41

03 选择"圆角矩形工具" 🔲，选择工具选项栏中的"形状"，填充色设为白色，描边为 ✏，半径为 15 像素，绘制路径，如图 11-42 所示。

04 按快捷键 Ctrl+J，复制图层，再按快捷键 Ctrl+T,进入自由变换状态，向左缩进稍许，更改填充色为（#322626）,如图 11-43 所示。

图 11-42

图 11-45

图 11-43

08 选择"钢笔工具" ，选择工具选项栏中的"形状"，填充色为白色，绘制路径，并创建剪贴蒙版，如图 11-46 所示。

09 添加"茶具"素材至画面，并添加图层蒙版，隐藏多余部分，效果如图 11-47 所示。

图 11-46　　　　　　　　图 11-47

05 打开"花纹"素材，执行"编辑"|"定义图案"命令，弹出"图案名称"对话框，保持默认值，单击"确定"按钮，关闭"花纹"素材文件。

06 新建图层，执行"编辑"|"填充"命令，弹出"填充"对话框，设置参数如图 11-44 所示。

10 添加"花纹 2""花纹 3"素材至画面中，调整好位置。

11 新建图层，设前景色为土黄色（#a57f0a），选择"椭圆选框工具" ，按 Shift 键绘制正圆选框，按快捷键 Shift+F6，弹出"羽化选区"对话框，设置半径为 20 像素，单击"确定"按钮，按快捷键 Alt+Delete，填充前景色，如图 11-48 所示，设置图层不透明度为 62%。

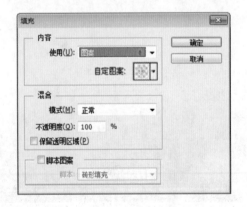

图 11-44

07 单击"确定"按钮，按快捷键 Ctrl+T，进入自由变换状态，调整好大小，放置"圆角矩形 复制"图层上，按快捷键 Ctrl+Alt+G，创建剪贴蒙版，设图层不透明度为 50%，如图 11-45 所示。

图 11-48

12 选择"横排文字工具" ⊤ ，设置工具选项栏
中的字体为"方正粗宋简体"，输入文字，单击右
键，弹出快捷菜单选择"转换为形状"选项。

13 按 P 键切换到钢笔工具，在工具选项栏中设置
填充色为渐变，如图 11-49 所示。

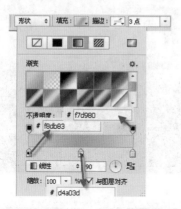

图 11-49

14 选择"自定形状工具" ，在工具选项栏中
的设置形状图案为 ，填充色与文字的填充色保
持一致，绘制图案路径，效果如图 11-50 所示。

图 11-50

15 通过使用相同的方法，编辑其他的文字，并
选择椭圆工具，绘制多个正圆，得到卡片的正面效
果，如图 11-51 所示。

16 同时选中除背景外的所有图层，按快捷键
Ctrl+G，编织组，再按快捷键 Ctrl+J，复制组，得
到"组 1 复制"，选中"组 1 复制"，按快捷键
Ctrl+E，合并组 1 复制。

图 11-51

17 按快捷键 Ctrl+T，进入自由变换状态，单击右
键，在弹出的快捷菜单中选择"垂直翻转"选项，
按回车键，确定变换。移至卡片底部，给图层添加
图层蒙版，隐藏不需要的部分，使其产生倒影效
果，如图 11-52 所示。

图 11-52

18 通过相同的方法，完成卡片的背面，得到最
终效果如图 11-53 所示。

图 11-53

172 泊车卡——珍图

本实例主要通过"新建"命令、"打开"命令、椭圆选框工具、圆角矩形工具、直排文字工具、创建剪贴蒙版、转换为形状等操作，制作一张泊车卡。

📖 难易程度：★ ★ ★ ★

📁 文件路径：素材\第 11 章\172

🎬 视频文件：mp4\第 11 章\172

01 执行"文件"|"新建"命令，弹出"新建"对话框，设置参数如图 11-54 所示。单击"确定"按钮，新建一个空白文件。

02 选择"圆角矩形工具" ，选择工具选项栏中的"形状"，填充色设为渐变色，半径为 15 像素，参数如图 11-55 所示，绘制圆角矩形。

图 11-54   图 11-55

03 选择"矩形工具" ，设填充色为黄色（#edd43b），绘制矩形路径，按快捷键 Ctrl+Alt+G，创建剪贴蒙版，效果如图 11-56 所示。

04 选中"矩形 1"图层，拖至图层面板底部的"创建新图层"按钮 上，复制图层，按快捷键 Ctrl+T，进入自由变换状态，压缩矩形比例，按回车键确定变换，更改其填充色为褐色（#796133），如图 11-57 所示。

05 新建一个透明文件，选择"横排文字工具" ，设置工具选项栏中的字体为 CentSchbkCy... ，输入字母，按快捷键 Ctrl+T，进入自由变换状态，在工具选项栏中设置旋转为-10 度，如图 11-58 所示。

图 11-56   图 11-57

06 执行"编辑"|"定义图案"命令，弹出"图案名称"对话框，保持默认值，单击"确定"按钮，关闭当前窗口。

07 回到卡片窗口，新建图层，执行"编辑"|"填充"命令，弹出"填充"对话框，使用刚才定义的图案，单击"确定"按钮，同比例缩小图案，如图 11-59 所示。

图 11-58   图 11-59

08 按快捷键 Ctrl+Alt+G，创建剪贴蒙版，设置图层不透明度为 40%，并添加图层蒙版，使用画笔涂抹土黄色上的图案，将其隐藏，如图 11-60 所示。

09 新建图层，设前景色为蓝色（#432a8b），选择"椭圆选框工具" ，按 Shift 键绘制正圆选框，填充前景色，如图 11-61 所示。

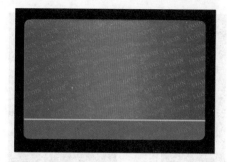

图 11-60

图 11-61

10 执行"选择"|"修改"|"收缩"命令，弹出"收缩选区"对话框，设置收缩量为 8 像素，单击"确定"按钮，如图 11-62 所示。

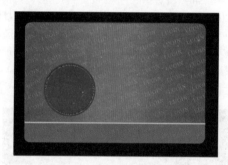

图 11-62

11 设前景色为（#f3b8bb），填充前景色，采用相同的方法，收缩选区，得到如图 11-63 所示的效果。

图 11-63

12 通过相同的方法，绘制多个圆，放置不同的位置上，得到如图 11-64 所示的效果。

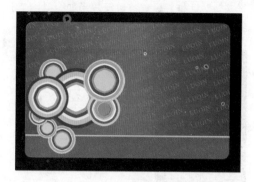

图 11-64

13 选择"圆角矩形工具" ，在工具选项栏中的设置半径为 20 像素，选择"形状"，填充色为白色，绘制圆角矩形路径。

14 按快捷键 Ctrl+T，进入自由变换状态，按 Ctrl 键，向外拖动右边上下角，透视调整完毕后，按回车键，确定调整，如图 11-65 所示。

图 11-65

15 复制一份，微调大小，更改其填充色为渐变色，参数及效果如图 11-66 所示。

图 11-66

16 选中圆角矩形及复制图层，创建组，执行"图层"|"图层样式"|"投影"命令，弹出"图层样式"对话框，设置参数及效果如图 11-67 所示。

图 11-67

17 选择"横排文字工具" T，输入文字，并采用相同的变换方法，为其文字调整透视效果并添加投影样式效果。

18 添加"汽车""莲花"素材至画面，调整好大小及位置，并设"莲花"素材图层的不透明度为80%，如图 11-68 所示。

图 11-68

19 选择"横排文字工具" T，设工具选项栏中的字体为"方正大黑简体"，输入文字，单击右键，在弹出的快捷菜单中"转换为形状"选项，如图 11-69 所示。

20 按 P 键切换到钢笔工具，设置工具选项栏中的填充色为渐变色，其参数及效果如图 11-70 所示。

21 通过相同的方法，编辑其他的文字。

图 11-69

图 11-70

22 按 Shift 键选中除背景外的所有图层，按快捷键 Ctrl+Alt+E,合并图层，选中合并图层，按快捷键 Ctrl+T，在图像上单击右键，弹出快捷菜单选择"垂直翻转"选项，将其移至卡片下方，并添加图层蒙版，隐藏部分图像，产生倒影效果如图 11-71 所示。

图 11-71

173 VIP——风采

本实例主要通过"新建"命令、横排文字工具、直线选择工具、图层样式、"文字转换为形状""打开"命令等操作，制作一张 VIP 卡。

📕 难易程度：★ ★ ★ ★

📄 文件路径：素材\第 11 章\173

📹 视频文件：mp4\第 11 章\173

01 启动 Photoshop CC，执行"文件"|"打开"命令，弹出"打开"对话框，选择"背景"素材，单击"打开"按钮，如图 11-72 所示。

图 11-72

02 添加"卡片背景"至画面中，双击图层，弹出"图层样式"对话框，勾选"投影"，设角度为135，距离为 45，大小为 29 像素，如图 11-73 所示。

图 11-73

03 添加"美女"素材至画面中，调整好位置及大小。

04 选择"横排文字工具" T ，设置工具选项栏中的字体为"方正超粗黑简体"，颜色为黄色

（#eea332），输入文字，再次在文字上单击鼠标右键，弹出快捷菜单选择"转换为形状"选项，如图11-74 所示。按 A 键切换到直接选择工具，调整文字的节点，变换其形状，如图 11-75 所示。

图 11-74　　　　　图 11-75

05 形状调整完毕后，双击图层，弹出"图层样式"对话框，分别勾选"斜面/浮雕""投影""颜色叠加"，设置参数及效果如图 11-76 所示。

图 11-76

06 通过运用相同的方法，完成其他文字的编辑，如图 11-77 所示。

07 添加 "标志" 素材至右上角，单击图层面板上的 "添加图层样式" 按钮 **fx**，在弹出的快捷菜单中选择 "描边" 选项，弹出 "图层样式" 对话框，参数及效果如图 11-78 所示。

图 11-79

10 参数设置完毕后，退出曲线对话框，按快捷键 Ctrl+Alt+G，创建剪贴蒙版，得到最终效果如图 11-81 所示。

图 11-77　　　　　　　　图 11-78

08 通过运用相同的方法，完成卡片背面的制作，效果如图 11-79 所示。

09 按 Shift 键选中除背景外的所有图层，按快捷键 Ctrl+G，编织组，单击图层面板底部的 "创建新的填充或调整图层" 按钮 **○.**，在弹出的快捷菜单中选择 "曲线" 选项，设置参数如图 11-80 所示。

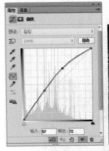

图 11-80　　　　　　图 11-81

174　VIP 会员卡——欢乐坊

本实例主要通过 "新建" 命令、"打开" 命令、移动工具、圆角矩形工具、渐变工具、直接选择工具等操作，制作一个 VIP 会员卡。

▨ 难易程度：★★★★

▨ 文件路径：素材\第 11 章\174

▨ 视频文件：mp4\第 11 章\174

01 启用 Photoshop CC 后，执行 "文件" | "新建" 命令，弹出 "新建" 对话框，在对话框中设置参数，如图 11-82 所示，单击 "确定" 按钮，新建一个空白文件。

02 选择 "圆角矩形工具" **▢**，在工具选项栏中选择 "形状" 设置参数如图 11-83 所示，设填充色为渐变色（其中红色的参考值为（#bc0107），深红色为（#5a0000）），如图 11-84 所示。渐变样式为 "径向渐变"，角度为 173。

图 11-82 　　　　　　　　　　图 11-83

03 在图像窗口中按住光标并拖动，绘制圆角矩形，效果如图 11-85 所示。

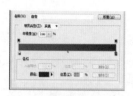

图 11-84 　　　　　　　　　　图 11-85

04 按快捷键 Ctrl+O，弹出"打开"对话框，选择"花纹"素材，单击"打开"按钮，选择"移动工具" ，将素材添加至文件中，放置在合适的位置，如图 11-86 所示。

图 11-86

05 选择"横排文字工具" ，设置"字体"为"方正粗黑繁体"、大小为 27 点，输入文字，如图 11-87 所示。

图 11-87

06 在文字图层上单击鼠标右键，在弹出的快捷菜单中选择"转换为形状"选项，如图 11-88 所示。

图 11-88

07 选择"直接选择工具" ，调整文字形状，如图 11-89 所示。

图 11-89

08 执行"图层"|"图层样式"|"渐变叠加"命令，弹出"图层样式"对话框，单击渐变条，在弹出的"渐变编辑器"对话框中设置参数，如图 11-90 所示，其中黄色的参考值为（#f6c800），金黄色的为（#faf074）。单击"确定"按钮，退出"渐变编辑器"对话框。

09 单击"确定"按钮退出"图层样式"对话框，添加"渐变叠加"的效果如图 11-91 所示。

10 输入其他的文字并添加素材，得到最终的效果，如图 11-92 所示。

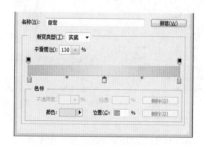

图 11-90

图 11-91

图 11-92

175 俱乐部会员卡——无线音乐

本实例主要通过"新建"命令、画笔工具、钢笔工具、描边、变换选区、"打开"命令、移动工具、扩展选区等操作,制作一个俱乐部会员卡。

📙 难易程度:★★★★

📁 文件路径:素材\第 11 章\175

🎬 视频文件:mp4\第 11 章\175

01 启用 Photoshop CC 后,执行"文件"|"新建"命令,弹出"新建"对话框,在对话框中设置参数,如图 11-93 所示,单击"确定"按钮,新建一个空白文件。

02 选择"圆角矩形工具" ⬜,在工具选项栏中设置选择"形状",设填充色为绿色(#359e38),其他参数如图 11-94 所示,在图像窗口中按住光标并拖动,绘制圆角矩形。

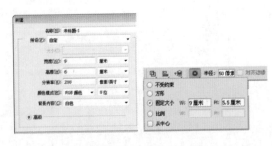

图 11-93

图 11-94

03 双击图层,弹出"图层样式"对话框,选择"描边"选项,设置描边的参数,如图 11-95 所示。

04 退出图层样式对话框,为图形添加"描边"效果,如图 11-96 所示。

图 11-95

图 11-96

05 新建一个图层,选择"画笔工具" ✏,设置前景色为黄绿色(#d9e00d),在工具选项栏中设置"硬度"为 0%,"不透明度"和"流量"均为 80%,在图像窗口中单击，绘制如图 11-97 所示的光点。

06 新建图层，选择"钢笔工具" ，选择工具选项栏中的"路径"，绘制路径，按快捷键回车+Ctrl，转换路径为选区，如图 11-98 所示。

图 11-97　　　　　　图 11-98

07 选择"渐变工具" ，单击工具选项栏中的渐变条 ，打开"渐变编辑器"对话框设置参数，其中黄色的参考值为（#e59600），绿色的为（#a6b31e），如图 11-99 所示。

08 单击"确定"按钮，关闭"渐变编辑器"对话框。按下工具选项栏中的"线性渐变"按钮 ，在图像中按住并拖动光标，填充渐变效果如图 11-100 所示。

图 11-99　　　　　　图 11-100

09 按快捷键Ctrl+T，进入自由变换状态，调整图形的大小，并设置图层的"混合模式"为"柔光"，效果如图 11-101 所示。

10 运用同样的操作方法，绘制其他的图形，如图 11-102 所示。

图 11-101　　　　　　图 11-102

11 设置前景色为深绿色（#4d6122），新建图层，选择"钢笔工具" ，选择工具选项栏中的"路

径"，绘制出个性图形并填充前景色，效果如图11-103 所示。

12 运用同样的操作方法，绘制其他的图形，如图 11-104 所示。

图 11-103　　　　　　图 11-104

13 创建新图层，选择"椭圆选框工具" ，按住 Shift 键的同时拖动光标，绘制一个正圆选区，如图 11-105 所示。

14 执行"编辑"|"描边"命令，弹出"描边"对话框，设置参数如图 11-106 所示，单击"确定"按钮，添加描边效果。

图 11-105　　　　　　图 11-106

15 执行"选择"|"变换选区"命令，当光标呈 时拖动光标，变换选区，如图 11-107 所示。

16 为选区添加描边效果，如图 11-108 所示。

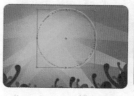 

图 11-107　　　　　　图 11-108

17 运用同样的操作方法，绘制其他选区，并添加描边效果，制作出如图 11-109 所示的圆环图形。

18 复制图形，调整图形的大小和透明度，如图11-110 所示。

图 11-109

图 11-110

19 按快捷键 Ctrl+O，弹出 "打开" 对话框，选择 "3D 小人" "音乐符号" 和 "标识" 素材，单击 "打开" 按钮，选择 "移动工具" ，将素材分别添加至文件中，放置在合适的位置，如图 11-111 所示。

图 11-111

20 选择 "横排文字工具" ，设置工具选项栏中的字体为 "方正综艺简体"，大小为 7 点，输入文字，如图 11-112 所示。

图 11-112

21 按 Ctrl 键使用鼠标左键单击文字缩览图，将文字载入选区，如图 11-113 所示。

22 执行 "选择" | "修改" | "扩展" 命令，弹出 "扩展选区" 对话框，调整参数如图 11-114 所示。

图 11-113

图 11-114

23 单击 "确定" 按钮，扩展选区效果如图 11-115 所示。

图 11-115

24 新建一个图层，选择 "渐变工具" ，在工具选项栏中单击渐变条 ，打开 "渐变编辑器" 对话框，设置参数如图 11-116 所示，其中深绿色的参考值为（#284317）、绿色的参考值为（#3b7e31）。

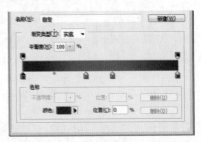
图 11-116

25 单击"确定"按钮，关闭"渐变编辑器"对话框。按下工具选项栏中的"线性渐变"按钮，在图像中按住光标并由左至右拖动，填充渐变效果如图 11-117 所示。

图 11-118

图 11-117

26 将图层顺序向下移动一层，放置在文字图层的下方，效果如图 11-118 所示。

27 运用同样的操作方法，输入其他的文字，得到最终效果，如图 11-119 所示。

图 11-119

176 优惠券——铁观音

本实例主要通过渐变工具、混合模式、画笔工具、磁性套索工具、多边形套索工具、文字工具等操作，制作一张优惠券。

📖 难易程度：★★★★

📁 文件路径：素材\第 11 章\176

🎬 视频文件：mp4\第 11 章\176

01 启用 Photoshop CC 后，执行"文件"|"新建"命令，弹出"新建"对话框，在对话框中设置参数如图 11-120 所示，单击"确定"按钮，新建一个空白文件。

02 选择"渐变工具"，单击工具选项栏中的渐变条，打开"渐变编辑器"对话框，其中左侧黄色色标的参数为（#ffc10e），右侧红色色标为（#ef3d23），如图 11-121 所示。

图 11-120   图 11-121

03 单击"确定"按钮，关闭"渐变编辑器"对话框。按下工具选项栏中的"径向渐变"按钮 ◉，在图像中按住并由内向外拖动光标，填充径向渐变效果如图 11-122 所示。

图 11-122

04 新建一个图层，设置前景色为黄色（#ffff00），选择"画笔工具" ✐，按 F5 键，打开画笔面板，选择"绒毛球"画笔，在图层面板中设置图像"填充"为 80%，在图像窗口中单击，绘制如图 11-123 所示的光点。在绘制的时候，可通过按"["键和"]"键调整画笔的大小，以便绘制出不同大小的光点。

图 11-123

05 执行"文件"|"打开"命令，在"打开"对话框中选择"图案"素材，单击"打开"按钮，选择"移动工具" ➕，将素材添加至文件中，调整好大小、位置，得到如图 11-124 所示的效果。

图 11-124

06 设置图层的混合模式为"正片叠底"，如图 11-125 所示。

图 11-125

07 新建一个图层，选择"矩形选框工具" ▢，绘制一个矩形选区，选择"渐变工具" ▣，打开"渐变编辑器"对话框，其中深红色的参考值为（#7d0000），红色的参考值为（#d5000f），如图 11-126 所示。

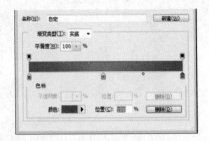

图 11-126

08 单击"确定"按钮，关闭"渐变编辑器"对话框。按下工具选项栏中的"线性渐变"按钮 ▣，在图像拖动光标，填充渐变效果如图 11-127 所示。

图 11-127

09 添加"飘带"素材，如图 11-128 所示。

图 11-128

10 单击图层面板上的"添加图层蒙版"按钮 ◉，为图层添加图层蒙版，按 D 键，恢复前背景为默认的黑白颜色，选择"渐变工具" ▣，按下工具选项栏中的"径向渐变"按钮 ◉，在图像窗口中按住并拖动光标，效果如图 11-129 所示。

图 11-129

11 添加其他的素材，如图 11-130 所示。

图 11-130

12 选择"横排文字工具"[T]，设置工具选项栏中的字体为"汉仪大黑简"，"大小"为 240 点，输入文字，如图 11-131 所示。

图 11-131

13 按快捷键 Ctrl+J，将文字图层复制一层。单击"文字复制"图层前面的 👁 按钮，将该图层隐藏。

14 执行"图层"|"图层样式"|"渐变叠加"命令，弹出"图层样式"对话框，单击渐变条，在弹出的"渐变编辑器"对话框中设置参数，如图 11-132 所示。单击"确定"按钮，返回"图层样式"对话框，设置"渐变叠加"参数如图 11-133 所示。

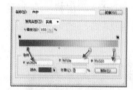

图 11-132   图 11-133

提示： 图层样式对话框中"角度"参数，是模仿光照的角度。

15 单击"确定"按钮，退出"图层样式"对话框，添加"渐变叠加"的效果，如图 11-134 所示。

图 11-134

16 显示"文字复制"图层，调整图层的位置，如图 11-135 所示。

图 11-135

17 选择"多边形套索工具"[☑]和"磁性套索工具"[☑]，绘制选区，如图 11-136 所示。

图 11-136

18 新建图层，选择"渐变工具"[■]，单击工具选项栏中的渐变条 ████████▼，打开"渐变编辑器"对话框，设置参数如图 11-137 所示，其中黄色的参考值为（#efa839），深红色的参考值为（#7f2326）。

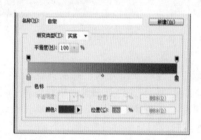

图 11-137

19 单击"确定"按钮，关闭"渐变编辑器"对话框。按下工具选项栏中的"线性渐变"按钮[■]，在图像中按住并拖动鼠标，填充渐变效果如图 11-138 所示。

图 11-138

20 运用同样的操作方法，制作其他的图形，如图 11-139 所示。

图 11-139

21 选择"钢笔工具" ，选择工具选项栏中"路径"，绘制路径，按快捷键回车+Ctrl，转换路径为选区，如图 11-140 所示。

图 11-140

22 新建一个图层，设置前景色为白色，按快捷键 Alt+Delete，填充颜色，如图 11-141 所示。

图 11-141

23 运用同样的操作方法，绘制其他图形。选择"画笔工具" ，打开画笔面板，选择"星星"画笔预设，在图像窗口中单击，绘制光点，如图 11-142 所示。

图 11-142

24 选择"直排文字工具" ，设置工具选项栏中的字体为"方正隶二简体"字体，大小为 41 点，输入文字，如图 11-143 所示。

25 执行"图层"|"图层样式"|"渐变叠加"命令，弹出"图层样式"对话框，单击渐变条，在弹出的"渐变编辑器"对话框中设置参数如图 11-144 所示。单击"确定"按钮，返回"图层样式"对话框，设置"渐变叠加"的参数如图 11-145 所示。

图 11-143

图 11-144 图 11-145

26 选择"投影"和"斜面和浮雕"选项，继续设置参数，如图 11-146 所示。

图 11-146

27 单击"确定"按钮，退出"图层样式"对话框，为文字图层添加"图层样式"的效果，如图 11-147 所示。

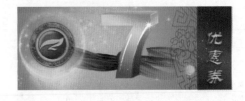

图 11-147

28 运用同样的操作方法，输入其他的文字，得到最终的效果，如图 11-148 所示。

图 11-148

177 贺卡——中国邮政

本实例主要通过"新建"命令、"打开"命令、移动工具、钢笔工具、横排文字工具等操作，制作一张邮政卡片。

📙 难易程度：★★★★

🗂 文件路径：素材\第11章\177

🎞 视频文件：mp4\第11章\177

01 执行"文件"|"打开"命令，在"打开"对话框中选择"小女孩"素材，单击"打开"按钮，如图11-149所示。

图 11-149

02 设置前景色为红色（#862d28），选择"钢笔工具" ✏️，选择工具选项栏中"形状"，绘制图形，如图11-150所示。

图 11-150

03 运用同样的操作方法，绘制其他的图形，如图11-151所示。

图 11-151

04 按快捷键 Ctrl+O，弹出"打开"对话框，选择"卡片"素材，单击"打开"按钮，选择"移动工具" ➕，将素材添加至文件中，放置在合适的位置，如图11-152所示。

图 11-152

05 选择"横排文字工具" $\boxed{T}$ ，设置工具选项栏中的字体为"方正硬笔楷书简体"，大小为 60点，输入文字，如图 11-153 所示。

图 11-153

06 运用同样的操作方法输入其他的文字，并添加其他的"文字"和"标识"素材，效果如图 11-154 所示。

图 11-154

178 吊牌——凉席促销

本实例主要通过"新建"命令、"打开"命令、移动工具、钢笔工具、横排文字工具等操作，制作一张凉席促销吊牌。

📕 难易程度：★★★★

🗂 文件路径：素材\第 11 章\178

🎬 视频文件：mp4\第 11 章\178

01 启用 Photoshop CC 后，执行"文件"|"打开"命令，弹出"打开"对话框，在对话框中选择"背景"素材，单击"打开"按钮，如图 11-155 所示。

图 11-155

02 新建图层，选择"钢笔工具" ✐ ，选择工具选项栏中的"路径"，绘制路径，如图 11-156 所示。

图 11-156

03 按快捷键 Ctrl+回车，将其载入选区，设前景色为绿色（#3caa37），按快捷键 Alt+Delete，填充前景色，如图 11-157 所示。

04 按快捷键 Ctrl+D，取消选区，略微同比例缩小，双击图层，弹出"图层样式"对话框，勾选"描边"，设置参数及效果如图 11-158 所示。

图 11-157

图 11-161

图 11-158

05 新建图层，选择"钢笔工具" ，选择工具选项栏中的"路径"选项，绘制路径，如图 11-159 所示。

图 11-162

10 按 Shift 键，选中所有再制图层，按快捷键 Ctrl+E，合并图层，按 M 键切换到矩形选框工具，绘制矩形选框，如图 11-163 所示。

图 11-159

06 将其载入选区，填充任意色，再按快捷键 Ctrl+J，复制图层。

07 选中复制图层，按快捷键 Ctrl+T，进入自由变换状态，将中心控制点移至下方，如图 11-160 所示。

图 11-163

11 按快捷键 Ctrl+Shift+I，反选选区，按 Delete 键，删除选区内容，按快捷键 Ctrl+D，取消选区，如图 11-164 所示。

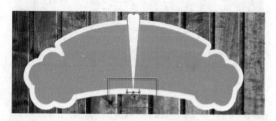

图 11-160

08 设置工具选项栏中的"旋转"为 15 度，按回车键确定变换，如图 11-161 所示。

09 重复按快捷键 Ctrl+Alt+Shift+T，变换再制对象，完毕后效果如图 11-162 所示。

图 11-164

12 将对象稍微同比例放大，按Ctrl键单击图层缩略图，将其载入选区，选择"渐变工具" ，单击工具选项栏中的"渐变条"，弹出"渐变编辑器"对话框，设置颜色为绿色（#53b442）到黄色（#c2e370）的渐变。关闭窗口，从上往下拉出渐变色，如图 11-165 所示。

273

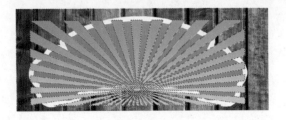

图 11-165

13 按快捷键 Ctrl+D，取消选区，再按快捷键 Ctrl+Alt+G，为对象创建剪贴蒙版，如图 11-166 所示。

图 11-166

14 添加两张"凉席"素材至画面中，并为对象添加剪贴蒙版，如图 11-167 所示。

图 11-167

15 添加"气泡""嫩芽""亮光"素材至画面中，调整好位置，如图 11-168 所示。

图 11-168

16 选择"横排文字工具" T，设置工具选项栏中的字体为"方正粗圆简体"，颜色设为白色，编辑文字。按快捷键 Ctrl+T，进入自由变换状态，调整文字的角度。

17 调整完毕后，按快捷键 Ctrl+J，复制文字图层，并按快捷键 Ctrl+[，向下一层，选中文字复制

图层，在图层缩略图上单击鼠标右键，选项"栅格化文字"选项。执行"编辑"|"描边"命令，弹出"描边"对话框，设置宽度为 20 像素，颜色为绿色（#018b3c），其他保持默认，单击"确定"按钮。

18 双击图层，弹出"图层样式"对话框，勾选"投影"，设置参数及效果如图 11-169 所示。

图 11-169

19 通过运用相同的方法，编辑其他的文字并为文字添加"斜面/浮雕"样式，参数及效果如图 11-170 所示。

图 11-170

20 添加"蝴蝶"至画面中，如图 11-171 所示。选中除背景外的所有图层，按快捷键 Ctrl+G，编织组，选中组 1 并双击，弹出"图层样式"对话框，勾选"投影"，设置参数及效果如图 11-172 所示。

图 11-171

图 11-172

179 书签——绿色家园

本实例主要通过"新建"命令、横排文字工具、钢笔工具、创建剪贴蒙版、图层样式等操作，制作一张环保书签。

■ 难易程度：★★★★

■ 文件路径：素材\第11章\179

■ 视频文件：mp4\第11章\179

01 按快捷键 Ctrl+N，弹出"新建"对话框，设置参数如图 11-173 所示，单击"确定"按钮。

02 选择"矩形工具" ，选择工具选项栏中的"形状"，设置填充色为如图 11-174 所示，其中绿色的（#7abc35）、黄色（#fcfb86）、青色（#d4f1fe）、蓝色（#7ca2f2）。

图 11-173   图 11-174

03 绘制矩形路径，如图 11-175 所示。

04 新建图层，设前景色为墨绿色（#174902），选择"渐变工具" ，在工具选项栏中的渐变条下拉列表中选择"前景色到透明渐变"，由左下角往又上角拖出一条直线，如图 11-176 所示。

05 按快捷键 Ctrl+Alt+G，为图层添加剪贴蒙版。

06 新建图层，选择"椭圆选框工具" ，绘制椭圆选框，按 D 键，系统默认前背景色为黑白色，按快捷键 Shift+Delete，填充背景色，按快捷键 Ctrl+D，取消选区。

07 设图层不透明度为 35%，混合模式为叠加，按

快捷键 Ctrl+Alt+G，为图层添加剪贴蒙版，如图 11-177 所示。

08 通过相同的方法，绘制多个椭圆至不同的位置上，如图 11-178 所示。

图 11-175   图 11-176

图 11-177   图 11-178

09 添加卡通地球至画面中。选择"钢笔工具" ，选择工具选项栏中的"形状"，设置填充色，参数及绘制的效果如图 11-179 所示。

图 11-179

10 双击图层，弹出"图层样式"对话框，设置参数及效果如图 11-180 所示。

图 11-180

11 添加"绿叶"素材至画面中，设置图层的混合模式为"颜色加深"，不透明度为 20%，如图 11-181 所示。添加"人物"素材至画面中，如图 11-182 所示。

图 11-181　　　　　　　图 11-182

12 选择"横排文字工具" ，设置字体为"华文行楷"，颜色为黑色，编辑文字，如图 11-183 所示。

13 通过运用相同的方法，完毕书签背面的制作，最终效果如图 11-184 所示。

图 11-183　　　　　　　图 11-184

第12章
广告设计

Photoshop 是平面广告设计领域中的主力工具，是完成平面设计作品必不可少的设计软件。本章通过 12 个实例，讲述了 Photoshop 在平面设计中各类广告的设计与制作方法，主要内容有灯箱广告、招贴广告、DM 单、楼顶广告、易拉宝、站牌广告、霓虹灯广告、杂志广告、报纸广告等。

180 牙膏广告——云南白药

本实例主要通过"新建"命令、"打开"命令、移动工具、画笔工具、图层蒙板、图层不透明度、钢笔工具、文字工具、图层样式等，制作出牙膏的宣传广告。

难易程度：★★★★★

文件路径：素材\第 12 章\180

视频文件：mp4\第 12 章\180

01 启用 Photoshop CC 后，执行"文件"|"新建"命令，弹出"新建"对话框，在对话框中设置参数，如图 12-1 所示，单击"确定"按钮，新建一个空白文件。

02 选择"矩形选框工具" ，在空白文档上创建矩形。选择"渐变工具" ，打开工具选项栏上的"渐变编辑器"对话框，在弹出的对话框中设置蓝色（#0098d2）到深蓝色（#00003f）的渐变，单击"确定"按钮，单击"径向渐变"按钮 ，从画布的中心往四周拉出渐变，效果如图 12-2 所示。

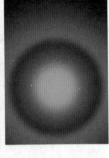

图 12-3　　　　　　　　　图 12-4

03 按快捷键 Ctrl+Alt+Shift+N，新建图层。选择"椭圆选框工具" ，在文档中心创建圆，选择"渐变工具" ，打开工具选项栏中的"渐变编辑器"对话框，在对话框中设置如图 12-3 所示的参数。

04 单击"确定"按钮。单击"径向渐变"按钮 ，从选区中心往四周拉出渐变，按快捷键 Ctrl+D，取消选区，效果如图 12-4 所示。

图 12-1　　　　　　　　图 12-2

05 按快捷键 Ctrl+O，弹出"打开"对话框，选择"水波"素材，单击"打开"按钮，选择"移动工具" ，将素材添加至文件中，放置在合适的位置。按住 Ctrl 键的同时载入水波的高光区，单击图层面板底部的"添加图层蒙版"按钮 ，添加蒙版，如图 12-5 所示。

06 双击该图层，打开"图层样式"对话框，在弹出的对话框中选择"斜面与浮雕"选项，设置相关参数，并更改图层的不透明度为 40%，得到如图 12-6 所示的效果。

07 选择"钢笔工具" ，在工具选项栏中设置"工作模式"为"形状"，"填充"为"白色"，"描边"为"无"，在画布创建如图 12-7 所示的形状。

08 按快捷键 Ctrl+J 多次，复制"形状 1"图层，按快捷键 Ctrl+T，将复制的图层排列好顺序，按快捷键 Ctrl+E，合并所有的形状图层，效果如图 12-8 所示。

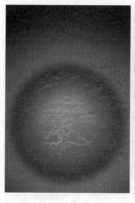

图 12-5   图 12-6

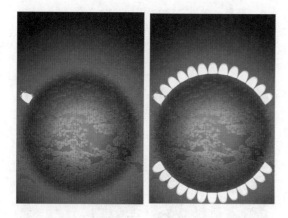

图 12-7   图 12-8

09 设置形状图层的不透明度为 20%，得到如图 12-9 所示的效果。

10 选择"钢笔工具" ，在其工具选项中选择 "工作模式"为"路径"，在画布中绘制如图 12-10 所示的路径。

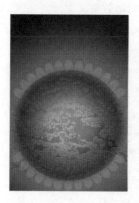
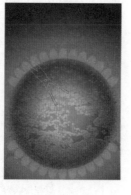

图 12-9   图 12-10

技 巧：按住Ctrl键单击 ，可以在当前 图层上添加矢量蒙版。

11 新建图层。按快捷键 Ctrl+Enter,将路径转换为 选区，选择"渐变工具" ，在"渐变编辑 器"中设置白色到灰白色（#e0e1e1）的渐变，按下 "线性渐变"按钮 ，从选区的右上角往左下角 拉出渐变，效果如图 12-11 所示。

12 按快捷键 Ctrl+D，取消选区。双击该图层， 打开"图层样式"对话框，在弹出的对话框中设置 相关参数，如图 12-12 所示。

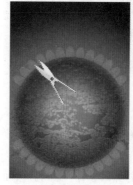

图 12-11   图 12-12

技 巧：按住 Ctrl+Shift 键的同时，单击 多个图层的缩览图，都可将其载入多个选区。

13 设置完成后，单击"确定"按钮，得到如图 12-13 所示的效果。

14 同上述绘制形状的操作方法，依次绘制其他 的形状，效果如图 12-14 所示。

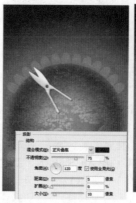

图 12-13   图 12-14

15 按快捷键 Ctrl+O，打开"条形"素材，选择"移动工具" ⊕ 将其添加至文档中，适当调整大小和位置，如图 12-15 所示。

16 选择"横排文字工具" T，在文档中输入文字。双击文字图层，打开"图层样式"对话框，在弹出的对话框中设置相关的参数，效果如图 12-16 所示。

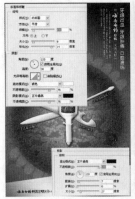
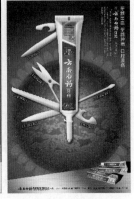

图 12-19   图 12-20

22 选择"横排文字工具" T，在文档中输入文字。选择工具选项栏中的"创建变形文字"按钮 ⊥，在弹出的对话框中设置参数，将文字进行变形，效果如图 12-22 所示。

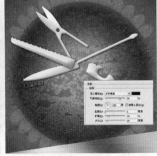

图 12-15   图 12-16

17 同上述添加文字的方法，添加其他的文字效果，如图 12-17 所示。

18 按快捷键 Ctrl+O，打开"牙膏"素材并添加至文档中，如图 12-18 所示。

图 12-21   图 12-22

23 双击该文字图层，打开"图层样式"对话框，在对话框中勾选"斜面与浮雕"选项，参数设置如图 12-23 所示，增加浮雕效果。

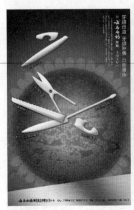
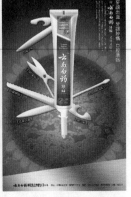

图 12-17   图 12-18

19 双击该图层，打开"图层样式"对话框，在弹出的对话框中，设置相关参数，如图 12-19 所示。

20 按快捷键 Ctrl+O，打开"牙膏盒"素材并添加至文档。选择"多边形套索工具" ▽，在牙膏盒边创建选区，按快捷键 Ctrl+Alt+Shift+N，新建图层，填充棕色（#221815），如图 12-20 所示。

21 单击图层面板底部的"添加图层蒙版"按钮 ▣，为该图层添加蒙版。选择"画笔工具" ✎，用黑色的画笔隐藏多余的阴影，效果如图 12-21 所示。

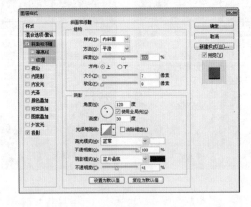

图 12-23

24 依次勾选"描边""颜色叠加""外发光"
选项,为文字添加图层样式,如图 12-24 所示。

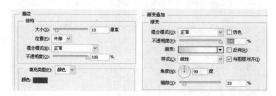

图 12-24

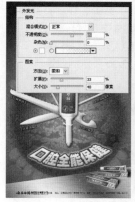

25 单击"确定"按钮,得到如图 12-25 所示的文
字效果。按快捷键 Ctrl+O,打开所需素材,依次添
加素材,得到最终效果,如图 12-26 所示。

图 12-25　　　　　图 12-26

181 手机广告——时尚三星手机

本实例主要通过"新建"命令、"打开"命令、
移动工具、渐变工具、混合模式、画笔工具、钢
笔工具、描边路径等,制作出一幅宣传手机的海
报。

难易程度: ★ ★ ★ ★ ★

文件路径: 素材\第 12 章\181

视频文件: mp4\第 12 章\181

01 按快捷键 Ctrl+N,弹出"新建"对话框,在
对话框中设置参数如图 12-27 所示,单击"确定"
按钮,新建一个空白文件。

图 12-27

02 选择"渐变工具" ,在工具选项栏中单击
渐变条 ,打开"渐变编辑器"对话框,
设置从蓝色(#23588d)到浅蓝色(#1d9ab2)再到
蓝色(#23588d)的渐变,如图 12-28 所示。

03 单击"确定"按钮,关闭"渐变编辑器"对
话框。按下工具选项栏中的"线性渐变"按钮
,在图像中按住并拖动光标,填充渐变效果如
图 12-29 所示。

图 12-28　　　　　图 12-29

04 执行"文件"|"打开"命令，在"打开"对话框中选择"翅膀"素材，单击"打开"按钮，选择"移动工具" ，将素材添加至文件中，调整好大小、位置，得到如图 12-30 所示的效果。

05 按快捷键 Ctrl+O，打开"云朵"素材，将素材添加至文件中，调整好大小和位置，如图 12-31 所示。

图 12-30   图 12-31

06 按快捷键 Ctrl+O，打开"手机"素材，将素材添加至文件中，调整其大小和位置，如图 12-32 所示。

07 按快捷键 Ctrl+O，弹出"打开"对话框，选择"荷花"素材，单击"打开"按钮，选择"移动工具" ，将素材添加至文件中。按快捷键 Ctrl+T，显示自由变换定界框，按住 Ctrl 键的同时拖动定界框上的点，将素材进行斜切出来，如图 12-33 所示。

图 12-32   图 12-33

08 按回车键，确定素材变形。选择"自定义形状工具" ，设置"工作模式"为"形状"、"填充"为"绯红色(#ff83c3)"、"描边"为"白色"、"描边大小"为"10点"、"形状"为"心形"，在文件中绘制心形形状，如图 12-34 所示。

09 新建图层。按 Ctrl 键的同时载入"形状 1"的

选区，执行"编辑"|"描边"命令，在弹出的"描边"对话框中，设置参数，单击"确定"按钮，为"形状 1"添加描边效果，如图 12-35 所示。

图 12-34   图 12-35

10 选中"形状 1"图层，单击图层面板底部的"创建新图层"按钮 ，新建图层，按快捷键 Ctrl+Alt+G，创建剪贴蒙版。将前景色设为白色，选择"渐变工具" ，在"渐变编辑器"中选择"白色到透明"的渐变，从形状的中心部位拉出径向渐变，如图 12-36 所示。

11 同上述制作心形形状的方法，依次制作另外的形状，并适当调整位置，如图 12-37 所示。

图 12-36   图 12-37

12 同上述添加素材的方法，为文件添加素材，效果如图 12-38 所示。

13 新建图层，选择"画笔工具" ，设置画笔的"大小"为 5 像素。选择"钢笔工具" ，在手机上创建路径，单击鼠标右键，在弹出的快捷菜单中选择"描边路径"选项，对路径进行描边。单击"添加图层蒙版"按钮 ，添加一个蒙版，用黑色的画笔将多余的描边擦除，如图 12-39 所示。

图 12-38   图 12-39

图 12-40   图 12-41

14 双击该图层，打开"图层样式"对话框，在弹出的对话框中选择"外发光"选项，设置相关参数，单击"确定"按钮，得到如图 12-40 所示效果。

15 新建图层。选择"矩形选框工具" ▭，在文件的底部创建选区，选择"渐变工具" ▣，打开"渐变编辑器"对话框，设置从浅蓝色（#25679a）到黄色（#f2e629）再到浅蓝色（#25679a）的渐变，按下"线性渐变"按钮▣，在选区内拉出渐变，按快捷键 Ctrl+D，取消选区，如图 12-41 所示。

16 新建图层，选择"矩形选框工具" ▭，在文件的底部创建选区，选择"渐变工具" ▣，打开"渐变编辑器"对话框，设置白色到蓝色（#23669b）的渐变，按下"线性渐变"按钮▣，在选区内拉出渐变，按快捷键 Ctrl+D 取消选区，如图12-42 所示。

17 同上述添加素材的方法，依次添加素材，并输入相关文字，得到的最终效果如图 12-43 所示。

图 12-42   图 12-43

182 DM 单广告——肯德基

本实例主要通过"新建"命令、钢笔工具、渐变工具、混合模式、文字工具、"打开"命令、移动工具等操作，制作一张肯德基的 DM 单。

难易程度：★ ★ ★ ★ ★

文件路径：素材\第 12 章\182

视频文件：mp4\第 12 章\182

01 启动 Photoshop CC，执行"文件"|"新建"命令，弹出"新建"对话框，在对话框中设置参数，如图 12-44 所示，单击"确定"按钮，新建一个空白文件。

02 选择"多边形套索工具" ，建立如图 12-45 所示的选区。

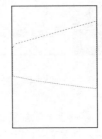

图 12-44　　　　　　　图 12-45

03 单击背景色色块，在打开的"拾色器"对话框中设置颜色为绿色（#5cbb2e）。在工具箱中选择"渐变工具" ，按下"径向渐变"按钮 ，拖动光标至图像窗口边缘，释放鼠标后，得到如图 12-46 所示的效果。

04 运用同样的操作方法，绘制其他图形，如图 12-47 所示。

05 选择"钢笔工具" ，单击工具选项栏中选择"形状"，在画布左上角绘制图形，如图 12-48 所示。

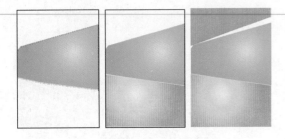

图 12-46　　　　图 12-47　　　　图 12-48

06 按快捷键 Ctrl+O，弹出"打开"对话框，选择"镜头"素材，单击"打开"按钮，选择"移动工具" ，将素材添加至文件中，放置在合适的位置，如图 12-49 所示。

07 按快捷键 Ctrl+T，进入自由变换状态，调整大小。单击图层面板上的"添加图层蒙版"按钮 ，为图层添加图层蒙版。按 D 键，恢复前背景色为默认的黑白颜色，按快捷键 Alt+Delete，填充蒙版为黑色，然后选择"画笔工具" ，在素材上涂抹，此时图像效果如图 12-50 所示。

图 12-49　　　　　　　图 12-50

08 设置图层的"混合模式"为"强光"，"不透明度"为 55%，效果如图 12-51 所示。运用上述绘制图形的操作方法，绘制其他图形，如图 12-52 所示。

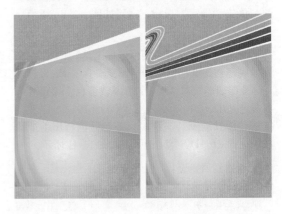

图 12-51　　　　　　　图 12-52

09 按快捷键 Ctrl+O，添加其他的素材，调整素材的大小和位置，如图 12-53 所示。

10 选择"横排文字工具" ，在工具选项栏中选择字体为"黑体"，大小为 128 点，颜色为白色，输入文字，如图 12-54 所示。

图 12-53　　　　　　　图 12-54

11 单击"字符"面板按钮 ，设置文字斜体，效果如图 12-55 所示。

12 单击图层面板中的"添加图层样式"按钮 **fx.**，在弹出的快捷菜单中选择"描边"选项，弹出"图层样式"对话框，设置描边的参数如图 12-56 所示。

13 单击"确定"按钮，退出"图层样式"，为文字添加"描边"效果，如图 12-57 所示。

14 运用同样的操作方法，添加其他的文字，得到最终的效果如图 12-58 所示的参数。

图 12-55　　　　　　图 12-56

图 12-57　　　　　　图 12-58

183 房地产广告——湿地风光

本实例主要通过钢笔工具，图层蒙版、云彩滤镜、磁性套索工具、照片滤镜等操作，制作一个楼顶房产广告。

📖 难易程度：★★★★★

🗂 文件路径：素材\第 12 章\183

🎞 视频文件：mp4\第 12 章\183

01 启用 Photoshop CC 后，执行"文件"|"新建"命令，弹出"新建"对话框，在对话框中设置参数，如图 12-59 所示，单击"确定"按钮，新建一个空白文件。

02 按快捷键 Ctrl+O，弹出"打开"对话框，选择"黄昏"素材，单击"打开"按钮，选择"移动工具" ▶+，将素材添加至文件中，放置在合适的位置，如图 12-60 所示。

图 12-59

图 12-60

03 选择"钢笔工具" ✐，设置工具选项栏中的"工作模式"为"形状"，设填充色为黑色，在画布底部绘制图形，如图 12-61 所示。

图 12-61

04 栅格化图层，设前景色为棕色（#3e3028），背景色为黑色，按下图层面板上的"锁定透明"按钮 ▨，锁定图层透明像素，执行"滤镜" | "渲染" | "云彩"命令，图像效果如图 12-62 所示。

图 12-62

05 运用同样操作方法，使用钢笔工具绘制其他图形，并填充渐变，制作出如图 12-63 所示的立体效果。

图 12-63

06 按快捷键 Ctrl+O，打开"人物"素材，选择"磁性套索工具" ，建立如图 12-64 所示的选区，选择人物。

图 12-64

07 选择"移动工具" ，将人物素材添加至文件中，如图 12-65 所示。

图 12-65

08 按快捷键Ctrl+T，进入自由变换状态，单击鼠标右键，在弹出的快捷菜单中选择"水平翻转"选项，水平翻转图层，然后调整至合适的位置、角度和图层顺序。运用同样的操作方法，添加"戒指"素材，如图 12-66 所示。

图 12-66

09 按快捷键 Ctrl+J，将"戒指"图层复制一层，运用上述，水平翻转人物素材的操作方法，将戒指垂直翻转，并添加图层蒙版，制作出戒指的倒影效果，如图 12-67 所示。

图 12-67

10 选择"横排文字工具" $\boxed{\text{T}}$ ，在工具选项栏中选择"宋体"，大小 50 点，输入文字，如图 12-68 所示。

图 12-68

11 单击图层面板中的"添加图层样式"按钮 $\boxed{fx}$ ，在弹出的快捷菜单中选择"投影"选项，弹出"图层样式"对话框，设置参数，如图 12-69 所示。

图 12-69

12 单击"确定"按钮，退出"图层样式"对话

框，为文字添加"投影"的效果，如图 12-70 所示。

图 12-70

13 运用同样的操作方法输入其他的文字。单击图层面板下面的"创建新的填充或调整图层"按钮 $\boxed{\bigcirc}$ ，在弹出的快捷菜单中选择"照片滤镜"选项，参数设置及得到的图像效果如图 12-71 所示。

图 12-71

184 饮料广告——立顿

本实例主要通过"新建"命令、"打开"命令、移动工具、形状工具、图层蒙版、色相/饱和度、亮度/对比度，制作一个饮料广告。

📙 难易程度：★★★★★

🗂 文件路径：素材\第 12 章\184

🎞 视频文件：mp4\第 12 章\184

01 启用 Photoshop CC 后，执行"文件" | "新建"命令，弹出"新建"对话框，在对话框中设置参数，如图 12-72 所示，单击"确定"按钮，新建一个空白文件。

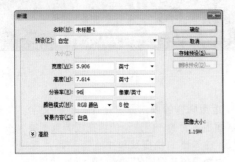

图 12-72

02 选择"渐变工具" ，打开"渐变编辑器"对话框，在弹出的对话框中设置如图 12-73 所示的参数。单击"确定"按钮，按下工具选项栏中的"线性渐变"按钮 ，从下往上在画布中拉出渐变，如图 12-74 所示。

图 12-73　　　　　　图 12-74

03 选择"钢笔工具" ，在画布中创建如图 12-75 所示的路径。

04 按快捷键 Ctrl+O，打开"打开"对话框，在对话框中选择"云朵"素材，单击"确定"按钮，打开素材。选择"移动工具" ，将打开的素材拖曳至编辑的文档中，适当调整大小及位置，如图 12-76 所示。

05 同上述方法，依次添加云朵素材，得到如图 12-77 所示的效果。

06 打开"冰水"素材并添加到文档中。单击图层面板上的"添加图层蒙版"按钮 ，为"冰水"图层添加图层蒙版。按 D 键，恢复前背景色为默认的黑白颜色，然后选择"画笔工具" ，在冰水素材上进行涂抹，效果如图 12-78 所示。

图 12-75　　　　　　图 12-76

图 12-77　　　　　　图 12-78

07 相同方法，依次添加素材，如图 12-79 所示。

08 添加水珠素材，更改其图层混合模式为"正片叠底"，单击"添加图层蒙版"按钮 ，为其添加图层蒙版，选择"画笔工具" ，用黑色的画笔将多余的部分隐藏。单击"创建新的填充或调整图层"按钮 ，创建"曲线"调整图层，按快捷键 Ctrl+Alt+G，创建剪贴蒙版，只更改添加的水珠素材，如图 12-80 所示。

图 12-79　　　　　　图 12-80

09 按快捷键 Ctrl+H，隐藏路径。按快捷键 Ctrl+O，打开"衣服"素材并添加到文件中，更改

其图层混合模式为"正片叠底",并设图层不透明度为71%,单击图层面板底部的"创建新的填充或调整图层"按钮 ,创建"色相/饱和度"调整图层,按快捷键 Ctrl+Alt+G,创建剪贴蒙版,更改衣服色彩,如图 12-81 所示。

10 同上述操作方法,继续添加另外的衣服素材,如图 12-82 所示。

图 12-83　　　　　　图 12-84

14 按快捷键 Ctrl+O,添加"强光"素材,更改图层混合模式为"滤色"。选择"橡皮擦工具" ,适当降低不透明度在强光上的涂抹,擦除较强的光线,最终效果如图 12-86 所示。

图 12-81　　　　　　图 12-82

11 选中"背景"图层,单击"创建新图层"按钮 ,新建图层,选择"椭圆选框工具" ,建立如图 12-83 所示的选区。

12 按快捷键 Shift+F6,羽化 5 像素。按 D 键切换到 Photoshop 默认的前背景色,按快捷键 Alt+Delete,填充前景色,降低不透明度至 89%,效果如图 12-84 所示。

13 选中最上面的图层,单击"创建新的填充或调整图层"按钮 ,创建"亮度/对比度"调整图层,在弹出的对话框中设置相关参数,如图 12-85 的效果。

图 12-85　　　　　　图 12-86

185 香水广告——魅力蓝色

本实例主要通过"新建"命令、"打开"命令、移动工具、钢笔工具、色相/饱和度、图层蒙版、图层混合模式、调整图层,制作具有时尚感的香水广告。

难易程度:★★★★★

文件路径:素材\第 12 章\185

视频文件:mp4\第 12 章\185

01 启动 Photoshop CC，执行"文件"|"新建"命令，弹出"新建"对话框，在对话框中设置参数，如图 12-87 所示，单击"确定"按钮，新建一个文档。

02 按快捷键 Ctrl+O，打开"水波"素材。选择"移动工具" ，将素材拖曳至编辑的文档中，按快捷键 Ctrl+T，适当的调整大小和位置，如图 12-88 所示。

图 12-87　　　　　图 12-88

03 按快捷键 Ctrl+J，复制素材。按快捷键 Ctrl+T，进入自由变换状态，单击鼠标右键，在弹出的快捷菜单中选择"垂直翻转"选项，垂直翻转图层，然后调整至合适的位置，如图 12-89 所示。

04 按快捷键 Ctrl+E，合并素材图层。单击图层面板底部的"添加图层蒙版"按钮 ，添加图层蒙版，将前景色设为灰色（#c4c4c4），选择"渐变工具" ，在"渐变编辑器"中选择"灰色到透明"的渐变，在蒙版中从上往下拉出线性渐变，如图 12-90 所示。

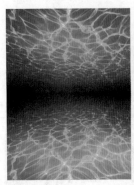 

图 12-89　　　　　图 12-90

提示： 图层蒙版中白色对应的区域将全部显示，黑色对应的图层区域将全部隐藏，而其他的灰色对应的是不同程度的隐藏。

05 单击图层面板底部的"创建新的填充或调整图层"按钮 ，创建"色相/饱和度"调整图层，在弹出的对话框中设置相关参数，用黑色的画笔在其蒙版中涂抹，显示部分水底波纹，如图 12-91 所示。

06 按快捷键 Ctrl+O，打开"插画"素材，并拖曳至编辑的文档中，适当调整位置，更改其图层混合模式为"正片叠底"，如图 12-92 所示。

图 12-91　　　　　图 12-92

07 创建"色彩平衡"调整图层，在弹出的对话框中设置相关参数，如图 12-93 所示。

图 12-93

08 按 Ctrl 键的同时载入插画的选区，按快捷键 Ctrl+Shift+I，将选区反选。切换至"色彩平衡"调整图层的蒙版上，按快捷键 Alt+Delete，填充为黑色，如图 12-94 所示。

09 选择"钢笔工具" ，设置其"工作模式"为"形状"，"填充"为"深蓝色（#051a4c）"，在文件绘制出瓶子的形状，单击"添加图层蒙版"按钮 ，添加蒙版，用黑色的画笔将多余部分隐藏，更改其混合模式为"线性光"，如图 12-95 所示。

10 按快捷键 Ctrl+O，打开"瓶子"文件，选择"移动工具" ，将瓶子添加至编辑的文档中，适当调整位置，如图 12-96 所示。

图 12-94　　　　　　　　图 12-95

11 选择"钢笔工具" ，设置其"工作模式"为"形状"，"填充"为"深蓝色（#070d36）"、"描边"为"无"，在瓶子的外壁绘制形状，如图12-97 所示。

图 12-96　　　　　　　　图 12-97

12 更改其图层混合模式为"颜色加深"、不透明度为"80%"，得到如图 12-98 所示的效果。

13 选择"钢笔工具" ，设置其"工作模式"为"路径"，在其瓶子外壁绘制如图 12-99 所示的路径。

图 12-98　　　　　　　　图 12-99

14 按快捷键 Ctrl+Enter，将路径转换为选区，按快捷键 Shift+F6，羽化 10 像素.设置前景色为天蓝色（#00b1fc），新建图层，按快捷键快 Alt+Delete，填充前景色，如图 12-100 所示。

15 按快捷键 Ctrl+D，取消选区。选择"橡皮擦工具" ，适当降低不透明度，将形状涂抹成如图 12-101 所示的效果。

图 12-100　　　　　　　　图 12-101

16 单击图层面板下的"创建新的填充或调整图层"按钮 ，创建"亮度/对比度"调整图层。载入瓶子选区，按快捷键 Ctrl+Shift+I 反选选区，在调整图层的蒙版上填充黑色，如图 12-102 所示。

17 创建"色相/饱和度"调整图层，载入瓶子选区，按快捷键 Ctrl+Shift+I 反选选区，在调整图层的蒙版上填充黑色，如图 12-103 所示。

图 12-102　　　　　　　　图 12-103

18 按快捷键 Ctrl+O，打开"鱼""气泡"素材，添加至编辑的文档中，适当调整大小和位置，如图 12-104 所示。

19 添加鱼的素材，更改图层混合模式为"明度"，如图 12-105 所示。

291

图 12-104　　　　　　图 12-105

20 选择"横排文字工具" T ，在文件中输入相关的文字，效果如图 12-106 所示。

21 再次选择"横排文字工具" T ，按下工具选项栏上的"字符面板"按钮，在弹出的对话框中设置相关参数，如图 12-107 所示。

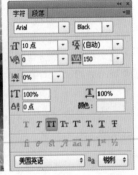

图 12-106　　　　　　图 12-107

22 在文档中输入文字，在文字编辑的情况下按快捷键 Ctrl+A，选中文字，按下"创建文字变形"按钮 ，在弹出的对话框中输入相关参数，如图 12-108 所示。

23 双击该文字图层，打开"图层样式"对话框，在弹出的对话框中选择"斜面与浮雕"选项，设置相关参数，为文字添加浮雕效果，如图 12-109 所示。

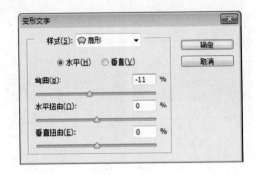

图 12-108

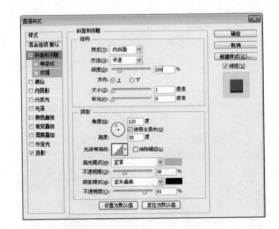

图 12-109

24 在图层样式中选择"投影"选项，输入相关参数，如图 12-110 所示。

25 单击"确定"按钮，关闭"图层样式"对话框，此时的文字效果如图 12-111 所示。

图 12-110　　　　　　图 12-111

186　显示器广告——风尚

本实例主要通过"新建"命令、钢笔工具、渐变填充，图层样式、"动感模糊"命令、"打开"命令、移动工具等操作，制作一个显示器海报。

难易程度：★★★★★

文件路径：素材\第 12 章\186

视频文件：mp4\第 12 章\186

01 启用 Photoshop CC 后，执行"文件"|"新建"命令，弹出"新建"对话框，在对话框中设置参数，如图 12-112 所示，单击"确定"按钮，新建一个空白文件。

02 选择"钢笔工具" 📝，选择工具选项栏中的"路径"，绘制路径，按快捷键 Enter+Ctrl，转换路径为选区。

03 单击图层面板中的"创建新的填充或调整图层"按钮 ◐，在打开的快捷菜单中选择"渐变"选项，弹出的"渐变填充"对话框，单击渐变条，弹出"渐变编辑器"对话框，设置参数如图 12-113 所示的效果，其中蓝色的参考值为（#88b6e2）。

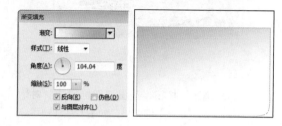

图 12-114　　　　　　　图 12-115

07 执行"文件"|"打开"命令，在"打开"对话框中选择"显示器"素材，单击"打开"按钮，选择"移动工具" ➤，将素材添加至文件中，放置在合适的位置，按快捷键 Ctrl+J，将图层复制一层，垂直翻转，添加图层蒙版，制作出显示器的倒影效果，如图 12-117 所示。

图 12-112　　　　　　　图 12-113

图 12-116　　　　　　　图 12-117

04 单击"确定"按钮，退出"渐变编辑器"对话框，设置渐变填充的参数，如图 12-114 所示。

05 单击"确定"按钮，退出渐变填充对话框，效果如图 12-115 所示。

06 运用同样的操作方法，继续添加渐变填充效果如图 12-116 所示。

08 新建一个图层，选择"钢笔工具" 📝，绘制如图 12-118 所示的路径。

09 运用上述添加渐变填充的操作方法，为路径图层添加渐变填充效果如图 12-119 所示。

10 在图层面板中单击"添加图层样式"按钮 *fx*，在弹出的快捷菜单中选择"投影"选项，弹出"图层样式"对话框，设置参数，如图 12-120 所示。

图 12-118

图 12-119

11 单击"确定"按钮，退出"图层样式"对话框，为路径添加"投影"的效果，如图 12-121 所示。

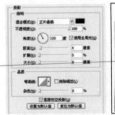 

图 12-120   图 12-121

12 运用上述绘制路径，添加渐变填充的操作方法，继续绘制其他路径，添加渐变填充效果如图 12-122 所示。

图 12-122

13 选择"椭圆工具" ，在工具选项栏中选择"路径"，绘制椭圆路径，进行渐变填充，效果如图 12-123 所示。

图 12-123

14 运用上述添加素材的操作方法，继续添加"人物"和"飘带"素材，如图 12-124 所示。

图 12-124

15 双击飘带图层，弹出"图层样式"对话框，选择"渐变叠加"选项，单击"渐变条"，弹出"渐变编辑器"对话框，设置参数如图 12-125 所示，其中玫红色的参考值为（#ff00d3）、红色的参考值为（#ff0016）、黄色的参考值为（#fff900）。

16 单击"确定"按钮，退出"渐变编辑器"对话框，返回"图层样式"对话框，设置参数如图 12-126 所示。

图 12-125   图 12-126

17 单击"确定"按钮,退出"图层样式"对话框,为飘带图层添加"渐变叠加"的效果如图 12-127 所示。

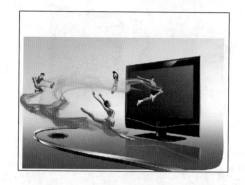

图 12-127

18 按快捷键 Ctrl+J,将飘带图层复制一层,得到飘带复制图层。执行"滤镜"|"模糊"|"动感模糊"命令,弹出"动感模糊"对话框,设置参数如图 12-128 所示。单击"确定"按钮,执行滤镜效果并退出"动感模糊"对话框,效果如图 12-129 所示。

图 12-128　　　　图 12-129

19 运用上述添加素材的操作方法,继续添加"飘带 1""飘带 2"素材,添加图层样式效果,如图 12-130 所示。

图 12-130

20 新建一个图层,选择"钢笔工具"，绘制一条路径,如图 12-131 所示。

图 12-131

21 选择"画笔工具"，设置前景色为白色,画笔"大小"为"5 像素"、"硬度"为100%,选择"钢笔工具"，在绘制的路径上方单击鼠标右键,在弹出的快捷菜单中选择"描边路径"选项,在弹出的对话框中选择"画笔"选项,并选中"模拟压力"复选框,单击"确定"按钮,描边路径,得到如图 12-132 所示的效果。

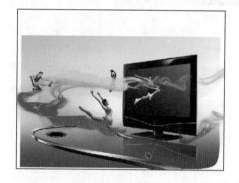

图 12-132

22 运用同样的操作方法,继续绘制路径,进行描边,效果如图 12-133 所示。

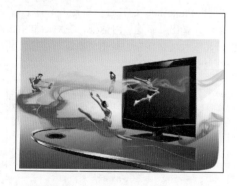

图 12-133

23 选择"横排文字工具"，设置工具选项栏中的字体为"华文新魏","大小"为40,输入文字,如图 12-134 所示。

图 12-134

图 12-135

24 运用同样的操作方法，继续输入文字，添加标志素材，得到最终效果，如图 12-135 所示。

提 示： 动感模糊滤镜产生对象沿某方向运动而得到的模糊效果，此滤镜的效果类似于以固定的曝光时间给一个移动的对象拍照。

187 节日广告——母亲节

本实例主要通过"新建"命令、"打开"命令、移动工具、渐变工具、图层样式、"色相/饱和度"命令、形状工具，制作一幅宣传母亲节日的广告。

难易程度：★★★★★

文件路径：素材\第 12 章\187

视频文件：mp4\第 12 章\187

01 启用 Photoshop CC 后，执行"文件"|"新建"命令，弹出"新建"对话框，在对话框中设置参数，如图 12-136 所示，单击"确定"按钮，新建一个空白文件。

02 按快捷键 Alt+Delete，填充黑色。新建图层，选择"渐变工具" ，打开"渐变编辑器"对话框，在弹出的对话框中选择默认的渐变色，如图 12-137 所示。

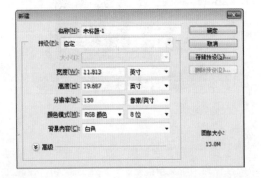

图 12-136

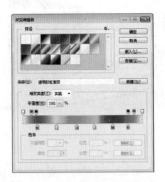

图 12-137

03 单击"确定"按钮，单击"线性渐变"按钮 ▣，在文件中从上往下拉出渐变，不透明度设置为 50%，如图 12-138 所示。

04 执行"文件"|"打开"命令，在"打开"对话框中选择"天空"素材，单击"打开"按钮，选择"移动工具" ▸╋ ，将素材添加至文件中，放置在合适的位置。单击图层面板底部的"添加图层蒙版"按钮 ▣ ，添加一个图层蒙版，选择"渐变工具" ▣ ，在"渐变编辑器"中选择"黑色到透明"的渐变，从下往上拉渐变，隐藏部分天空，如图 12-139 所示。

图 12-138　　　　图 12-139

05 同上述添加素材的方法，依次为文件添加素材，得到如图 12-140 所示的效果。

06 按快捷键 Ctrl+O，打开"大树"素材，添加至编辑的文件中，适当调整大小及位置，如图 12-141 所示。

图 12-140　　　　图 12-141

07 继续添加所需要的素材，得到如图 12-142 所示的效果。

08 选择"自定义形状工具" ▨ ，在工具选项栏中设置"工作模式"为"形状"，"填充"为"洋

红色（#e3007b）"，"描边"为"无"，"形状"为"心形"，按住鼠标左键不放，拖动光标，系统会自动生成所设置的形状，并更改其不透明度为 30%，如图 12-143 所示。

图 12-142　　　　图 12-143

09 在图层面板中单击"添加图层样式"按钮 `fx` ，在弹出的快捷菜单中选择"斜面与浮雕"、"等高线"、"内发光"、"外发光"选项，设置参数如图 12-144 所示。单击"确定"按钮，关闭"图层样式"对话框，为心形图层添加图层样式，如图 12-145 所示。

图 12-144　　　　图 12-145

10 再次绘制心形图形，按快捷键 Alt 的同时移动上个心形的"图层样式"，复制样式。打开"图层样式"，更改其中的参数，如图 12-146 所示。

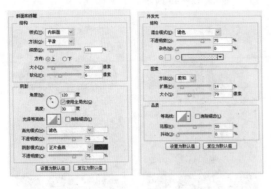

图 12-146

11 单击"确定"按钮，关闭"图层样式"对话框，此时的图层样式效果如图 12-147 所示。

12 绘制心形形状，更改其填充颜色为红色，不透明度为 50%，如图 12-148 所示。

图 12-147　　　　　　图 12-148

13 双击该图层，打开"图层样式"对话框，在弹出的对话框中设置相关参数，如图 12-149 所示。

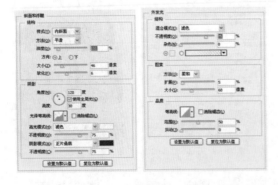

图 12-149

14 按快捷键 Ctrl+Alt+Shift+N，新建图层。选择"画笔工具"，设置前景色为白色，在心形上涂抹，制作出心形的高光区域，如图 12-150 所示。

15 同上述制作红色心形的操作方法，制作另外的心形，如图 12-151 所示。

图 12-150　　　　　　图 12-151

16 选择"横排文字工具"，按下"字符"面板按钮，在弹出的对话框中设置相关参数，如图 12-152 所示。

17 单击鼠标，确定文字的起点，输入文字，调整好方向。选中文字图层，单击鼠标右键，在弹出的快捷菜单中选择"转换为形状"选项，如图 12-153 所示。

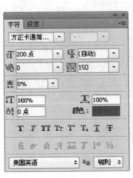

图 12-152　　　　　　图 12-153

18 选择"直接选择工具"，结合"添加锚点工具"与"转换工具"，将文字的节点调整至如图 12-154 所示的形状。

19 同样的方法，变形另一文字，如图 12-155 所示。

图 12-154　　　　　　图 12-155

20 按快捷键 Ctrl+E，将两个变形的文字合并。选择"钢笔工具" ，在选项栏中选择"形状"，填充色为（#dc017f），绘制图形，如图 12-156 所示。

21 选择文字图层，单击图层面板底部的"添加图层蒙版"按钮 ，选中蒙版层，单击画笔工具 ，按 D 键前景还原默认色，在字底部涂抹需要隐藏的部分，如图 12-157 所示。

图 12-156　　　　　　图 12-157

22 双击该文字图层，打开"图层样式"对话框，在弹出的对话框中设置相关的参数，如图 12-158 所示。单击"确定"按钮，关闭"图层样式"对话框，此时文字效果如图 12-159 所示。

图 12-158　　　　　　图 12-159

23 选择"横排文字工具" ，输入其他的文字并添加其他的素材，拖至画面，放置相应的位置，得到最终的效果如图 12-160 所示。

图 12-160

188 网络广告——中国移动

本实例主要通过"新建"命令、"打开"命令、移动工具、图层蒙版、画笔工具、矩形工具、圆角矩形工具、自由变换命令等，制作一幅宣传网络电视的广告。

📕 难易程度：★ ★ ★ ★ ★

📁 文件路径：素材\第 12 章\188

🎬 视频文件：mp4\第 12 章\188

01 启动 Photoshop CC，执行"文件"|"新建"命令，弹出"新建"对话框，在对话框中设置参数，如图 12-161 所示，单击"确定"按钮，新建一个空白文件。

02 选择"渐变工具" ，打开"渐变编辑器"对话框，在弹出的对话框中设置浅绿色（#00afbe）到深绿色（#007680）的渐变，如图 12-162 所示。

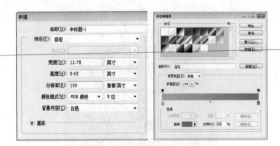

图 12-161   图 12-162

03 单击"确定"按钮，按下工具选项中的"径向渐变"按钮 ，从文件的上边往下边拉出渐变，如图 12-163 所示。

图 12-163

04 按 D 键，将前背景色恢复为默认色，按快捷键 Ctrl+Alt+Shift+N，新建图层。选择"画笔工具" ，适当降低不透明度，在文件中涂抹，如图 12-164 所示。

图 12-164

05 执行"文件"|"打开"命令，在"打开"对话框中选择"手机"素材，单击"打开"按钮，选择"移动工具" ，将素材添加至文件中，放置在合适的位置，如图 12-165 所示。

图 12-165

06 选择"矩形工具" ▣，设置"工作模式"为"路径"，在文件中绘制矩形，如图 12-166 所示。

图 12-166

07 选择"圆角矩形工具" ▣，按下"路径操作"按钮 ▣，在弹出的快捷菜单中选择"减去顶层形状"按钮 ▣，在绘制的矩形路径中绘制圆角矩形，如图 12-167 所示。

图 12-167

08 按快捷键 Ctrl+Enter，将路径转换为选区，新建图层。选择"渐变工具" ▣，在"渐变编辑器"中设置深灰色（#150706）到棕灰色（#622115）的渐变，按下"线性渐变"按钮 ▣，从选区的左边往右边拉出渐变，如图 12-168 所示。

图 12-168

09 按快捷键 Ctrl+D，取消选区。按快捷键 Ctrl+O，打开"电影海报"素材，并添加文件中，适当调整大小和位置，如图 12-169 所示。

图 12-169

10 在胶圈内添加素材，如图 12-170 所示。

图 12-170

11 将所有素材及胶圈图层合并。按快捷键 Ctrl+T，显示其定界框，将光标移动到定界框顶端的锚点上，当出现 ↗ 时，按快捷键 Shift+Alt 的同时同比例地缩小图像，将光标放在图像外，当出现 ↻ 时旋转图形，并移动到合适的位置，如图 12-171 所示。

图 12-171

12 单击鼠标右键，在弹出的快捷菜单中选择 "变形"选项，拖动定界框上的锚点，将图像变形 为如图 12-172 所示的图像。

图 12-172

13 单击图层面板底部的"添加图层蒙版"按钮 ⬜，添加蒙版。选择"画笔工具" ✍，适当降 低其不透明度，用黑色的画笔将胶圈的底部隐藏， 如图 12-173 所示。

图 12-173

14 同上述操作方法，制作另外几条飘动的胶 圈，如图 12-174 所示。

图 12-174

15 选择"钢笔工具" ✍，设置其"工作模式" 为"形状"、"填充"为"白色"，在文件中绘制 如图 12-175 所示的形状。

图 12-175

16 按快捷键 Ctrl+O，打开"标志"素材，选择 "移动工具" ⊹，将素材拖曳至编辑的文件中， 适当调整大小和位置，如图 12-176 所示。

图 12-176

17 选择"横排文字工具" Ⓣ，在文件中输入相 关文字，最终效果如图 12-177 所示。

图 12-177

189 苹果醋广告——我的青春我做主

本实例主要通过"新建"命令、"打开"命令、移动工具、调整图层、钢笔工具、描边路径等工具及命令，制作一幅色彩鲜艳且体现主题的宣传广告。

📙 难易程度：★ ★ ★ ★ ★

🗂 文件路径：素材\第 12 章\189

📹 视频文件：mp4\第 12 章\189

01 启动 Photoshop CC，执行"文件"|"新建"命令，弹出"新建"对话框，在对话框中设置参数，如图 12-178 所示，单击"确定"按钮，新建一个空白文件。

图 12-178

02 按快捷键 Ctrl+Alt+Shift+N，新建图层。选择"渐变工具" ▣，打开工具选项栏中的"渐变编辑器"，设置绯红色（#f875a5）到透明的渐变，如图 12-179 所示。单击具选项上的"径向渐变"按钮 ▣，从文档的上方拉出渐变，如图 12-180 所示。

03 同样的方法，制作出其他的渐变颜色，如图 12-181 所示。

04 执行"文件"|"打开"命令，在"打开"对话框中选择"水波"素材，单击"打开"按钮，选择"移动工具" ⊕，将素材添加至文件中，放置在合适的位置。单击图层面板下的"创建新的填充或调整图层"按钮 ◓，创建"色相/饱和度"调整图层，在弹出的对话框中设置参数，按快捷键 Ctrl+Alt+G，创建剪贴蒙版，如图 12-182 所示。

图 12-179

图 12-180

图 12-181

图 12-182

05 新建一个图层，选择"钢笔工具" ✎，绘制如图 12-183 所示的路径。选择"画笔工具" ✏，按 F5 键，打开画笔面板，设置画笔的参数如图 12-184 所示。

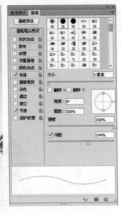

图 12-183　　　　　　图 12-184

图 12-187　　　　　　图 12-188

06 选择"钢笔工具" ，在绘制的路径上方单击鼠标右键，在弹出的快捷菜单中选择"描边路径"选项，在弹出的对话框中选择"画笔"选项，并选中"模拟压力"复选框，单击"确定"按钮，描边路径，得到如图 12-185 所示的效果。

07 按快捷键 Ctrl+J，将图层复制一层。按快捷键 Ctrl + T，变换图形，在工具选项栏中设置角度为 7 度，如图 12-186 所示。

图 12-189　　　　　　图 12-190

11 按快捷键 Ctrl+O，弹出"打开"对话框，选择"人物""飘带""树""苹果醋"等素材，单击"打开"按钮，选择"移动工具" ，将素材添加至文件中，放置在合适的位置，如图 12-191 所示。

12 选择"苹果醋"图层。单击图层面板中的"创建新的填充或调整图层"按钮 ，在打开的快捷菜单中选择"亮度/对比度"选项，系统自动添加一个"亮度/对比度"调整图层，按快捷键 Ctrl+Alt+G，创建剪贴蒙版，让调整图层只影响苹果"苹果醋"图层，如图 12-192 所示。

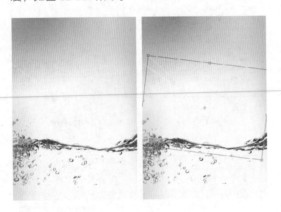

图 12-185　　　　　　图 12-186

08 按快捷键 Ctrl + Alt + Shift + T，可在进行再次变换的同时复制变换对象。不断更改变换的角度，得到如图 12-187 所示的效果。

09 运用上述绘制路径的操作方法，绘制路径并进行描边，如图 12-188 所示。

10 在图层面板中单击"添加图层样式"按钮 fx ，在弹出的快捷菜单中选择"外发光"选项，弹出"图层样式"对话框，设置外发光参数，如图 12-189 所示。单击"确定"按钮，退出"图层样式"对话框，添加"外发光"的效果，如图 12-190 所示的效果。

图 12-191　　　　　　图 12-192

13 新建图层。选择"椭圆选框工具" ⬭，在画布中创建椭圆，按快捷键 Shift+F6，羽化 5 像素，填充黑色，制作瓶子的阴影部分，如图 12-193 所示。

14 按快捷键 Ctrl+O，弹出"打开"对话框，选择"藤蔓"等素材，单击"打开"按钮，选择"移动工具" ▶+，将素材添加至文件中，放置在合适的位置，如图 12-194 所示。

15 单击图层面板中的"创建新的填充或调整图层"按钮 ◐，在打开的快捷菜单中选择"色相/饱和度"命令，系统自动添加一个"色相/饱和度"调整图层，如图 12-195 所示。此时图像效果如图 12-196 所示。

图 12-195　　　　　图 12-196

图 12-193　　　　　图 12-194

190　红酒广告——花样年华

　　本实例主要通过"新建"命令、渐变填充、色相饱和度、图层样式、"打开"命令、移动工具等操作，制作一个洋酒广告的海报。

📘 难易程度：★★★★★

🗂 文件路径：素材\第 12 章\190

🎬 视频文件：mp4\第 12 章\190

01 按快捷键 Ctrl+N，弹出"新建"对话框，在对话框中设置参数，如图 12-197 所示，单击"确定"按钮，新建一个空白文件。

02 新建一个图层，设置前景色为浅黄色（# feffec），按快捷键 Alt+Delete，填充颜色。

03 按快捷键 Ctrl+O，弹出"打开"对话框，选择"水墨画"素材，单击"打开"按钮，选择"移动工具" ▶+，将素材添加至文件中，放置在合适的位置，如图 12-198 所示。

图 12-197　　　　　图 12-198

305

04 单击图层面板中的"创建新的填充或调整图层"按钮 ◯ ，在打开的快捷菜单中选择"渐变"选项，单击选项栏渐变列表框下拉按钮 ▾，设置从"前景色到背景色"渐变，设置背景色为深红色（#691600），设置参数如图 12-199 所示。

05 单击"确定"按钮，系统自动添加一个"渐变填充"图层，图像效果如图 12-200 所示。

图 12-199　　　　　　图 12-200

06 设置图层的"混合模式"为"线性光"，效果如图 12-201 所示。

图 12-201

07 运用上述添加素材的操作方法，添加"椰子树"素材，如图 12-202 所示。

图 12-202

08 设置图层的"混合模式"为"叠加"，图层的"不透明度"为 79%，如图 12-203 所示。

图 12-203

09 运用上述添加素材的操作，添加"花纹"素材，设置"混合模式"为"叠加"，效果如图 12-204 所示。

图 12-204

10 添加"花"素材，在图层面板中单击"添加图层样式"按钮 **fx.**，在弹出的快捷菜单中选择"投影"选项，弹出"图层样式"对话框，设置"投影"的参数，如图 12-205 所示。

11 单击"确定"按钮，退出"图层样式"对话框，添加"投影"的效果，如图 12-206 所示。

图 12-205　　　　　图 12-206

技 巧：按住 Shift 键的同时，按+或-键可以快速切换当前图层的混合模式。

12 按快捷键 Ctrl+J，将花图层复制一层。按快捷键 Ctrl+T，进入自由变换状态，单击鼠标右键，在弹出的快捷菜单中选择"水平翻转"选项，水平翻转图层，然后调整至合适的位置和角度，如图 12-207 所示。

图 12-207

13 添加"花 1"素材，设图层混合模式为叠加，单击图层面板中的"创建新的填充或调整图层"按钮 ，在打开的快捷菜单中选择"色相/饱和度"命令，系统自动添加一个"色相/饱和度"调整图层，设置参数如图 12-208 所示。此时图像效果如图 12-209 所示。

图 12-208   图 12-209

14 添加"酒瓶"素材，单击图层面板上的"添加图层蒙版"按钮 ，为图层添加图层蒙版，按 D 键，恢复前背景为默认的黑白颜色，选择"渐变工具" ，按下"线性渐变"按钮 ，在图像窗口中按住并拖动鼠标，效果如图 12-210 所示。

图 12-210

15 添加"鸟儿"素材，双击图层，弹出"图层样式"对话框，选择"图案叠加"选项，设置参数如图 12-211 所示。

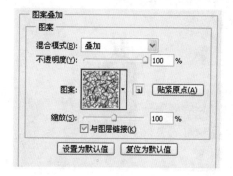

图 12-211

16 单击"确定"按钮，退出"图层样式"对话框，添加"图案叠加"的效果，如图 12-212 所示的效果。

图 12-212

17 单击图层面板中的"创建新的填充或调整图层"按钮 ，在打开的快捷菜单中选择"渐变"选项，弹出的"渐变填充"对话框，设置参数如图 12-213 所示。单击"确定"按钮，系统自动添加一个"渐变填充"图层，并创建剪贴蒙版图像效果如图 12-214 所示。

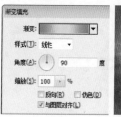

图 12-213   图 12-214

18 复制图层，水平翻转，效果如图 12-215 所示。

19 运用添加素材并填充渐变的操作方法，添加 "人物"素材，添加渐变，效果如图 12-216 所示。

图 12-215

图 12-216

191 促销广告——动感地带

本实例主要通过"新建"命令、渐变工具、钢笔工具、高斯模糊滤镜、混合模式、图层样式等操作，制作一个动感地带的海报。

■ 难易程度：★★★★★

■ 文件路径：素材\第 12 章\191

■ 视频文件：mp4\第 12 章\191

01 按快捷键 Ctrl+N，弹出"新建"对话框，在对话框中设置参数如图 12-217 所示，单击"确定"按钮，新建一个空白文件。

02 新建图层，选择"渐变工具" ▣，在工具选项栏中单击渐变条 ▣，打开"渐变编辑器"对话框，设置参数如图 12-218 所示，其中黄色为（# d6c368）。

03 单击"确定"按钮，关闭"渐变编辑器"对话框。按下工具选项栏中的"径向渐变"按钮 ▣，在图像中按住并拖动鼠标，填充渐变效果如图 12-219 所示。

04 设置前景色为橙色（#e57042），选择"钢笔工具" ▣，设置工具选项栏中的"工作模式"为"形状"，绘制图形，如图 12-220 所示。

图 12-217　　　　图 12-218

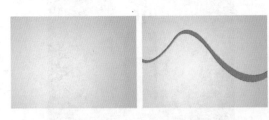

图 12-219　　　　图 12-220

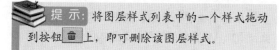

提示： 将图层样式列表中的一个样式拖动到按钮 🗑 上，即可删除该图层样式。

05 运用同样的操作方法，绘制其他图形，如图 12-221 所示。合并图层，执行"滤镜"|"模糊"|"高斯模糊"命令，弹出"高斯模糊"对话框，设置参数如图 12-222 所示。

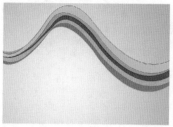
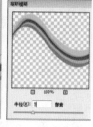

图 12-221　　　　图 12-222

06 单击"确定"按钮，执行滤镜效果并退出"高斯模糊"对话框，效果如图 12-223 所示。

07 按快捷键 Ctrl+J，将"形状图层 1"图层复制一层，放置合适的位置。运用上述同样的操作方法，再次执行"高斯模糊"滤镜，设置参数如图 12-224 所示。

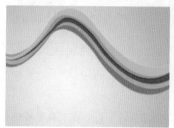

图 12-223　　　　图 12-224

08 单击"确定"按钮，执行滤镜效果并退出"高斯模糊"对话框，设置图层的"不透明度"为 60%，效果如图 12-225 所示。运用上述绘制图形的操作方法，继续绘制图像窗口下方的图形，如图 12-226 所示。

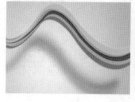
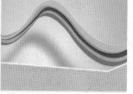

图 12-225　　　　图 12-226

09 执行"文件"|"打开"命令，在"打开"对话框中选择"花纹"和"桃心"素材，单击"打开"按钮，选择"移动工具" ⊹，将素材添加至文件中，放置在合适的位置，如图 12-227 所示。

10 设置"桃心"图层的"混合模式"为"线性减淡（添加）"，效果如图 12-228 所示。

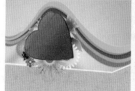

图 12-227　　　　图 12-228

11 添加"铃铛 1"素材，如图 12-229 所示。

12 在图层面板中单击"添加图层样式"按钮 fx，在弹出的快捷菜单中选择"外发光"选项，弹出"图层样式"对话框，设置参数如图 12-230 所示。

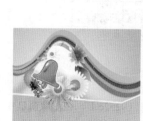

图 12-229　　　　图 12-230

13 单击"确定"按钮，退出"图层样式"对话框，添加"外发光"的效果如图 12-231 所示。

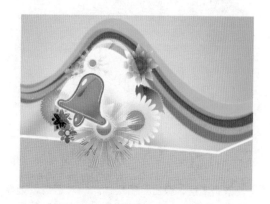

图 12-231

14 运用同样的操作方法，添加"铃铛 2"素材，添加图层样式效果如图 12-232 所示。

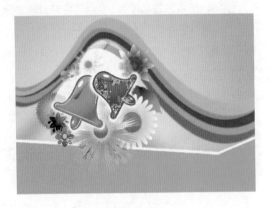

图 12-232

15 新建一个图层，在工具箱中选择"自定形状工具"，然后单击选项栏"形状"下拉列表按钮，从形状列表中选择"八分音符"形状,如图 12-233 所示。

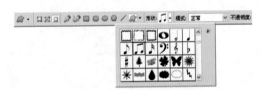

图 12-233

16 设置前景色为红色（c9252c），在图像窗口中单击，绘制图形，如图 12-234 所示。

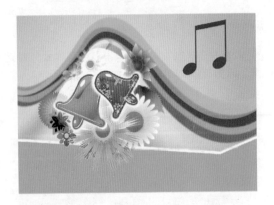

图 12-234

17 双击图层，弹出"图层样式"对话框，选择"斜面和浮雕"选项，设置参数如图 12-235 所示。

18 单击"确定"按钮，退出"图层样式"对话框，添加"斜面和浮雕"的效果如图 12-236 所示。

图 12-235　　　　　　图 12-236

19 运用上述添加素材的操作方法，添加"标志"素材，如图 12-237 所示。

图 12-237

20 选择"横排文字工具"，在工具选项栏中选择"黑体"，输入文字，得到最终的效果如图 12-238 所示。

图 12-238

第13章

海报设计

　　海报又称招贴画，就是贴在街头墙上或者挂在商店橱窗里的大幅画作，以醒目的画面引起路人的注意。海报是最传统的平面广告形式之一，在现代平面设计中仍占有举足轻重的地位。本章以电影海报，啤酒海报，化妆品海报等 10 个设计实例，介绍 PhotoshopCC 海报设计与制作的方法和技巧。

192 电影海报——马达加斯加

本实例主要通过"新建"命令、"打开"命令、移动工具、画笔工具、自定形状、剪贴蒙版，制作一则动画片电影海报，海报主要采用片中的动物角色做主元素，画面中动物的夸张表情，极具喜感，能瞬时抓住消费者的眼球。

- 难易程度：★ ★ ★ ★ ★
- 文件路径：素材\第 13 章\192
- 视频文件：mp4\第 13 章\192

01 启动 Photoshop CC 后，执行"文件"|"打开"命令或按快捷键 Ctrl+O，弹出"打开"对话框，选择"背景"素材，单击"确定"按钮，如图 13-1 所示。

02 选择"自定形状工具" ，设置选项栏中的"填充色"为（#efea3a），"形状"下拉表中找到三角形图案 ，在图层上绘制三角形，按 Ctrl+H 键隐藏路径。

03 按快捷键 Ctrl+T 进入自由变换状态，在选项栏中设置"旋转角度"为 90 度，放置合适的位置，按回车键完成这一操作，放置合适的位置上，效果如图 13-2 所示。

图 13-3

05 旋转复制的图层，效果如图 13-4 所示。

06 按回车键完成这一操作，按快捷键 Shift+Ctrl+Alt+T，再制三角形，如图 13-5 所示。

图 13-4 图 13-5

> **提示：** 或执行"编辑"|"自由变换"命令，移动鼠标至定界框外，当光标发生变化后，拖动即可旋转图像。若按住 Shift 键拖动，则每次旋转 15°。

 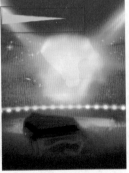

图 13-1 图 13-2

04 按快捷键 Ctrl+J 复制图层，按快捷键 Ctrl+T 进入自由变换状态，将中心点移至右边。如图 13-3 所示。

07 按 Shift 键选择所有三角形图层，按快捷键 Ctrl+G 编组图层，以便管理，放置合适的位置，如图 13-6 所示。

08 选中"组1"，设置图层面板上的"不透明度"为30%，如图13-7所示。

图 13-6　　　　　　　　图 13-7

09 单击图层面板底板上的"添加图层蒙版"按钮 ⬜ ，创建组蒙版，选择"画笔工具" ✏ ，设置前景色为黑色，使用画笔在蒙版上涂抹，隐藏不需要的部分，效果如图13-8所示。

10 打开"动物"素材，拖至画面，调整好位置，如图13-9所示。

图 13-8　　　　　　　　图 13-9

11 打开"文字"素材，拖至画面，调整好位置，如图13-10所示。

12 单击图层面板底部的"创建新的填充或调整图层"按钮 ⬤ ，在弹出的快捷菜单中选择"亮度/对比度"，设置参数如图13-11所示。

13 执行"图层"|"创建剪贴蒙版"命令或按快捷键Ctrl+Alt+G，如图13-12所示。

14 打开其他的动物素材，拖至画面，调整好位置，效果如图13-13所示。

图 13-10　　　　　　　　图 13-11

图 13-12　　　　　　　　图 13-13

15 选中动物素材图层，如图13-14所示。

16 选择图层面板底部的"创建新的填充或调整图层"按钮 ⬤ ，在弹出的快捷菜单中选择"色彩平衡"，设置参数如图13-15所示。

图 13-14　　　　　　　　图 13-15

17 按快捷键Ctrl+Alt+G，创建剪贴蒙版，效果如图13-16所示。

18 按快捷键 Shift+Ctrl+N，新建图层，选择"画笔工具" ，设置前景色为黑色，设选项栏中的"不透明"和"流量"为 50%，在动物的脚部涂抹，完毕后，按快捷键 Ctrl+[向下一层，如图 13-17 所示。

图 13-16　　　　　　图 13-17

19 选择动物素材图层，如图 13-18 所示。单击图层面板底部的"创建新的填充或调整图层"按钮 ，在弹出的快捷菜单中选择"色阶"，设置参数如图 13-19 所示。

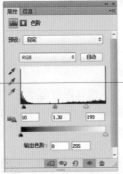

图 13-18　　　　　　图 13-19

20 单击图层面板底部的"创建新的填充或调整图层"按钮 ，在弹出的快捷菜单中选择"色彩平衡"，设置参数如图 13-20 所示。参数设置完毕后，给两个调整图层添加剪贴蒙版，如图 13-21 所示。

21 选择"横排文字工具" ，在选项栏中设置"字体"为方正卡通简体，"大小"为 40 点，"颜色"为白色，输入文字。

22 单击图层面板底部的"添加图层样式"按钮 ，在弹出的快捷菜单中选择"投影"，弹出"图层样式"对话框，设置参数如图 13-22 所示。单击"确定"按钮，效果如图 13-23 所示。

图 13-20　　　　　　图 13-21

图 13-22　　　　　　图 13-23

23 通过上述方法，编辑其他的文字，如图 13-24 所示。按快捷键 Shift+Ctrl+N，新建图层，选择"画笔工具" ，设置前景色为白色，在选项栏中设置"不透明度"为 75%，"流量"为 57%，在图层上绘制光点，得到最终效果如图 13-25 所示。

图 13-24　　　　　　图 13-25

提示： 在合适的位置摆放文字可以填补画面的空白，也可以起到画龙点睛的作用，在文字的排版上要注意画面平衡。

193 啤酒海报——蓝带归来

本实例主要通过"新建"命令、渐变工具、图层的混合模式、"打开"命令、移动工具、图层蒙版命令等操作，制作一个啤酒海报，海报以有翅膀的精灵人物为衬托，啤酒为主导，让人产生一种精灵带着啤酒归来的神秘感。

难易程度：★★★★★

文件路径：素材\第13章\193

视频文件：mp4\第13章\193

01 启用 Photoshop CC 后，执行"文件"|"新建"命令，弹出"新建"对话框，在对话框中设置参数，如图 13-26 所示，单击"确定"按钮，新建一个空白文件。

02 选择"渐变工具"，在工具选项栏中单击渐变条，打开"渐变编辑器"对话框，设置参数如图 13-27 所示，其中蓝色为（#37bef0）、深蓝色为（#005eab）。

图 13-26   图 13-27

03 单击"确定"按钮，关闭"渐变编辑器"对话框。按下工具选项栏中的"径向渐变"按钮，移动光标至图像窗口中间位置，然后拖动光标至图像窗口边缘，释放鼠标后，得到如图 13-28 所示的效果。

04 运用同样的操作方法，新建一个图层，继续填充径向渐变，设置图层的"混合模式"为"强光"效果如图 13-29 所示。

05 按快捷键 Ctrl+O，弹出"打开"对话框，选择"花纹"素材，单击"打开"按钮，选择"移动工

具"，将素材添加至文件中，放置在合适的位置，如图 13-30 所示。

图 13-28   图 13-29

06 设置"花纹"图层的"混合模式"为"叠加"、"不透明度"为 58%，效果如图 13-31 所示。

图 13-30   图 13-31

07 新建一个图层，运用上述填充渐变的操作方法，继续为图层填充"从黑色到透明"渐变，效果如图 13-32 所示。设置图层的混合模式为"颜色加深"，如图 13-33 所示。

图 13-32　　　　　　　图 13-33

08 运用上述添加素材的操作方法，继续添加"星光花纹"素材，如图 13-34 所示。设置"星光花纹"图层的"混合模式"为"变暗"，效果如图 13-35 所示。

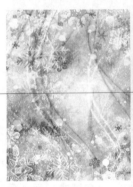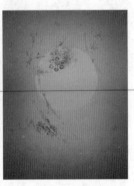

图 13-34　　　　　　　图 13-35

09 运用上面的操作方法，继续添加"花纹 1"素材，设置图层的混合模式为"柔光"，效果如图 13-36 所示。

10 添加"人物"素材，放置合适的位置，如图 13-37 所示。

11 双击图层，弹出"图层样式"对话框，选择"外发光"选项，设置"外发光"的参数如图 13-38 所示。

12 单击"确定"按钮，退出"图层样式"对话框，添加"外发光"的效果，得到如图 13-39 所示效果。

图 13-36　　　　　　　图 13-37

图 13-38　　　　　　　图 13-39

13 按快捷键 Ctrl+J，将"人物"图层复制一层，按快捷键 Ctrl+T，进入自由变换状态，单击鼠标右键，在弹出的快捷菜单中选择"垂直翻转"选项，垂直翻转图层，然后调整至合适的位置和角度，如图 13-40 所示。

14 单击图层面板上的"添加图层蒙版"按钮，为图层添加蒙版，按 D 键，恢复前景色和背景为默认的黑白颜色，选择"渐变工具"，按下"线性渐变"按钮，在图像窗口中按住并拖动光标，效果如图 13-41 所示。

图 13-40　　　　　　　图 13-41

15 运用上述添加素材的操作方法，添加"啤酒"素材，如图 13-42 所示。

16 选择"横排文字工具" T，设置工具选项栏中的字体为"方正小标宋简体"、"大小"为 36 点，输入文字，如图 13-43 所示。

图 13-46

21 选择"渐变工具" ，在工具选项栏中单击渐变条 ，打开"渐变编辑器"对话框，设置参数如图 13-48 所示，其中紫色为（#1d2088）、红色为（#c81425）。

图 13-42　　　　　　　图 13-43

17 按快捷键 Ctrl+J，将"文字"图层复制一层，单击鼠标右键，在弹出的快捷菜单中选择"转换为形状"选项，如图 13-44 所示。

18 选择"直接选择工具" ，调整路径上的锚点，按快捷键 Ctrl+回车，转换路径为选区，如图 13-45 所示。

图 13-47　　　　　　　图 13-48

22 单击"确定"按钮，关闭"渐变编辑器"对话框。按下工具选项栏中的"线性渐变"按钮 ，在图像中按住并由上至下拖动光标，填充渐变效果如图 13-49 所示。

23 调整图层顺序，添加其他文字和标志，得到如图 13-50 所示的效果。

图 13-44　　　　　　　图 13-45

19 新建图层，执行"选择"|"修改"|"扩展"命令，弹出"扩展选区"对话框，设置参数如图 13-46 所示。

20 单击"确定"按钮，退出"扩展选区"对话框，效果如图 13-47 所示。

图 13-49　　　　　　　图 13-50

194 吉他海报——音乐由你来

本实例主要通过"新建"命令、钢笔工具、图层蒙版、"打开"命令、移动工具、画笔工具等操作，制作一张吉他海报。

难易程度：★★★★★

文件路径：素材\第 13 章\194

视频文件：mp4\第 13 章\194

01 启用 Photoshop CC 后，执行"文件"|"新建"命令，弹出"新建"对话框，在对话框中设置参数，如图 13-51 所示，单击"确定"按钮，新建一个空白文件。

02 选择"渐变工具" ▣ ，在工具选项栏中单击渐变条 ▬▬▬ ，打开"渐变编辑器"对话框，设置参数如图 13-52 所示，其中浅灰色为（#eaebe9），灰色值为(#dde0d9)。

图 13-53   图 13-54

图 13-51   图 13-52

03 单击"确定"按钮，关闭"渐变编辑器"对话框。按下工具选项栏中的"径向渐变"按钮 ▣ ，在图像中按住并拖动光标，填充渐变效果如图 13-53 所示。设置前景色为白色，选择"钢笔工具" ✐ ，设置工具选项栏中"工作模式"为"形状"，绘制图形，如图 13-54 所示。

04 按快捷键 Ctrl+J 多次，复制"形状 1"图层，按快捷键 Ctrl+T，变换图层，得到如图 13-55 所示的效果。

图 13-55   图 13-56

05 选择“形状 1”图层和复制出的复制图层，按快捷键 Ctrl+E 合并图层，单击图层面板上的“添加图层蒙版”按钮，为图层添加图层蒙版。设置前景色为黑色，选择“画笔工具”，按“[”或“]”键调整合适的画笔大小，在图像上涂抹。设置图层的“不透明度”为 55%，效果如图 13-56 所示。

06 运用同样的操作方法，制作下面的图形，如图 13-57 所示。

07 按快捷键 Ctrl+O，弹出“打开”对话框，选择“翅膀”素材，单击“打开”按钮，选择“移动工具”，将素材添加至文件中，放置在合适的位置，如图 13-58 所示。

图 13-57

图 13-58

08 设置“翅膀”素材的“不透明度”为 50%，效果如图 13-59 所示。

09 运用上述添加素材的操作方法，添加其他素材，如图 13-60 所示。

图 13-59

图 13-60

10 按快捷键 Ctrl+J，复制“吉他”图层，进行垂直翻转并添加图层蒙版，制作“吉他”的投影效果如图 13-61 所示。

11 添加“花纹”素材至画面中，新建一个图层，选择“钢笔工具”，绘制如图 13-62 所示的路径。

图 13-61

图 13-62

12 选择“画笔工具”，设置前景色为白色，画笔“大小”为“7 像素”、“硬度”为 100%，选择“钢笔工具”，在绘制的路径上方单击鼠标右键，在弹出的快捷菜单中选择“描边路径”选项，在弹出的对话框中设置参数如图 13-63 所示。单击“确定”按钮，描边路径，得到如图 13-64 所示的效果。

图 13-63

图 13-64

13 单击图层面板中的“添加图层样式”按钮，在弹出的快捷菜单中选择“外发光”选项，弹出“图层样式”对话框，设置外发光的参数如图 13-65 所示。单击“确定”按钮，退出“图层样式”对话框，添加“外发光”的效果如图 13-66 所示。

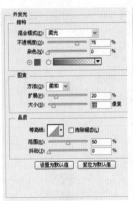

图 13-65　　　　　图 13-66　　　　　图 13-67　　　　　图 13-68

14 运用同样的操作方法，制作其他的光线效果如图 13-67 示。

15 运用上述添加素材的操作，添加"花纹图案""标志"素材如图 13-68 所示。

16 新建一个图层，选择"圆角矩形工具" ，在图像下方绘制圆角矩形，设置图层的"不透明度"为 21%，效果如图 13-69 所示。

17 选择"横排文字工具" ，在工具选项栏中选择"汉仪中宋简"，"大小"为 18，"颜色"为灰色（#55544f），输入文字，如图 13-70 所示。

图 13-69　　　　　图 13-70

195 化妆品海报——欧莱雅

　　本实例主要通过钢笔工具，图层蒙版、云彩滤镜、磁性套索工具、照片滤镜等操作，制作一则化妆品的宣传海报，海报主要以人物为主，利用人物来凸显出其作用性，是非常能体现主题的一则海报。

📦 难易程度：★★★★★

🖼 文件路径：素材\第 13 章\195

🎬 视频文件：mp4\第 13 章\195

01 启用 Photoshop CC 后，执行"文件"|"新建"命令，弹出"新建"对话框，在对话框中设置参数，如图 13-71 所示，单击"确定"按钮，新建一个空白文件。

02 选择"渐变工具" （此处应为工具图标），在工具选项栏中单击渐变条，打开"渐变编辑器"对话框，设置土黄色（#ecb700）到灰色（#352a00）的渐变，如图 13-72 所示。

图 13-71　　　　　　　　图 13-72

03 单击"确定"按钮，关闭"渐变编辑器"对话框。按下工具选项栏中的"径向渐变"按钮，在图像中按住并拖动光标，填充渐变效果如图 13-73 所示。

04 按快捷键 Ctrl+O，弹出"打开"对话框，选择"水波"素材，单击"打开"按钮，选择"移动工具"，将素材添加至文件中，放置在合适的位置。选择图层面板底部的"添加图层蒙版"按钮，添加蒙版，按 D 键将前背景色恢复为默认颜色，选择"渐变工具"，在"渐变编辑器"中选择"黑色到透明"的渐变，从蒙版的上方往下方拉出渐变，隐藏多余的部分，如图 13-74 所示。

图 13-73　　　　　　　　图 13-74

05 运用上述添加素材的操作方法，添加其他素材，如图 13-75 所示。

图 13-75

06 选择"椭圆选框工具"，创建椭圆选区，如图 13-76 所示。将光标放在选区内，当光标变为时，单击鼠标右键，在弹出的快捷菜单中选择"存储选区"选区，如图 13-77 所示。

图 13-76　　　　　　　　图 13-77

07 弹出"存储选区"对话框，保持默认值，单击"确定"按钮，存储选区，切换至图层面板，选中"背景图层"，按快捷键 Ctrl+C 复制选区，按快捷键 Ctrl+V 粘贴选区内的内容。按 Ctrl 键的同时单击复制的图层，载入选区，执行"滤镜"|"扭曲"|"球面化"命令，在弹出的对话框中设置相关参数，如图 13-78 所示。

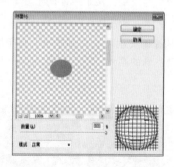

图 13-78

08 单击图层面板下的"添加图层样式"按钮，在弹出的快捷菜单中选择"内阴影""投影"选项，相关参数如图 13-79 所示。

图 13-79

09 单击"确定"按钮，关闭"图层样式"对话框，此时得到的效果如图 13-80 所示。按快捷键 Ctrl+D 取消选区，按快捷键 Ctrl+Alt+Shift+N 新建图层。选择"椭圆选框工具" ○，在绘制的图形上创建椭圆选区，如图 13-81 所示。

图 13-80　　　　　　图 13-81

提示：添加"投影"图层样式时，可根据所要添加投影样式的图形与背景的关系来调整，根据图形与背景的光线特征以及图形与背景的远近关系来设置相关参数，可得到不同的层次关系。

10 按 X 键，切换前景色和背景色。选择"渐变工具" ■，在"渐变编辑器"对话框中选择"白色到透明"的渐变，按下"径向渐变"按钮 ■，从选区中心往四周拉出渐变，如图 13-82 所示。

11 按快捷键 Ctrl+D，取消选区。运用同样的方法，绘制水珠的高光，得到如图 13-83 所示的效果。

图 13-82　　　　　　图 13-83

12 按快捷键 Ctrl+E，合并图层。按快捷键 Ctrl+J，复制多个，选择"移动工具" ▶+ 将水珠移至合适的位置，更改混合模式为叠加，如图 13-84 所示。

13 同上述制作水珠的方法，制作所需的水珠，如图 13-85 所示。

14 新建图层，选择"画笔工具" ✎，设置前景色为白色，适当降低画笔的不透明度，绘制星光，如图 13-86 所示。

图 13-84

图 13-85

图 13-86

15 选择"横排文字工具" T，在工具选项栏中设置"字体"为"宋体"，"颜色"为白色，输入文字，如图 13-87 所示。

16 按快捷键 Ctrl+O，打开"树叶""光点"素材，选择"移动工具" ▶+，将素材拖拽至编辑的文档中，适当调整大小和位置，此时的效果如图 13-88 所示。

图 13-87

图 13-88

196 酒宣传海报——樱桃酒

本实例主要通过"新建"命令、"打开"命令、移动工具、形状工具、图层蒙版、色相/饱和度、亮度/对比度，制作一则酒的宣传海报，海报主要以突出其酿造的原料为主，用金色的色调进行搭配，能瞬间抓住消费者的眼球。

难易程度：★★★★★

文件路径：素材\第 13 章\196

视频文件：mp4\第 13 章\196

01 启用 Photoshop CC 后，执行"文件" | "新建"命令，弹出"新建"对话框，在对话框中设置参数，如图 13-89 所示，单击"确定"按钮，新建一个空白文件。

02 按快捷键 Ctrl+O，打开"枫叶林"素材，选择"移动工具" 将素材拖拽至文档中，适当调整大小和位置，如图 13-90 所示。

03 单击图层面板底部的"添加图层蒙版"按钮，添加蒙版。选择"渐变工具"，在蒙版图层中拉出渐变，隐藏部分图像，如图 13-91 所示。

04 同上述操作方法，依次为文档添加素材，如图 13-92 所示。

图 13-89

图 13-90

图 13-91

图 13-92

05 单击图层面板底部的"创建新的填充或调整图层"按钮 ，创建"色相/饱和度"调整图层，在弹出的快捷菜单中设置如图 13-93 所示的参数。

06 按快捷键 Ctrl+Shift+Alt+N，新建图层，设置前景色为橙色（#cf7406），按快捷键 Alt+Delete，填充前景色，更改其混合模式为"强光"、不透明度为 80%。选择"添加图层蒙版"按钮 ，按 D 键恢复默认的前背景色，选择"画笔工具" ，用黑色的画笔在蒙版的中心涂抹，适当降低其不透明度，如图 13-94 所示。

图 13-93　　　　　　　图 13-94

07 打开"瓶子"素材并添加到文档中。单击图层面板上的"添加图层蒙版"按钮 ，为"瓶子"图层添加图层蒙版。按 D 键，恢复前背景色为默认的黑白颜色，然后选择"画笔工具" ，在冰水素材上进行涂抹，效果如图 13-95 所示。

图 13-95

08 新建图层，选择"矩形选框工具" ，在文件中创建矩形。选择"渐变工具" ，打开"渐变编辑器"对话框，在弹出的对话框中设置相关渐变色，如图 13-96 所示。

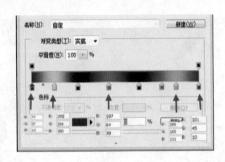

图 13-96

09 单击"确定"按钮。按下"线性渐变"按钮 ，在选区内从左往右拉出渐变，如图 13-97 所示。

10 按快捷键 Ctrl+D，取消选区。双击该图层，打开"图层样式"对话框，在弹出的对话框中选择"投影"选项，设置相关参数，如图 13-98 所示。

图 13-97　　　　　　　图 13-98

11 添加"樱桃"素材，按快捷键 Ctrl+T 适当调整大小和位置。切换到图层面板，选择"瓶子"图层，按 Ctrl 的同时单击该图层，载入"瓶子"的选区，选中"樱桃"图层，单击"添加图层蒙版"按钮 ，添加图层蒙版，此时图像效果如图 13-99 所示。

12 同上述添加"樱桃"素材的方法，依次给瓶子添加另外的"樱桃"素材，如图 13-100 所示的选区。

图 13-99　　　　　　　图 13-100

13 按住 Shift 键的同时选择"瓶子"及"樱桃"等图层，按快捷键 Ctrl+G，对选中的图层进行编组。

14 单击"创建新的填充或调整图层"按钮 ，创建"曲线"调整图层，在弹出的快捷菜单中设置相关参数，如图 13-101 所示，按快捷键 Ctrl+Alt+G，创建剪贴蒙版，只改变图层组内图层的亮度。

15 创建"色相/饱和度"调整图层，在弹出的快捷菜单中设置相关参数，如图 13-102，按快捷键 Ctrl+Alt+G，创建剪贴蒙版，只改变图层组内图层的色彩。

图 13-101　　　　　　图 13-102

16 创建"可选颜色"调整图层，在弹出的快捷菜单中设置相关参数如图 13-103 所示，按快捷键 Ctrl+Alt+G，创建剪贴蒙版，只改变图层组内图层的色彩。

17 选择"钢笔工具" ，在其工具选项栏中设置"工作模式"为"形状"，"填充"为"棕色（#592017）"，"描边"为"无"，在文档中创建如图 13-104 所示的形状，更改不透明度为 80%。

图 13-103　　　　　　图 13-104

18 按快捷键 Ctrl+J，复制形状图层。双击该形状图层，在弹出的"图层样式"对话框中，选择"斜面与浮雕"、"描边"选项，设置参数如图 13-105 所示。

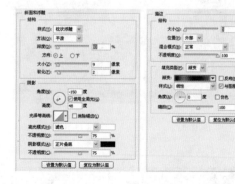

图 13-105

19 单击"确定"按钮，关闭"图层样式"对话框，此时图形效果如图 13-106 所示。

20 选择"横排文字工具" ，在形状中输入相关文字，如图 13-107 所示。

图 13-106　　　　　　图 13-107

21 同上述制作标签的方法，制作另一标签，如图 13-108 所示。

22 选择"钢笔工具" ，设置其"工作模式"为"形状"，"填充"为"红色"，在文件中绘制如图 13-109 所示的形状。

23 同样的方法，绘制其他的形状，更改其"填充"为"白色"，如图 13-110 所示。

24 运用同样的操作方法添加其他的素材，得到最终的效果，如图 13-111 所示。

图 13-108

图 13-109

图 13-110

图 13-111

197 金融宣传海报——货币热气球

本实例主要通过"新建"命令、"打开"命令、移动工具、形状工具、图层样式、滤镜、调整图层等，制作一幅具有创意的金融宣传海报。

难易程度：★ ★ ★ ★ ★

文件路径：素材\第 13 章\197

视频文件：mp4\第 13 章\197

01 启动 Photoshop CC，执行"文件"|"新建"命令，弹出"新建"对话框，在对话框中设置参数，如图 13-112 所示，单击"确定"按钮，新建一个文档。

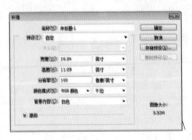

图 13-112

02 按快捷键 Ctrl+O，打开"背景"素材。选择"移动工具" ，将素材拖拽至编辑的文档中，按快捷键 Ctrl+T，适当的调整大小和位置，如图 13-113 所示。

03 执行"图层"|"新建"|"图层"命令，新建图层。选择"椭圆选框工具" ，按 Shift 键的同时在文档中创建选区，按快捷键 Ctrl+Delete，填充背景色，如图 13-114 所示。

图 13-113

图 13-114

04 按快捷键 Ctrl+D，取消选区。按快捷键 Ctrl+O，打开"牡丹"素材，选择"移动工具" 将其拖拽至编辑的文档中，适当调整大小，如图 13-115 所示。

05 选择"椭圆工具" ，在工具选项栏中选择"路径"选项，按住 Shift 键绘制一个圆形路径，如图 13-116 所示。

图 13-115　　　　　图 13-116

06 选择"横排文字工具" **T**，打开"字符"面板按钮 **▤**，选择字体并设置大小，文字颜色设置为灰色（#bfbfbf），如图 13-117 所示，在路径上单击并输入文字，文字会沿路径排列，如图 13-118 所示。

图 13-117　　　　　图 13-118

07 按快捷键 Ctrl+E，将白色圆形、花及文字图层合并为一个图层。执行"滤镜"|"风格化"|"浮雕效果"命令，设置参数如图 13-119 所示，创建浮雕效果，如图 13-120 所示。

图 13-119　　　　　图 13-120

08 按快捷键 Ctrl+Shift+U，去除颜色，如图 13-121 所示。

09 单击"创建新的填充或调整图层"按钮 **◑**，创建"曲线"调整图层，在曲线上单击，添加三个控制点，拖动这些控制点调整曲线，如图 13-122 所示。

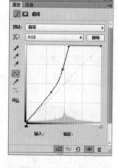

图 13-121　　　　　图 13-122

10 按快捷键 Ctrl+Alt+G，创建剪贴蒙版，使"曲线"只调整硬币，不影响背景桌面，如图 13-123 所示。

11 按快捷键 Ctrl+O，打开"纹理"素材并添加至硬币上方，更改图层混合模式为"颜色加深"、"不透明度"设置为 50%，按快捷键 Ctrl+Alt+G，创建剪贴蒙版，将纹理添加至硬币中，如图 13-124 所示。

图 13-123　　　　　图 13-124

12 选择"创建新图层"按钮 **▢**，新建图层。设置前景色为土色（#644a31），按快捷键 Alt+Delete 填充前景色，更改图层混合模式为"正片叠底"、"不透明度"为 50%，按快捷键 Ctrl+Alt+G，创建剪贴蒙版，将填充色添加至硬币中，如图 13-125 所示。

图 13-125　　　　　图 13-126

13 新建图层。设置前景色为白色，选择"渐变工具"，在"渐变编辑器"对话框中选择"白色到透明"的渐变，按下"径向渐变"按钮，在硬币上拉出径向渐变，如图 13-126 所示，更改其图层混合模式为"叠加"，"不透明度"为70%，按快捷键Ctrl+Alt+G，创建剪贴蒙版，制作硬币上的高光区域，如图 13-127 所示。

14 新建图层，填充土色（#644a31）。按住 Ctrl 键的同时载入硬币的选区，选择"添加图层蒙版"按钮 ▣，添加蒙版，这时图像效果如图 13-128 所示。

图 13-127　　　　　　图 13-128

15 按Ctrl键的同时单击蒙版，载入土色的填充。选择椭圆选框，将光标放置选区内，当光标变为 ▷□ 图标时，单击鼠标右键，在弹出的快捷菜单中选择"变换选区"选项，将选区进行变换，如图 13-129 所示。

16 按回车键，确定变形操作。将前景色设为黑色，按快捷键 Alt+Delete，填充黑色，如图 13-130 所示。

图 13-129　　　　　　图 13-130

17 按快捷键 Ctrl+D，取消选区。双击该图层，打开"图层样式"对话框，在弹出的对话框中选择"斜面与浮雕"选项，设置相关参数，如图 13-131 所示，单击"确定"按钮，此时硬币效果如图 13-132 所示。

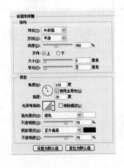

图 13-131　　　　　　图 13-132

18 按 Shift 键，选中制作硬币的图层，按快捷键 Ctrl+G，进行编组，选择"移动工具" ⊹，将组移动到合适位置。在组内新建图层，选择"画笔工具" ✐，设置画笔"大小"为 3 像素、"硬度"为100%、前景色为黑色。

19 选择"钢笔工具" ⌕，在工具选项栏中选择"路径"选项，在文档中绘制如图 13-133 所示的路径。单击鼠标右键，在弹出的快捷键菜单中选择"描边路径"选项，对路径进行描边，如图 13-134 所示。

20 同上述操作方法，继续创建线条路径并进行描边，如图 13-135 所示。

图 13-133　　　图 13-134　　　图 13-135

21 同上述制作硬币的操作方法，依次制作另外的硬币，如图 13-136 所示。

图 13-136

22 运用同样的操作方法添加其他的素材，得到最终的效果，如图 13-137 所示。

图 13-137

198　宣传海报 1——童鞋

本实例主要通过渐变工具、矩形选框工具、"打开"命令、移动工具、图层蒙版等操作，制作一张童鞋的宣传海报。

📗 难易程度：★★★★★

📁 文件路径：素材\第 13 章\198

🎬 视频文件：mp4\第 13 章\198

01 按快捷键 Ctrl+N，弹出"新建"对话框，在对话框中设置参数如图 13-138 所示，单击"确定"按钮，新建一个空白文件。

图 13-138

02 执行"文件"|"打开"命令，在"打开"对话框中选择"背景"素材，单击"打开"按钮，选择"移动工具" ⊕，将素材添加至文件中，放置在合适的位置，如图 13-139 所示。

03 单击图层面板上的"添加图层蒙版"按钮 ◻，为"背景"图层添加图层蒙版。设置前景色为黑色，选择"画笔工具" ✎，在图像下方进行涂抹，效果如图 13-140 所示。

04 运用同样的操作方法，继续添加一张"草原"素材并添加图层蒙版，效果如图 13-141 所示。

05 按快捷键 Ctrl+J，将"草原"图层复制一层，加重色彩，效果如图 13-142 所示。

图 13-139　　　　　　　　图 13-140

图 13-141　　　　　　　　图 13-142

06 添加"树木"和"草地"素材，放置合适的位置，如图 13-143 所示。

07 选择"矩形选框工具" [□]，在图像窗口中按住光标并拖动，绘制一个矩形选区。

08 选择"渐变工具" [■]，在工具选项栏中单击渐变条 [■▼]，打开"渐变编辑器"对话框，设置参数如图 13-144 所示，其中红色值为（#ac1e24）、粉红色值为（#e47781）。

图 13-143　　　　图 13-144

09 单击"确定"按钮，关闭"渐变编辑器"对话框。按下工具选项栏中的"线性渐变"按钮 [■]，在图像中按住并由左至右拖动光标，填充渐变效果如图 13-145 所示。

10 按快捷键Ctrl+T，进入自由变换状态，调整矩形的角度、位置及图层的顺序，效果如图 13-146 所示。

图 13-145　　　　图 13-146

11 按快捷键 Ctrl+O，添加"童鞋"素材，放置合适的位置，如图 13-147 所示。选择"涂抹工具" [≈]，在童鞋边缘进行涂抹，制作出旋转运动效果，如图 13-148 所示。

12 选择"椭圆选框工具" [○]，在图像窗口中绘制一个椭圆，选择"渐变工具" [■]，在工具选项栏中单击渐变条 [■▼]，打开"渐变编辑器"对话框，设置参数如图 13-149 所示，其中黄色值为（#f3b700），橙色值为（#eb5a10）。

图 13-147　　　　图 13-148

13 单击"确定"按钮，关闭"渐变编辑器"对话框。按下工具选项栏中的"径向渐变"按钮 [◉]，在图像中按住并拖动光标，填充渐变效果如图 13-150 所示。

图 13-149　　　　图 13-150

14 运用同样的操作方法，继续绘制一个椭圆，填充渐变效果如图 13-151 所示。

15 合并两个椭圆图层，在图层面板中单击"添加图层样式"按钮 [fx]，在弹出的快捷菜单中选择"投影"选项，弹出"图层样式"对话框，设置参数如图 13-152 所示。

图 13-151　　　　图 13-152

16 单击"确定"按钮，退出"图层样式"对话框，添加"投影"的效果如图 13-153 所示。

17 新建一个图层，选择"钢笔工具" ，设置工具选项栏中"工作模式"为"路径"，绘制路径，按快捷键 Ctrl+回车，转换路径为选区。

18 选择"画笔工具" ，在选区内进行涂抹，效果如图 13-154 所示。

图 13-153   图 13-154

19 设置图层的"不透明度"为 50%，制作出立柱的倒影效果，如图 13-155 所示。

20 单击图层面板中的"创建新的填充或调整图层"按钮 ，在打开的快捷菜单中选择"色相/饱和度"命令，系统自动添加一个"色相/饱和度"调整图层，设置参数如图 13-156 所示。此时图像效果如图 13-157 所示。

图 13-155   图 13-156

21 选择"横排文字工具" ，添加文字，按快捷键 Ctrl+O，添加"标志"素材，放置合适的位置，得到最终的效果，如图 13-158 所示。

图 13-157   图 13-158

199 宣传海报 2——香水

本实例主要通过画笔工具、"打开"命令、移动工具、钢笔工具、图层蒙版、图层样式等操作，制作一款香水的宣传海报。

难易程度：★★★★★

文件路径：素材\第 13 章\199

视频文件：mp4\第 13 章\199

01 按快捷键 Ctrl+N，弹出"新建"对话框，在对话框中设置参数如图 13-159 所示，单击"确定"按钮，新建一个空白文件。

02 设置前景色为红色（#ff3f56），按快捷键 Alt+Delete，填充颜色。新建一个图层，设置前景色为浅粉色（f8c6c2），选择"画笔工具" ，在工具选项栏中设置"硬度"为 0%，在图像窗口中涂抹。在绘制的时候，通过不断调整画笔的颜色和不透明度，以便绘制出如图 13-160 所示的渐变过渡效果。

图 13-159　　　　　图 13-160

03 按快捷键 Ctrl+O，弹出"打开"对话框，选择"花朵"素材，单击"打开"按钮，选择"移动工具" ，将素材添加至文件中，放置在合适的位置，如图 13-161 所示。

图 13-161

04 单击图层面板上的"添加图层蒙版"按钮 ，为"花朵"图层添加图层蒙版。编辑图层蒙版，设置前景色为黑色，选择"画笔工具" ，按"["或"]"键调整合适的画笔大小，在图像上涂抹，效果如图 13-162 所示。

图 13-162

05 运用同样的操作方法，添加人物素材，添加图层蒙版，效果如图 13-163 所示。

图 13-163

06 选择"钢笔工具" ，设置工具选项栏中的"工作模式"为"形状"，绘制图形，如图 13-164 所示。

图 13-164

07 打开图层面板，设置图层的不透明度为 40%，如图 13-165 所示。

图 13-165

08 运用同样的操作方法，绘制图形，设置图层的"不透明度"为 55%，如图 13-166 所示。

图 13-166

09 执行"文件"|"打开"命令,将"花朵1"素材置入文件中,如图 13-167 所示。

图 13-167

10 新建一个图层,设置前景色为粉色(#fbdad0),选择"画笔工具" ,在绘制的图形上进行涂抹,效果如图 13-168 所示。

图 13-168

11 运用同样的操作方法,添加"香水"素材,放置合适的位置。将"香水"图层复制一层,得到"香水复制"图层。按快捷键 Ctrl+T,进入自由变换状态,单击鼠标右键,在弹出的快捷菜单中选择"垂直翻转"选项,垂直翻转图层,然后调整至合适的位置,如图 13-169 所示。

图 13-169

12 单击图层面板上的"添加图层蒙版"按钮 ,为图层添加图层蒙版,按 D 键,恢复前背景色为默认的黑白颜色,选择"渐变工具" ,按下"线性渐变"按钮 ,在图像窗口中按住并拖动光标,效果如图 13-170 所示。

图 13-170

13 选择"矩形工具" ,在图像窗口中按住光标并拖动,绘制矩形如图 13-171 所示。

图 13-171

14 选择"横排文字工具" ,在工具选项栏中选择"方正综艺简体",大小为 72 点,在图像窗口中输入文字,如图 13-172 所示。

图 13-172

15 执行"图层"|"图层样式"|"描边"命令，弹出"图层样式"对话框，设置描边的参数，如图 13-173 所示。继续选择"外发光"选项，设置参数如图 13-174 所示。

图 13-173　　　　图 13-174

16 单击"确定"按钮，退出"图层样式"对话框，添加"描边"和"外发光"的效果如图 13-175 所示。

图 13-175

17 运用同样的操作方法，继续输入文字，如图 13-176 所示。

图 13-176

200　电视海报——数字电视

本实例主要通过画笔工具、矩形选框工具、高斯模糊命令、"打开"命令、移动工具等操作，制作一张数字电视的宣传海报。

难易程度：★★★★★

文件路径：素材\第 13 章\200

视频文件：mp4\第 13 章\200

01 按快捷键 Ctrl+N，弹出"新建"对话框，在对话框中设置参数如图 13-177 所示，单击"确定"按钮，新建一个空白文件。

02 新建一个图层，设置前景色为淡蓝色（#8ad3f2），选择"画笔工具" ✎，设置不同的透明度，沿着图像窗口边缘进行涂抹，效果如图 13-178 所示。

图 13-177   图 13-178

03 选择"矩形选框工具" [□]，在图像窗口中按住光标并拖动，绘制选区。

04 选择"渐变工具" [■]，在工具选项栏中单击渐变条 [■▼]，打开"渐变编辑器"对话框，设置参数如图 13-179 所示，其中深蓝色为（#006bb7）、蓝色为（#52b3e6）。

05 单击"确定"按钮，关闭"渐变编辑器"对话框。按下工具选项栏中的"线性渐变"按钮 [■]，在矩形选区中按住并由上至下拖动光标，填充渐变效果如图 13-180 所示。

图 13-179   图 13-180

06 按快捷键 Ctrl+O，弹出"打开"对话框，选择"线条"素材，单击"打开"按钮，选择"移动工具" [▶+]，将素材添加至文件中，放置在合适的位置，如图 13-181 所示。

图 13-181

07 双击图层，弹出"图层样式"对话框，选择"颜色叠加"选项，设置参数如图 13-182 所示。

08 单击"确定"按钮，退出"图层样式"对话框，添加"颜色叠加"的效果如图 13-183 所示。

图 13-182

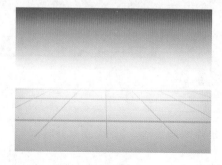

图 13-183

09 运用上述添加素材的操作方法，继续添加"树木楼房"素材，如图 13-184 所示。

图 13-184

10 选择"楼房"素材，按快捷键 Ctrl+J，将图层复制一层，得到"楼房复制"图层，按快捷键 Ctrl+T，进入自由变换状态，单击鼠标右键，在弹出的快捷菜单中选择"水平翻转"选项，水平翻转图层，然后调整至合适的位置和角度，如图 13-185 所示。

图 13-185

11 执行"滤镜"|"模糊"|"高斯模糊"命令，弹出"高斯模糊"对话框，设置参数如图 13-186 所示。单击"确定"按钮，执行滤镜效果并退出"高斯模糊"对话框，调整图层顺序，效果如图 13-187 所示。

图 13-188

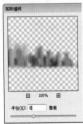

图 13-186   图 13-187

12 选择"楼房"、"楼房复制"、"树木"图层，合并图层，运用上述自由变换的操作方法，垂直翻转图层，调整图层的位置和角度，制作出倒影效果，如图 13-188 所示。

13 运用上述添加素材的操作方法，添加"电视机"、"标志"、"蝌蚪图案"等素材，最终的效果如图 13-189 所示。

图 13-189

201 茶叶海报——云南普洱茶

本实例主要通过"新建"命令、"打开"命令、移动工具、调整图层、钢笔工具、文字工具，制作一幅色、香、味俱全的茶叶宣传海报。

📖 难易程度：★★★★

🖼 文件路径：素材\第 13 章\201

🎞 视频文件：mp4\第 13 章\201

01 启动 Photoshop CC，执行"文件"|"新建"命令，弹出"新建"对话框，在对话框中设置参数，如图 13-190 所示，单击"确定"按钮，新建一个空白文件。

02 按快捷键 Ctrl+Alt+Shift+N，新建图层。选择"渐变工具" ▣，在工具选项栏中的"渐变编辑器"中设置黑色到红色（# bb330f）的渐变，如图 13-191 所示。

图 13-190

图 13-191

03 按下"线性渐变"按钮 ▣，从画布的下方往上方拉出渐变，如图 13-192 所示。

04 执行"文件"|"打开"命令，在"打开"对话框中选择"茶叶"素材，单击"打开"按钮，选择"移动工具" ▶+，将素材添加至文件中，放置在合适的位置，如图 13-193 所示。

图 13-192

图 13-193

05 执行"文件"|"打开"命令，在"打开"对话框中选择"茶杯"素材，单击"打开"按钮，选择"移动工具" ▶+，将素材添加至文件中，放置在合适的位置，如图 13-194 所示。

06 新建一个图层，设置前景色为黄色（# e8d079），选择"钢笔工具" ✎，绘制如图 13-195 所示的路径。

图 13-194

图 13-195

07 按快捷键 Ctrl+回车，将路径转换为选区，按快捷键 Alt+Delete，填充前景色，如图 13-196 所示。

08 按快捷键 Ctrl+D，取消选区。切换至图层面板，更改其混合模式为"变亮"，"不透明度"为 27%，如图 13-197 所示。

图 13-196

图 13-197

09 按快捷快 Ctrl+J，将制作的图形多复制几份，选择"移动工具" ▶+，分别将图形移至合适的位置，如图 13-198 所示。

10 选择"钢笔工具" ✎，在文档中绘制如图 13-199 所示的路径。

图 13-198

图 13-199

11 选择"横排文字工具" T，打开"字符"面板选择字体并设置大小，文字颜色设置为黄色（#e7a963）如图 13-200 所示。

12 使用鼠标在路径中单击，设置插入，同时会显示文字的定界框，如图 13-201 所示。

> 技巧：在文字输入状态下，单击 3 下可以选择一行文字；单击 4 下可以选择整个段落；按快捷键 Ctrl+A 可以选择全部文本。

图 13-200　　　　　　　图 13-201

图 13-204　　　　　　　图 13-205

13 在显示的定界框内输入文字，文字会自动的输入到所绘制的路径之内，如图 13-202 所示。

14 按快捷键 Ctrl+回车，将路径转换为选区，新建图层，填充前景色，如图 13-203 所示。

17 选择"横排文字工具" ，设置字体为 叶根友钢笔... ▼ ，"大小"为 25、"颜色"为黑色，在文档中输入文字，如图 13-206 所示。

18 双击该文字图层，打开"图层样式"对话框，在弹出的对话框中该选择"描边"选项，设置参数如图 13-207 所示。

图 13-202　　　　　　　图 13-203

图 13-206　　　　　　　图 13-207

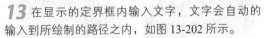

提示: 如果定界框内不能显示全部文字时，右下角的控制点会变为 **⊞** 状，拖动此形状，可显示文字；按 Ctrl 键拖动控制点，可以等比例缩放文字；将光标移至定界框外，当指针变为弯曲的双向箭头时拖动鼠标可以旋转文字；如果同时按住 Shift 键，则能够以 15° 角为增量进行旋转；单击工具选项栏中的 ✓ 按钮，结束文本的编辑操作。

19 单击"确定"按钮，关闭"图层样式"对话框，此时文字效果如图 13-208 所示。

20 同上述方法，输入相关的文字，得到最终效果，如图 13-209 所示。

15 按快捷键 Ctrl+D 取消选区。执行"滤镜"|"模糊"|"高斯模糊"命令，在弹出的"高斯模糊"对话框中设置相关参数，如图 13-204 所示。

16 单击"确定"按钮，关闭"高斯模糊"对话框。按快捷键 Ctrl+[，将图层向下移动一层，更改其"不透明度"为 20%，如图 13-205 所示。

图 13-208　　　　　　　图 13-209

第 **14** 章
装帧设计

　　画册设计可以用流畅的线条、和谐的图片或优美文字，组合成一本富有创意又具有可赏性的精美画册。全方位立体展示企业的风貌、品牌理念，以达到宣传产品，塑造品牌形象的目的。一本好的画册一定要有准确的定位，高水准的创意设计，从各角度展示画册载体的风采。

　　封面是装帧艺术的重要组成部分，在设计时要遵循平衡、韵律与协调的造型规律，突出主题，大胆设想，运用构图、色彩、图案等知识，设计出比较完美、典型，富有情感的封面，提高设计应用的能力。

　　本章通过 9 个实例，主要讲述了画册的封面、扉页、内页、封底等各个方面的设计和制作技巧。

202 食品画册——豆浆宣传画册

本实例主要通过"新建"命令、渐变工具、图层的混合模式、创建剪贴蒙版命令等操作,制作豆浆宣传画册。

📖 难易程度：★★★★★

🗂 文件路径：素材\第 14 章\202

🎬 视频文件：mp4\第 14 章\202

01 按快捷键 Ctrl+N，打开"新建"对话框，设置参数，如图 14-1 所示，创建一个新的图像文件。

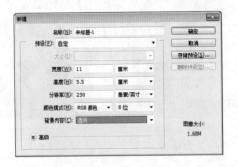

图 14-1

02 设置前景色为绿色（ # 005e29），按快捷键 Alt+Delete，填充颜色，效果如图 14-2 所示。

图 14-2

03 执行"视图"|"新建参考线"命令，弹出"新建参考线"对话框，在"位置"中输入 5.5 厘米，单击"确定"按钮，如图 14-3 所示，可为图像添加一条精确的垂直参考线。

图 14-3

04 选择"矩形选框工具" □，在图像窗口中按住光标并拖动，绘制选区如图 14-4 所示。

图 14-4

05 新建一个图层，设置前景色为黄色（#d16a1b），选择"渐变工具" ■，单击工具选项栏中的"线性渐变"按钮■，单击选项栏渐变列表框下拉按钮▼，从弹出的渐变列表中选择"前景到透明"渐变。移动光标至图像窗口下方位置，然后拖动光标至图像窗口顶端，释放鼠标后，得到如图 14-5 所示的效果。

图 14-5

06 运用同样的操作方法，继续使用矩形选框工具制作如图 14-6 所示的图形。

图 14-6

07 按快捷键 Ctrl+O，弹出"打开"对话框，选择"花纹""蓝天白云"素材，单击"打开"按钮，选择"移动工具" ，将素材添加至文件中，放置在合适的位置，如图 14-7 所示。

图 14-7

08 单击"蓝天白云"图层，设置图层的"混合模式"为"明度"，单击图层面板上的"添加图层蒙版"按钮 ，为图层添加图层蒙版。设置前景色为黑色，选择"画笔工具" ，在图像上进行涂抹，效果如图 14-8 所示。

09 添加"竹椅"素材，新建一个图层，设置前景色为绿色（#2c4c14），选择"画笔工具" ，在工具选项栏中设置"硬度"为 0%，"不透明度"和"流量"均为 80%，在图像窗口中单击鼠标进行涂抹，涂抹的时候力度要均匀，先涂上淡色然后再加重，为竹椅绘制投影如图 14-9 所示。

图 14-8

图 14-9

10 选择"椭圆选框工具" ，按住 Shift 键的同时拖动鼠标，绘制一个正圆选区，如图 14-10 所示。

图 14-10

11 新建图层，选择"渐变工具" ，在工具选项栏中单击渐变条 ，打开"渐变编辑器"对话框，设置参数如图 14-11 所示，其中黄色的参考值为（#fdd900），红色的为（#b83916）。单击"确定"按钮，关闭"渐变编辑器"对话框。按工具选项栏中的"径向渐变"按钮 ，在选区圆心位置向外拖动，填充径向渐变如图 14-12 所示。

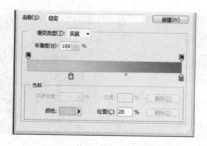

图 14-11

图 14-12

12 单击图层面板中的"添加图层样式"按钮 fx，在弹出的快捷菜单中选择"投影"选项，弹出"图层样式"对话框，设置投影的参数，如图 14-13 所示。

图 14-13

13 单击"确定"按钮，退出"图层样式"对话框，添加"投影"的效果，如图 14-14 所示。

图 14-14

14 选择"移动工具" ，按 Alt 键的同时拖动鼠标，复制图形，执行"编辑"|"变换"|"缩放"命令，调整图像的大小，如图 14-15 所示。

图 14-15

15 运用同样的操作方法，制作其他正圆，如图 14-16 所示。

图 14-16

16 执行"文件"|"打开"命令，在"打开"对话框中选择"人物 1"素材，单击"打开"按钮，选择"移动工具" ，将素材添加至文件中，如图 14-17 所示。按快捷键 Ctrl+T，进入自由变换状态，如图 14-18 所示。

图 14-17

图 14-18

17 调整好人物大小和位置，得到如图 14-19 所示的效果。

图 14-19

18 运用同样的操作方法，添加其他的素材，放置合适的位置，效果如图 14-20 所示。

图 14-20

图 14-21

19 按 T 键切换到横排文字工具，在工具选项栏中选择 "Arial"、大小为 42 点，输入文字，效果如图 14-21 所示。

20 运用同样的操作方法，输入其他的文字，得到最终的效果，如图 14-22 所示。

图 14-22

203　个人画册——旅游画册

本实例主要通过"新建"命令、图层蒙版、画笔工具、磁性套索工具、"打开"命令、移动工具等操作，制作个人旅游画册。

📖 难易程度：★★★★★

🗻 文件路径：素材\第 14 章\203

🎬 视频文件：mp4\第 14 章\203

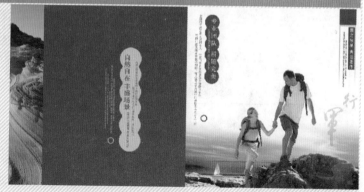

01 启用 Photoshop CC 后，执行"文件"|"新建"命令，弹出"新建"对话框，在对话框中设置参数如图 14-23 所示，单击"确定"按钮，新建一个空白文件。

02 执行"视图"|"新建参考线"命令，弹出"新建参考线"对话框，如图 14-24 所示，在"位置"中输入 5.5 厘米，选择"垂直"单选按钮，单击"确定"按钮，添加一条精确的参考线。

图 14-23

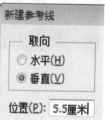

图 14-24

03 执行"文件"|"打开"命令，在"打开"对话框中选择"天空"素材，单击"打开"按钮，选择"移动工具" ，将素材移动至文件中，调整好大小、位置，得到如图 14-25 所示的效果。

图 14-25

04 单击图层面板上的"添加图层蒙版"按钮 ，为图层添加图层蒙版，选择"渐变工具" ，单击工具选项栏渐变下拉按钮 ，从弹出的渐变列表中选择"黑白"渐变，按下"线性渐变"按钮 ，在图像窗口中按住并拖动光标，填充黑白线性渐变，效果如图 14-26 所示。

图 14-26

05 按快捷键 Ctrl+O，弹出"打开"对话框，选择"人物"素材，单击"打开"按钮，如图 14-27 所示。

图 14-27

06 选择"磁性套索工具" ，建立选区，将人物从素材中选出，如图 14-28 所示。

07 选择"移动工具" ，将人物移动至文件中，调整好大小、位置，得到如图 14-29 所示的效果。

图 14-28

图 14-29

> **技巧：** 对于边缘细微部分可以用多边形套索工具，再配合 Shift 和 Alt 键加选或减选，以进行细微调整。

08 运用同样的操作方法，添加其他的素材，得到如图 14-30 所示的效果。

图 14-30

09 设置前景色为深红色（#6b3242），选择"矩形工具" ，在图像窗口中按住光标并拖动，绘制矩形如图 14-31 所示。

图 14-31

10 选择"画笔工具" ✎ ，按 F5 键，打开画笔面板，单击画笔浮动面板的"画笔笔尖形状"选项，会现相对应的调整参数，调整参数如图 14-32 所示。

图 14-32

提 示: 按下 Caps Lock 键可以在绘画时快速切换指针显示形状。

11 新建一个图层，设置前景色为黄色（#d6c59c，画笔的不透明度和流量均为 100%，按 Shift 键的同时，绘制图形，如图 14-33 所示。

图 14-33

12 运用同样的操作方法，绘制另外一个图形，如图 14-34 所示。

图 14-34

13 新建一个图层，按下 D 键，恢复前/背景色为系统默认的黑白颜色。选择"矩形工具" ▣ ，绘制如图 14-35 所示的图形。

图 14-35

14 运用同样的操作方法，制作其他的图形，如图 14-36 所示。

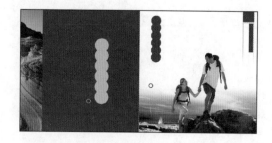

图 14-36

15 选择"直排文字工具" IT ，在工具选项栏中选择"华文中宋"、大小为 20 点，输入文字，如图 14-37 所示。

图 14-37

16 运用同样的操作方法，输入其他的文字，添加文字素材，得到最终的效果，如图 14-38 所示。

图 14-38

204 CD 唱片封面——音乐无限

本实例主要通过画笔工具、云彩滤镜、木刻滤镜、自由变换、图层蒙版、变换选区、色彩范围命令，制作一个 CD 唱片的封面。

难易程度：★ ★ ★ ★ ★

文件路径：素材\第 14 章\204

视频文件：mp4\第 14 章\204

01 按快捷键 Ctrl+N，弹出"新建"对话框，在对话框中设置参数如图 14-39 所示，单击"确定"按钮，新建一个空白文件。

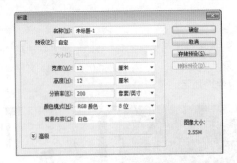

图 14-39

02 设置前景色为桔红色（#e15c11），按快捷键 Alt+Delete，填充颜色。

03 新建一个图层，设置前景色为黄色（#e5c484），选择"画笔工具" ，设置工具选项栏中的"硬度"为 0%，"不透明度"和"流量"均为 60%，在图像窗口中拖动光标，绘制如图 14-40 所示的光斑。

04 设置前景色为橙色（# ea8211），背景色为白色，新建一个图层，执行"滤镜"|"渲染"|"云彩"命令，效果如图 14-41 所示。

05 执行"滤镜"|"滤镜库"命令，弹出"滤镜库"对话框，选择"艺术效果"中的木刻，设置参数如图 14-42 所示。

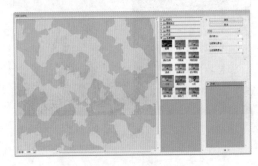

图 14-42

06 单击"确定"按钮，添加木刻滤镜效果如图 14-43 所示。设置图层的"混合模式"为"正片叠底"，效果如图 14-44 所示。

图 14-40   图 14-41

图 14-43   图 14-44

07 选择"钢笔工具" ，选择工具选项栏中的"形状"选项，设填充色为白色，绘制路径，如图 14-45 所示。栅格化形状图层，按快捷键 Ctrl+J，复制图层。

08 按快捷键 Ctrl+T，进入自由变换状态，按 Alt 键将中心点移动至右下角的位置上，在工具选项栏中设置角度为 15 度，变换图形，如图 14-46 所示。

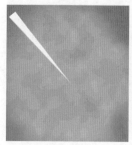
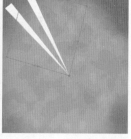

图 14-45　　　　　　　图 14-46

09 按快捷键 Shift+Ctrl+Alt+T，复制并旋转图形，如图 14-47 所示。打开图层面板，选择"形状1"图层和"形状1"图层的复制，合并图层，得到"形状 1"图层。

10 单击图层面板上的"添加图层蒙版"按钮 ，为"形状1"图层添加图层蒙版。编辑图层蒙版，设置前景色为黑色，选择"画笔工具" ，在形状图像边缘涂抹，效果如图 14-48 所示。

图 14-47　　　　　　　图 14-48

11 设置图层的"混合模式"为"柔光"，"不透明度"为 68%，效果如图 14-49 所示。

12 执行"文件"|"打开"命令，在"打开"对话框中选择"城堡"素材，单击"打开"按钮，如图 14-50 所示。

13 选择"移动工具" ，将素材添加至文件中，调整好大小、角度和位置，得到如图 14-51 所示的效果。

图 14-49　　　　　　　图 14-50

14 新建一个图层，选择"画笔工具" ，设置工具选项栏中的"硬度"为 0%，"不透明度"和"流量"均为 50%，在图像窗口中单击鼠标，绘制如图 14-52 所示的光点。

图 14-51　　　　　　　图 14-52

15 运用同样的操作方法，更改前景色，绘制如图 14-53 所示的光点。

16 新建一个图层，选择"自由钢笔工具" ，绘制一条路径，如图 14-54 所示。

图 14-53　　　　　　　图 14-54

17 选择、"画笔工具" ，设置前景色为白色，画笔"大小"为"5 像素"，"硬度"为 100%，选择"自由钢笔工具" ，在绘制的路径上方单击鼠标右键，在弹出的快捷菜单中选择"描边路径"选项，在弹出的对话框中选择"画笔"选项，并选中"模拟压力"复选框，如图 14-55 所示。

18 单击 "确定" 按钮，描边路径，得到如图 14-56 所示的效果。

图 14-55 图 14-56

19 运用同样的操作方法，绘制其他的路径，进行描边，设置图层的不透明度为 40%，如图 14-57 所示。

20 选择 "椭圆选框工具" ，按 Shift 键的同时拖动鼠标，绘制一个正圆选区。设置前景色为红色（#f02121），按快捷键 Alt+Delete，填充颜色，效果如图 14-58 所示。

图 14-57 图 14-58

21 执行 "选择" | "变换选区" 命令，进入自由变换选区状态，按快捷键 Shift + Alt 同比例缩小选区，按回车键确定变换，如图 14-59 所示，填充土黄色（#f9780e）。

22 运用同样的操作方法，变换选区，填充颜色，绘制不同颜色、大小的正圆，如图 14-60 所示。

图 14-59 图 14-60

23 按 Delete 键，删除当前选区内的图像，得到如图 14-61 所示的效果。

24 选择多边形套索工具 ，套出下面的半圆，按 Delete 键，删除选区内容，制作出彩虹的效果如图 14-62 所示。

图 14-61 图 14-62

25 选择 "画笔工具" ，按 F5 键，打开画笔面板，选择 "星星" 画笔预设，新建一个图层，设置前景色为白色，在图像窗口中单击鼠标，绘制大小不同的星形，如图 14-63 所示。

26 按快捷键 Ctrl+O，添加人物素材，放置合适的位置，如图 14-64 所示。

图 14-63 图 14-64

27 运用同样的操作方法，添加其他的素材，如图 14-65 所示。

28 选择 "横排文字工具" ，在工具选项栏中选择 "方正大黑简体"、"字体大小" 为 20 点，颜色为紫色（#a4288f），输入文字，如图 14-66 所示。

29 选择文字图层，单击鼠标右键，在弹出的快捷菜单中选择 "栅格化图层"，按 Ctrl 键的同时，单击图层缩览图，将文字图层载入选区，执行 "滤镜" | "渲染" | "云彩" 命令，如图 14-67 所示。

30 执行 "滤镜" | "杂色" | "添加杂色" 命令，弹出 "添加杂色" 对话框，设置参数如图 14-68 所示。

图 14-65　　　　　　图 14-66

图 14-71　　　　　　图 14-72

35 单击"确定"按钮，得到的图像效果如图14-73 所示。按快捷键 Ctrl+T，进入自由变换状态，调整文字的角度，选择"加深工具" 🔍、减淡工具 🔍，在文字图像上进行涂抹，制作如图14-74 所示的效果。

图 14-67　　　　　　图 14-68

31 单击"确定"按钮，为文字图层添加"添加杂色"滤镜，如图 14-69 所示。

32 执行"滤镜"|"模糊"|"高斯模糊"命令，弹出"高斯模糊"对话框，设置参数，如图 14-70所示。

图 14-73　　　　　　图 14-74

36 单击图层面板中"添加图层样式"按钮 fx.，在弹出的快捷菜单中选择"外发光"选项，弹出"图层样式"对话框，设置"外发光"参数，如图14-75 所示。

37 单击"确定"按钮，退出"图层样式"对话框，添加"外发光"的效果，如图 14-76 所示。

图 14-69　　　　　　图 14-70

33 单击"确定"按钮，退出"高斯模糊"对话框，添加高斯模糊效果，如图 14-71 所示。

34 执行"图像"|"调整"|"色阶"命令，或按快捷键 Ctrl+L，弹出"色阶"对话框，具体参数设置如图 14-72 所示。

📚 提示：单击"色阶"对话框中的"自动"按钮，相当于执行了"图像"|"自动色调"命令，系统将自动对色阶进行调整。

图 14-75　　　　　　图 14-76

38 运用制作文字的操作方法，制作"music"文字效果，如图 14-77 所示。

39 选择"横排文字工具" T，设置前景色为白色，输入文字，如图 14-78 所示。

图 14-77　　　　　　　图 14-78

40 设置前景色为白色，选择"直线工具" ／，将鼠标移至图像编辑窗口"miyavi"文字两侧的位置，按 Shift 键的同时，绘制直线，效果如图 14-79 所示。

41 选择"画笔工具" ／，单击鼠标右键，选择一个"柔角"画笔，新建一个图层，设置前景色为白色，绘制光点，在绘制的时候，可通过按"〔"键和"〕"键调整画笔的大小，以便绘制出不同大小的光点，如图 14-80 所示。

图 14-79　　　　　　　图 14-80

42 按快捷键 Shift+Ctrl+Alt+E，盖印图层，得到一个合并图层。选择"椭圆选框工具" ○，按 Shift 键的同时拖动鼠标，绘制一个正圆选区，执行"选择"|"反向"命令，得到选区，按 Delete 键，删除选区内的图像，效果如图 14-81 所示。

43 运用同样的操作方法，绘制正圆选区，删除图像，如图 14-82 所示。

图 14-81　　　　　　　图 14-82

44 双击图层，弹出"图层样式"对话框，选择"描边"选项，设置描边参数，如图 14-83 所示。单击"确定"按钮，退出"图层样式"对话框，添加"描边"的效果如图 14-84 所示。

图 14-83　　　　　　　图 14-84

45 选择"椭圆选框工具" ○，绘制正圆选区，进行描边效果，如图 14-85 所示。

46 选择"横排文字工具" T，输入文字，如图 14-86 所示，为最终的光盘效果。

图 14-85　　　　　　　图 14-86

47 执行"文件"|"打开"命令，在"打开"对话框中选择"背景"素材，单击"打开"按钮，如图 14-87 所示，打开制作立体效果的背景图。

48 运用同样的操作方法，打开"光盘"素材，如图 14-88 所示。

图 14-87　　　　　　　图 14-88

49 将盖印的"平面"图像，移动至当前工作图层，如图 14-89 所示。

50 按快捷键 Ctrl+T，进入自由变换状态，单击鼠标右键，在弹出的快捷菜单中选择"扭曲"选项，然后将"平面"图像，调整至合适的位置和角度，如图 14-90 所示。

图 14-89　　　　　　　　图 14-90

51 选择"多边形套索工具" ，建立选区，填充黑到透明的渐变，制作出投影的效果，如图 14-91 所示。选择上面制作的"光盘"图像，移动至当前图层，按快捷键 Ctrl+T，调整图像的形状和角度，如图 14-92 所示。

图 14-91　　　　　　　　图 14-92

52 按快捷键 Ctrl+J，复制光盘图层，调整光盘的位置。在图层面板中单击"添加图层样式"按钮 *fx.*，在弹出的快捷菜单中选择"投影"选项，弹出"图层样式"对话框，设置参数，如图 14-93 所示。

图 14-93　　　　　　　　图 14-94

53 单击"确定"按钮，退出"图层样式"对话框，为光盘添加"投影"的效果，复制图层样式，效果如图 14-94 所示。

54 复制"音乐无限"	"music"图层，将其移动至当前工作图层上，如图 14-95 所示。

55 设置图层混合模式为"叠加"。打开"音乐无限"图层的"图层样式"对话框，取消勾选"外发光"复选框，然后选择"颜色叠加"选项，设置参数及效果如图 14-96 所示，其中红色的参考值为（＃660000），设置参数后单击"确定"按钮。

图 14-95　　　　　　　　图 14-96

205　杂志封面——青年时尚

本实例主要通过图案填充、图层蒙版、横排文字工具、去色命令等操作，制作一本青年时尚杂志封面。

难易程度：★ ★ ★ ★ ★

文件路径：素材\第 14 章\205

视频文件：mp4\第 14 章\205

01 启用 Photoshop CC 后，执行"文件"|"新建"命令，弹出"新建"对话框，在对话框中设置参数，如图 14-97 所示，单击"确定"按钮，新建一个空白文件。

02 按快捷键 Ctrl+O，弹出"打开"对话框，选择"人物"素材，单击"打开"按钮，选择"移动工具" ▶╋，将素材添加至文件中，放置在合适的位置，如图 14-98 所示。

图 14-97　　　　图 14-98

03 选中"人物"图层，按快捷键 Ctrl+J，复制图层，得到"复制"图层。设置复制图层的混合模式为滤色，不透明度为 50%，如图 14-99 所示。

04 新建图层，选择"矩形选框工具" ▭，沿人物边缘绘制矩形选框。设前景色为灰色（#c2c0ba），选择"画笔工具" ✎，设置画笔为柔角尖，设置合的不透明度值和流量值，在选框边缘涂抹，加深边缘，如图 14-100 示。

图 14-99　　　　图 14-100

05 按快捷键 Ctrl+D，取消选区。添加"花纹"素材至画面中，移至合适的位置，如图 14-101 所示。

06 单击图层面板底部的"添加图层蒙版"按钮 ▣，为图层添加图层蒙版，选中蒙版，按 D 键系统默认前背景色为黑白色，使用画笔工具，在耳朵以上的位置涂抹，使其隐藏，如图 14-102 所示。

图 14-101　　　　图 14-102

07 添加"花纹 2"素材至画面中，移至合适的位置，并复制一份，选中复制图层，按快捷键 Shift+Ctrl+U，去色图像，设图层混合模式为柔光，如图 14-103 所示。

08 添加"花纹 3"素材至画面中，设图层混合模式为亮光如图 14-104 所示。

图 14-103　　　　图 14-104

09 为图层添加图层蒙版，设前景色为黑色，使用画笔涂抹人物的轮廓，将其隐藏，如图 14-105 所示。

10 添加"花纹 4"素材至画面中，移至合适的位置上，按快捷键 Ctrl+J，复制图层。选中复制图层，按 Ctrl 键的同时单击图层缩略图，将其载入选区，选择"油漆桶工具" ▨，选择工具选项栏中的"图案"选项，打开图案拾色器，单击 ✿ 按钮，选择"自然图案"选项，弹出对话框，单击"确定"按钮，选择 ▨ 图案，使用油漆桶填充此图案，如图 14-106 所示，设图层不透明度为 50%。

11 选择"横排文字工具" T，输入文字，如图 14-107 所示。通过相同的方法，输入其他的文字，并添加"条形码"素材至画面中，得到效果如图 14-108 所示。

| 图 14-105 | 图 14-106 | 图 14-107 | 图 14-108 |

206 汽车类杂志封面——汽车观察

本实例主要通过"新建"命令、图层蒙版、画笔工具、圆角矩形工具、钢笔工具、移动工具等操作，制作汽车类杂志封面。

难易程度：★★★★★

文件路径：素材\第 14 章\206

视频文件：mp4\第 14 章\206

01 启用 Photoshop CC 后，执行"文件"|"新建"命令，弹出"新建"对话框，在对话框中设置参数，如图 14-109 所示，单击"确定"按钮，新建一个空白文件。

图 14-109

02 设前景色为蓝色（#3293d0），背景色为白色，选择工具箱中的"渐变工具" ，单击渐变条下拉列表 ，选择"前景色到背景色"，从上由下拉出一条直线，如图 14-110 所示。

03 添加"背景"素材至画面中，移至合适的位置，单击图层面板底部的"添加图层蒙版"按钮 ，为图层添加蒙版，选中图层蒙版，选择"画笔工具" ，设前景色为黑色，涂抹背景素材的上部分，使其隐藏，如图 14-111 所示。

| 图 14-110 | 图 14-111 |

04 单击图层面板底部的"创建新的填充或调整

图层"按钮 ，在弹出的快捷菜单中选择"色相/饱和度"选项，设置参数及效果如图 14-112 所示，并创建剪贴蒙版。

05 添加"草地"素材至画面中，移至合适的位置，复制一份并为复制图层添加图层蒙版，隐藏不需要的图像，效果如图 14-113 所示。

图 14-112   图 14-113

06 选择"钢笔工具" ，选择工具选项栏中的"形状"选项，设填充色为蓝色（#3293d0），绘制路径，如图 14-114 所示。

07 按快捷键 Ctrl+J，复制一份，再按快捷键 Ctrl+T，进入自由变换状态，将中心控制点移至下方中心位置，设置工具选项栏中的"旋转"为 9.5度，如图 14-115 所示。

图 14-114   图 14-115

08 按回车键，确定变换，多次按快捷键 Ctrl+Shift+Alt+T，变换再制对象，如图 14-116 所示。

09 按 Shift 键选中形状图层，按快捷键 Ctrl+G，编织组，选中"组 1"，设置图层不透明度为 48%，并为图层添加图层蒙版，使用画笔涂抹隐藏部分图像，如图 14-117 所示。

图 14-116   图 14-117

10 添加"3D 小矮人"素材至画面中，移至合适的位置，双击图层，弹出"图层样式"对话框，勾选"投影"，参数及效果如图 14-118 所示。

11 新建图层，按快捷键 Ctrl+【，向后一层，设前景色为黑色，选择"画笔工具" ，设置笔触为柔角尖，在腿部的位置涂抹，使其产生阴影，如图 14-119 所示。

图 14-118   图 14-119

12 添加 5 张"汽车"素材至画面中，调整好位置及大小，如图 14-120 所示。

图 14-120

13 选择"横排文字工具" T，设置工具选项栏中的字体为"方正超粗黑简体"，颜色为黑色，输入文字，如图 14-121 所示。通过相同的方法，编辑其他的文字，如图 14-122 所示。

图 14-121　　　　　　　　图 14-122

图 14-123　　　　　　　　图 14-124

18 选择"圆角矩形工具" ，绘制多个圆角矩形，并添加"条形码"素材至画面中，得到最终效果如图 14-126 所示。

14 选中"汽车观察"文字图层，设置填充为 0%，双击图层，弹出"图层样式"对话框，勾选"描边"，设置参数及效果如图 14-123 所示。

15 选择"圆角矩形工具" ，选择工具选项栏中的"形状"选项，填充色为无 ，描边色为绿色（#0f611b），宽度为 1.5 点，半径为 10 像素，绘制形状路径，如图 14-124 所示。

16 复制一份，选中复制，右键单击图层缩略图，在弹出的快捷菜单选择"栅格化形状"。

17 添加"卡通汽车"素材至画面中，移至合适的位置，选中栅格化的图层并为图层添加图层蒙版，隐藏与汽车重叠的部分，如图 14-125 所示。

图 14-125　　　　　　　　图 14-126

207 百货招租四折页——星河蓝湾

本实例主要通过"新建"命令、透视变换、图层的混合模式、创建剪贴蒙版命令等操作，制作百货招租四折页。

📖 难易程度：★★★★★

📁 文件路径：素材\第 14 章\207

🎬 视频文件：mp4\第 14 章\207

01 启动 Photoshop CC，执行 "文件" | "新建" 命令，弹出 "新建" 对话框，在对话框中设置参数，如图 14-127 所示，单击 "确定" 按钮，新建一个文档。

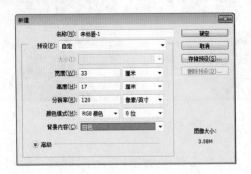

图 14-127

02 执行 "视图" | "标尺" 命令，画面中显示标尺，从左侧拉出三条标尺，如图 14-128 所示。

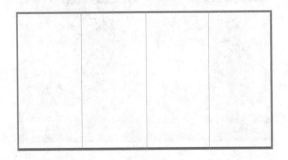

图 14-128

03 选择 "矩形工具" ，选择工具选项栏中的 "形状" 选项，填充色设为紫红色（#8b0e34），绘制矩形路径，并复制一份，移至合适的位置，如图 14-129 所示。

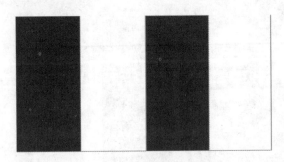

图 14-129

04 打开 "花" 素材，执行 "滤镜" | "油画" 命令，弹出 "油画" 对话框，设置参数如图 14-130 所示。

05 参数设置完毕后，单击 "确定" 按钮，按 V 键切换到移动工具，将素材移至画面中，调整好大小和位置。

图 14-130

06 按快捷键 Ctrl+Alt+G，创建剪贴蒙版，并设置图层的不透明度为 50%，如图 14-131 所示。

图 14-131

07 选择 "矩形工具" ，选择工具选项栏中的 "形状" 选项，设填充色为（#e6002e），描边为白色，宽度为 3 点，绘制路径，如图 14-132 所示。

图 14-132

08 通过相同的方法，绘制多个不同填充色的矩形，如图 14-133 所示。

09 添加 7 张素材至画面中，分别剪贴至矩形内，并分别为素材添加描边样式，效果如图 14-134 所示。

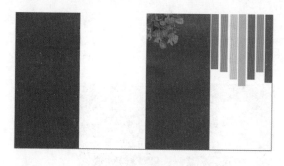

图 14-133

图 14-134

10 通过相同的方法，添加其他的人物和城市风景素材至画面中，并创建剪贴蒙版，效果如图 14-135 所示。

图 14-135

11 添加人物至画面中，调整好大小，设图层的混合模式为"滤色"，移至"矩形 1 复制"图层上并创建剪贴蒙版，如图 14-136 所示。

图 14-136

12 添加两颗"钻石"素材至不同的位置上，如图 14-137 所示。

图 14-137

13 选中"红色的钻石"图层，复制一份，按快捷键 Ctrl+【，向下一层，放大稍许，设图层不透明度为 37%。

14 为图层添加图层蒙版，使用画笔涂抹需要隐藏的图像，使其产生透明效果，如图 14-138 所示。

图 14-138

15 选中"白色钻石"图层，并双击图层，弹出"图层样式"对话框，勾选"投影"，设置参数及效果如图 14-139 所示。

图 14-139

16 新建图层，设前景色为深红色（#8b0e34），选择"钢笔工具"，选择工具选项栏中的"路径"选项，绘制路径。

17 绘制完毕后，按快捷键 Ctrl+回车，将其载入选区，按快捷键 Alt+Delete，填充前景色，按快捷键 Ctrl+D，取消选区，如图 14-140 所示。

图 14-140

18 单击图层面板上的"锁定透明像素"按钮 ，选择"矩形选框工具" ，在左侧绘制一个矩形选框，设前景色为深红色（#651229），填充前景色，如图 14-141 所示。

图 14-141

> 提 示：单击图层面板上的"锁定透明像素"按钮 后，添加任何效果，都不作用于透明部分。

19 按快捷键 Ctrl+D，取消选区，采用相同的方法，绘制另两条，如图 14-142 所示。

图 14-142

20 选择"横排文字工具" ，设置工具选项栏中的字体为"方正小标宋体"，颜色为红色（#b30545），输入文字，如图 14-143 所示。

图 14-143

21 通过使用相同的方法，编辑其他的文字，得到平面效果如图 14-144 所示。

图 14-144

22 按快捷键 Ctrl+Shift+Alt+E，盖印图层，按快捷键 Ctrl+S，保存平面效果图，按快捷键 Ctrl+N，弹出"新建"对话框，设置参数如图 14-145 所示，单击"确定"按钮，新建文件。

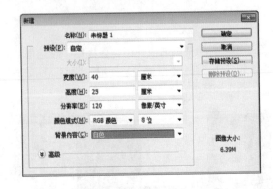

图 14-145

23 选中盖印的平面效果图至新建文件中，选中"背景"图层，设前景色为灰色（#8b8b89），填充前景色。

24 选择"矩形选框工具" ，在平面效果图层上绘制一折页的矩形选框，如图 14-146 所示。

图 14-146

25 按快捷键 Ctrl+J，复制选区内容，再次回到平面效果图层，绘制其他三折页的矩形选框并复制，将四折页拆分为单独的图层，隐藏平面效果图层，如图 14-147 所示。

图 14-147

26 选中"图层 2"，按快捷键 Ctrl+T，进入自由变换状态，将光标放在定界框四周的控制点上，按住 Shift+Ctrl+Alt，光标会变为 状，单击并拖动鼠标可进行透视变换，如图 14-148 所示。

图 14-148

技巧： 按住 Shift+Ctrl 键，可以沿水平/垂直方向斜切对象，按住 Ctrl 键，可以扭曲对象。

27 通过相同的方法，完成其他三折页的透视调整，如图 14-149 所示。

图 14-149

28 在背景图层上新建一个图层，选择"多边形套索工具" ，绘制一个不规则选框，如图 14-150 所示。

图 14-150

29 按快捷键 Shift+F6，弹出"羽化选区"对话框，设置半径为"20像素"，单击"确定"按钮，设前景色为深灰色（#53534e），按快捷键 Alt+Delete，填充前景色，再按快捷键 Ctrl+D，取消选区，得到最终效果如图 14-151 所示。

图 14-151

208 油漆宣传单三折页——东方彩虹

本实例主要通过"新建"命令、
"打开"命令、移动工具、矩形工具、
图层样式、混合模式、圆角矩形工具、、
制作一张油漆宣传单三折页。

难易程度：★ ★ ★ ★ ★

文件路径：素材\第 14 章\208

视频文件：mp4\第 14 章\208

01 启用 Photoshop CC 后，执行"文件"|"新建"命令，弹出"新建"对话框，在对话框中设置参数，如图 14-152 所示，单击"确定"按钮，新建一个空白文件。

02 选择"矩形工具" ，单击工具选项栏中的"形状"，设填充色为（#bf0a11），绘制矩形路径，如图 14-153 所示。

图 14-152   图 14-153

03 采用相同的方法，绘制多个矩形路径，设置合适的填充色，如图 14-154 所示。

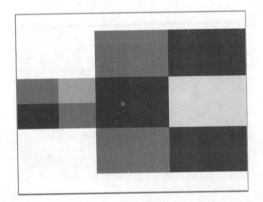

图 14-154

04 添加"小男孩"素材至画面中，移至合适的位置并移到淡黄色矩形图层上，设图层混合模式为正片叠底，按快捷键 Ctrl+Alt+G，创建剪贴蒙版，效果如图 14-155 所示。

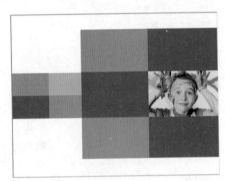

图 14-155

05 运用同样的操作方法，添加剪影和油漆素材至画面中，如图 14-156 所示。

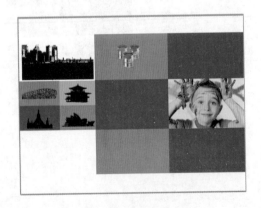

图 14-156

06 选中并双击"油漆"素材图层，弹出"图层样式"对话框，勾选"投影"，设置参数及效果如图 14-157 所示。

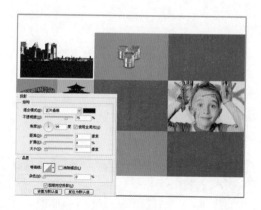

图 14-157

07 添加"标志"素材，并复制一份，擦除文字，更改颜色，如图 14-158 所示。

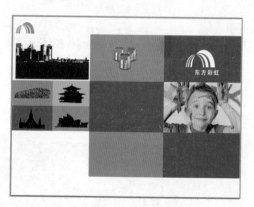

图 14-158

08 新建图层，选择"钢笔工具" ，绘制一条不规则路径，如图 14-159 所示。

图 14-159

09 按 B 键切换到画笔工具，设置工具选项栏中的大小为 20 像素，硬度为 100%，不透明度为 100%，流量为 50%，在按 P 键切换到钢笔工具，在路径上单击鼠标右键，弹出快捷菜单，选择"描边路径"选项，效果如图 14-160 所示。

图 14-160

10 选择"横排文字工具" T ，设置工具选项栏中的字体为"方正粗圆简体"，颜色为（#ff7b20），输入文字，单击创建变形文字按钮 ，弹出"变形文字"对话框，设置参数及效果如图 14-161 所示。

图 14-161

11 通过相同的方法，编辑其他的文字并对其进行变形，效果如图 14-162 所示。

图 14-162

12 添加"标志 2"素材至画面中，并通过上述方法，绘制圆角矩形和输入其他的文字，效果如图 14-163 所示。

图 14-164

图 14-163

13 按快捷键 Shift+Ctrl+Alt+E，盖印可见图层。

14 打开"背景"素材至画面中，通过采用上一百货招租四折页制作立体效果的方法，制作出立体效果，并添加投影，参数如图 14-164 所示，最终效果如图 14-165 所示。

图 14-165

209 房地产画册——美的哲学

本实例主要通过"新建"命令、"打开"命令、移动工具、渐变工具、图层样式、"色相/饱和度"命令、铅笔工具、，制作一本房地产的画册。

难易程度：★★★★★

文件路径：素材\第 14 章\209

视频文件：mp4\第 14 章\209

01 启用 Photoshop CC 后，执行"文件"|"新建"命令，弹出"新建"对话框，在对话框中设置参数，如图 14-166 所示，单击"确定"按钮，新建一个空白文件。

02 设前景色为土黄色（#bf9c59），按快捷键 Alt+Delete，填充前景色。

03 新建图层，选择"矩形选框工具" [⬚]，按 Shift 键绘制一个正圆选框，设前景色为红色（#c2000a），背景色为深红色（#640001），按 G 键切换到渐变工具 [▦]，单击工具选项栏中的渐变条下拉列表按钮 [▾]，选择"前景色到背景色"，单击径向渐变按钮 [◉]，在选区中拉出一条直线，如图 14-167 所示

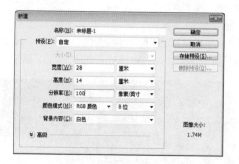

图 14-166

图 14-167

04 按快捷键 Ctrl+D，取消选区，单击图层面板底部的"创建新的填充或调整图层"按钮 ，在弹出的快捷菜单中选择"曲线"选项，设置参数及效果如图 14-168 所示。

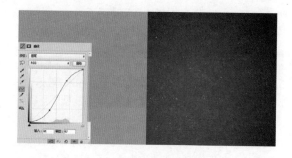

图 14-168

05 添加"门"素材至画面中，单击图层面板底部的"添加图层蒙版"按钮 ，选中图层蒙版，设前景色为灰色（#9fa0a0），选择"矩形选框工具" ，在门上绘制一个矩形选框，按快捷键 Alt+Delete，填充前景色，如图 14-169 所示。选中"门"图层并双击图层，弹出"图层样式"对话框，勾选"投影"，设置参数及效果如图 14-170 所示。

提　示：添加图层蒙版，设置的前景色为灰色，能让对象产生透明的效果。

图 14-169　　　　　　　图 14-170

06 右键单击图层缩略图上的图层样式图标 ，在弹出的快捷菜单中选择"创建图层"选项，如图 14-171 所示。系统自动生成一个投影图层，图层显示如图 14-172 所示。

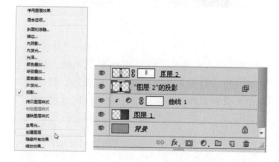

图 14-171　　　　　　　图 14-172

提　示：为所添加的投影样式创建图层的作用主要是不会影响再次添加投影样式的效果。

07 选中"门"图层，单击图层面板底部的"创建新的填充或调整图层"按钮 ，在弹出的快捷菜单中选择"曲线"选项，设置参数及效果如图 14-173 所示，设置完毕后，关闭窗口，按快捷键 Ctrl+Alt+G，创建剪贴蒙版。

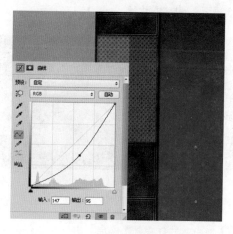

图 14-173

08 新建图层，选择"矩形选框工具" ，绘制矩形选框，填充黑色，设图层不透明度为 30%，并添加投影样式，参数及效果如图 14-174 所示。

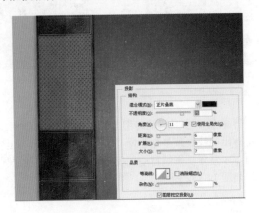

图 14-174

09 添加"荷花""灯"素材至画面中，移至合适的位置，并为荷花图层添加图层蒙版，使用画笔隐藏不需要的图像，如图 14-175 所示。

10 新建图层，选择"铅笔工具" ，设合适的大小及硬度，绘制灯的铁架，如图 14-176 所示。

图 14-175 　　　　　　图 14-176

11 添加"百货夜景""人物""荷花""祥云"素材至画面中，调整好位置，如图 14-177 所示。

图 14-177

12 选中"百货夜景"图层，为图层添加图层蒙版，使用画笔隐藏不需要的图像。

13 再选中"人物"图层，也为图层添加图层蒙版，使用画笔隐藏不需要的图像，并为图层添加色彩平衡调整图层，参数及效果如图 14-178 所示。

图 14-178

14 选中"祥云"图层，为图层添加"色相/饱和度"调整图层，参数及效果如图 14-179 所示。

图 14-179

15 选中"荷花"图层，按快捷键 Ctrl+J，复制一份，选中复制图层，按快捷键 Ctrl+【,向下一层，按快捷键 Ctrl+T，进入自由变换状态，单击右键，在弹出的快捷菜单中选择"垂直翻转"选项，按回车键确定变换，移至下方，为图层添加图层蒙版，使用画笔隐藏不需要的图像，如图 14-180 所示。

16 新建图层，选择"画笔工具" ，设置合适的大小值，设前景色为黄色（#fdfb67），为荷花制作亮光效果，设图层混合模式为叠加，不透明度为 50%，并复制一份，放置到影荷花上，如图 14-181 所示。

图 14-180 　　　　　　图 14-181

17 选择"横排文字工具" $\boxed{\text{T}}$ ，设置工具选项栏中的字体为方正姚体，大小为 36 点，颜色为黑色，输入文字，如图 14-182 所示。

18 通过相同的方法，编辑其他的文字，得到效果如图 14-183 所示。

图 14-182

图 14-183

210 知识普及类封面——安全警示录手册

本实例主要通过"新建"命令、"打开"命令、移动工具、图层蒙版、画笔工具、矩形选框工具、自定形状工具、自由变换命令等，制作一本安全警示录手册。

📖 难易程度：★★★★★

🗂 文件路径：素材\第 14 章\210

🎬 视频文件：mp4\第 14 章\210

01 启动 Photoshop CC，执行"文件"|"新建"命令，弹出"新建"对话框，在对话框中设置参数，如图 14-184 所示，单击"确定"按钮，新建一个空白文件。

图 14-184

02 新建图层，选择"矩形选框工具" $\boxed{\Box}$ ，绘制一个矩形选框，设前景色为黄色（#fee070），背景色为桔红色（#e73704）。

03 选择"渐变工具" $\boxed{\blacksquare}$ ，单击工具选项栏中的渐变条下拉列表按钮 $\boxed{\blacktriangledown}$ ，选择"前景色到背景色"，单击径向渐变按钮 $\boxed{\blacksquare}$ ，在选区中拉出一条直线，如图 14-185 所示。

04 单击图层面板底部的"创建新的填充或调整图层"按钮 $\boxed{\bullet}$ ，在弹出的快捷菜单中选择"色相/饱和度"选项，设置参数及效果如图 14-186 所示。

05 添加"砖墙"素材至画面中，设置图层不透明度为 15%，并添加图层蒙版，隐藏不需要的图像，如图 14-187 所示。

06 添加"太阳光"移至合适的位置，设置图层不透明度为 50%，并为图层添加图层蒙版，使用画笔涂抹隐藏不需要的图像。

图 14-185　　　　图 14-186

07 双击图层，弹出"图层样式"对话框，勾选"外发光"，参数及效果如图 14-188 所示。

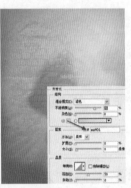

图 14-187　　　　图 14-188

08 继续添加"太阳光 2"素材至画面中，同样为太阳光添加图层蒙版，及外发光样式，设置图层不透明度为 50%，如图 14-189 所示。添加"人物"素材至画面中，同样为图层添加图层蒙版，使用画笔涂抹隐藏不需要的图像如图 14-190 所示。

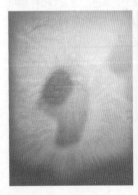

图 14-189　　　　图 14-190

09 单击图层面板底部的"创建新的填充或调整图层"按钮 ，在弹出的快捷菜单中选择"曲线"选项，设置参数及效果如图 14-191 所示。

10 新建图层，选择"钢笔工具" ，选择工具选项栏中的"路径"选项，绘制路径，如图 14-192 所示。

图 14-191　　　　图 14-192

11 按快捷键 Ctrl+回车，将其载入选区，设前景色为淡黄色（#ffe673），背景色为橘红色（#f47500），按 G 键切换到渐变工具，单击工具选项栏中的渐变条下拉列表按钮 ，选择"前景色到背景色"，单击线性渐变按钮 ，从上往下拉出一条直线，填充渐变如图 14-193 所示。

12 按快捷键 Ctrl+D，取消选区，设置图层不透明度为 50%。

13 通过采用相同的方法，继续绘制路径，填充红色（#e00222），如图 14-194 所示。

图 14-193　　　　图 14-194

14 选择"自定形状工具" ，选择工具选项栏中的"形状"选项，设填充色为红色（#ff0000），在形状下拉列表中找到箭头图案 ，绘制形状路径。

15 绘制完毕后，按快捷键 Ctrl+T，进入自由变换状态，设置工具选项栏中的"旋转"为-90 度，如图 14-195 所示。设图层混合模式为变暗，如图 14-196 所示。

图 14-195　　　　　　　图 14-196

16 选择"横排文字工具" ，设置工具选项栏中的字体为"方正卡通简体"，颜色为白色，输入文字。

17 双击图层，弹出"图层样式"对话框，勾选"描边"，设置参数及效果如图 14-197 所示。用相同的方法，编辑其他的文字。

图 14-197　　　　　　　图 14-198

18 添加各种安全图标至画面中，移至合适的位置上，得到画册封面效果如图 14-198 所示。

19 按 Shift 键同时选中除背景外的所有图层，按快捷键 Ctrl+G，编织组。通过制作画册封面的方法，完成背面的制作，如图 14-199 所示。

图 14-199

20 添加曲线调整图层，设置参数如图 14-200 所示，最终效果如图 14-201 所示。

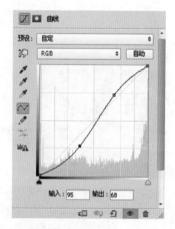

图 14-200

图 14-201

第15章

包装设计

实例欣赏

　　包装设计是人类文化活动的重要组成部分，体现了人类的创造性。俗话说"人靠衣装，佛靠金装"，在市场经济越来越规范的今天，人们对产品包装的认识也越来越深刻，好的包装促进商品的销售，提高商品的销量。包装设计已经成为了平面设计的一个重要分支，因此包装设计水平也有了极大的发展和飞跃。

　　本章选取多个极具代表性的包装实例，介绍运用 Photoshop CC 进行包装设计的方法和技巧。

211　房产手提袋——荷塘月色

本案例是房产类手提袋的设计，也是楼盘宣传的一种方式，根据楼盘名称的特点，在色彩上选择自然、清新的绿色为主色调，配以荷塘和楼盘为背景，直接点明主题，使消费者对包装内容一目了然。

难易程度：★ ★ ★ ★ ★

文件路径：素材\第 15 章\211

视频文件：mp4\第 15 章\211

01 按快捷键 Ctrl+N，新建一个文件，具体参数如图 15-1 所示。

图 15-1

02 按快捷键 Ctrl+R，在图像中显示标尺，选择"移动工具" ，在标尺上拉出辅助线，如图 15-2 所示。

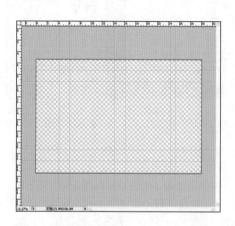

图 15-2

03 新建图层，选择"钢笔工具" ，在工具选项栏选择"路径"，沿着辅助线绘制如图 15-3 所示路径。

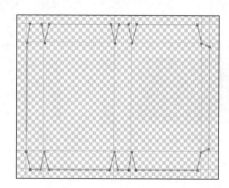

图 15-3

04 按快捷键 Ctrl+Enter，将其载入选区，设置前景色为白色，按快捷键 Alt+Delete，填充前景色，如图 15-4 所示。

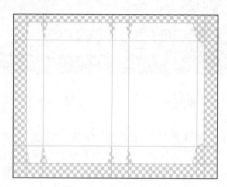

图 15-4

05 新建图层，设置前景色值为（#05ae90），选择"矩形工具" ，在工具选项栏选择"像素"，绘制如图 15-5 所示矩形。

06 选择矩形为当前图层，执行"图层"|"创建剪贴蒙版"命令，多余的图像被隐藏，效果如图 15-6 所示。

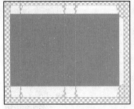 

图 15-5　　　　　　图 15-6

07 新建图层，选择"矩形选框工具" ，按 Shift 键沿着辅助线绘制如图 15-7 所示的两个矩形选框。

08 选择"渐变工具" ，设置前景色值为（#8cf2ef），背景色为白色，按 G 键切换到渐变工具，设置"从前景色到背景色"的线性渐变类型，然后按 Shift 键从选区顶端至底端拉一条直线，填充渐变，效果如图 15-8 所示。

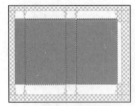 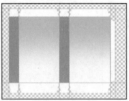

图 15-7　　　　　　图 15-8

09 按快捷键 Ctrl+O，打开如图 15-9、图 15-10 所示荷叶、天空素材图片，选择"移动工具" ，将其拖动到当前文件。

图 15-9　　　　　　图 15-10

10 对两张素材进行调整，选择"图像"|"调整"|"亮度/对比度"命令，设置参数如图 15-11 所示。再选择"图像"|"调整"|"色彩平衡"命令，设置参数如图 15-12 所示。

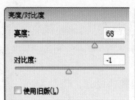 

图 15-11　　　　　　图 15-12

11 应用相同的色彩调整，设置天空素材的图层模式为"滤色"，制作出如图 15-13 所示效果。

图 15-13

12 选择"荷花"素材为当前图层，单击图层面板底部的"添加图层蒙版"按钮 ，选择"渐变工具" ，设置前景色为黑色，背景色为白色，并设置"从前景色到背景色"的线性渐变类型，然后按 Shift 键从选区顶端至中间拉一条直线，在图层蒙版中填充渐变，效果如图 15-14 所示，使荷花图像与天空图层自然地融合。

图 15-14

13 按快捷键 Ctrl+O，打开如图 15-15 所示建筑素材图片，选择"移动工具" ，将其拖动到当前图层。选择"图像"|"调整"|"亮度/对比度"命令，设置参数如图 15-16 所示。

图 15-15　　　　　　　图 15-16

数如图 15-19 所示，制作出如图 15-20 所示效果。

17 选择"减淡工具" 🔍 ，在工具选项栏中设置画笔大小为 25 像素左右，选择"阴影"范围，设置曝光度为 50%，局部减淡图像色调，如图 15-21 所示。

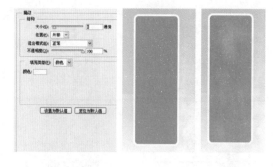

技巧： "亮度/对比度"命令用来调整图像的亮度和对比度，它只适用于粗略地调整图像。

14 选择"建筑"素材为当前图层，单击图层面板底部的"添加图层蒙版"按钮 ▣ ，选择"画笔工具" ✎ ，设置前景色为黑色，选择适当的画笔大小和不透明度，对图层边缘进行涂抹，将其隐藏，制作出如图 15-17 所示效果。

图 15-19　　　　图 15-20　　　　图 15-21

18 设置背景色为蓝色（#006494），执行"滤镜" |"滤镜库"命令，在"素描"滤镜组中选择"绘图笔"，设置参数如图 15-22 所示。

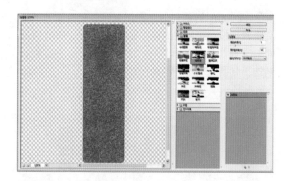

图 15-17

图 15-22

提示： 在矩形中进行局部减淡的目的是为了在应用"撕边"滤镜时效果更加明显。

15 新建图层，设置前景色值为（#12b8af），选择"圆角矩形工具" ▣ ，在工具选项栏选择"像素"，绘制如图 15-18 所示圆角矩形。

19 执行"滤镜" |"滤镜库"命令，在"素描"滤镜组中选择"撕边"，设置参数如图 15-23 所示。

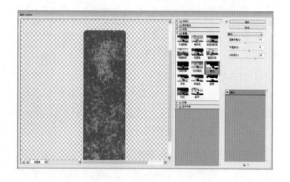

图 15-18

16 单击图层面板底部的"添加图层样式"按钮 fx ，选择"描边"命令，描边颜色为白色，其他参

图 15-23

20 选择"直排文字工具" [IT]，设字体为"方正黄草简体"，字号为36，颜色为白色，输入"荷塘月色"，如图 15-24 所示。设置文字图层模式为"实色混合"，效果如图 15-25 所示。

图 15-24　　　　　　图 15-25

21 按 Shift 键的同时选择正面除颜色背景外的所有图片，按快捷键 Ctrl+J，复制对象，按 Shift 键的同时选择"移动工具" [▶+] 将复制图层向右移动，制作出如图 15-26 所示反面效果。

图 15-26

22 选择"横排文字工具" [T]，并在其工具选项栏上设置适当的字体和字号，在文件中添加相应的说明文字，制作出如图 15-27 所示效果。

23 打开背景素材，如图 15-28 所示。切换至平面展开图像窗口，隐藏"背景"图层，选择图层调板最上方图层为当前图层，按快捷键 Ctrl+Alt+Shift+E，盖印当前所有可见图层。

24 选择盖印图层为当前图层，选择"矩形选框工具" [□]，选择图像区域，如图 15-29 所示，选择"移动工具'[▶+]，拖动图像到立体效果图窗口。

图 15-27

图 15-28　　　　　　图 15-29

25 移动各个面至立体效果图窗口。按下 Ctrl+T 键开启自由变换，分别扭曲变换各图像，如图 15-30 所示。

图 15-30　　　　　　图 15-31

26 选择背景图层为当前图层，在背景图层上面新建图层，选择"多边形套索工具" [♡]，创建如图 15-31 所示选区并填充白色，制作出手提袋内侧面效果。

技巧: 快捷键 Ctrl+T 开启自由变换后,按住 Ctrl 键直接调整控制点,也可以进行扭曲变换。

27 选择"多边形套索工具" ,创建如图 15-32 所示选区,填充颜色值为(# a2a2a2),制作出手提袋右内侧面效果。

28 选最上方图层为当前图层,新建图层,选择"画笔工具" ,设置画笔大小为40像素,硬度为50%,不透明度为100%,设置前景色值为(# 057460),绘制出手提袋 4 个穿绳孔,如图 15-33 所示。

图 15-32 　　　　　　　图 15-33

29 新建图层,选择"钢笔工具" ,在工具选项栏中选择"路径",绘制如图 15-34 所示路径。

30 选择"路径选择工具" ,选择路径,选择"画笔工具" ,设置画笔大小为 15 像素,硬度为 100%,不透明度为 100%,设置前景色值为(# 216458),单击"路径"面板,按下"用画笔描边路径"按钮,效果如图 15-35 所示。

图 15-34 　　　　　　　图 15-35

31 单击图层面板下方的"添加图层样式"按钮 fx ,选择"斜面与浮雕"命令,设置参数及效果如图 15-36 所示。

32 选中包装立体效果图层,按快捷键 Ctrl+G,编织组,并复制一份,按快捷键 Ctrl+E,合并组复制。

33 按快捷键 Ctrl+T,进入自由变换状态,在包装上单击右键,弹出快捷菜单选择"垂直翻转"选项,移至下方,设图层不透明度为 20%,并添加图层蒙版,使用画笔涂抹需要隐藏的图像,如图 15-37 所示。

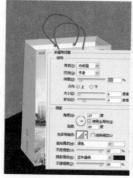 

图 15-36 　　　　　　　图 15-37

技巧: 多边形套索工具是通过单击鼠标指定顶点的方式来建立多边形选区,因而常用来创建不规则形状的多边形选区。

34 再次复制一份,调整大小,得到手提袋的效果展示图,如图 15-38 所示选区。

图 15-38

212 茶叶包装——自然香

本实例主要通过"新建"命令、钢笔工具、渐变工具、图层蒙版、剪贴蒙版、横排文字工具等操作，制作一个茶叶的包装设计。

📖 难易程度：★ ★ ★ ★ ★

📁 文件路径：素材\第 15 章\212

🎬 视频文件：mp4\第 15 章\212

01 启用 Photoshop CC 后，执行"文件"|"新建"命令，弹出"新建"对话框，在对话框中设置参数，如图 15-39 所示，单击"确定"按钮，新建一个空白文件。

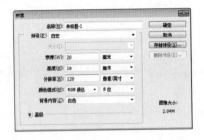

图 15-39

02 选择"渐变工具" ▣，在工具选项栏中单击渐变条 ▣，打开"渐变编辑器"对话框，设置参数，其中浅黄色的参数为（# f2f2a4），黄色的参数为（# f9f8d0），如图 15-40 所示。

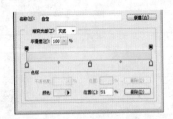

图 15-40

03 单击"确定"按钮，关闭"渐变编辑器"对话框。按下工具选项栏中的"线性渐变"按钮 ▣，在图像窗口中按住并拖动鼠标，填充渐变效果，如图 15-41 所示。

04 新建图层，选择"钢笔工具" ✐，选择工具选项栏中"路径"，绘制路径，按快捷键 Enter+Ctrl，转换路径为选区，如图 15-42 所示。

图 15-41   图 15-42

05 运用同样的操作方法，为新图形填充渐变，效果如图 15-43 所示。选择"图层 1"图层，按住光标并拖动至"创建新图层"按钮 ▣ 上，释放鼠标即可得到"图层 1 复制"图层，调整至合适的位置，如图 15-44 所示。

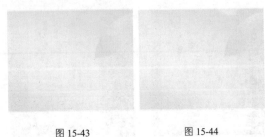

图 15-43   图 15-44

06 添加"文字"素材，放置在合适的位置，如图 15-45 所示，执行"图层"|"复制图层"命令，弹出"复制图层"对话框，保持默认设置，单击"确定"按钮，将"文字"图层复制一层，得到"文字复制"图层。

07 选择"文字"图层，设置图层的不透明度为 46%，单击图层面板上的"添加图层蒙版"按钮 ，为"文字"图层添加图层蒙版。编辑图层蒙版，设置前景色为黑色，选择"画笔工具" ，在工具选项栏中设置画笔的不透明度为 35%，按 "["或"]"键调整合适的画笔大小，在文字素材上涂抹，效果如图 15-46 所示。

图 15-45 图 15-46

08 单击"文字复制"图层，运用同样的操作方法，再次为文字添加图层蒙版，按 D 键，恢复前景色和背景色为默认的黑白颜色，按快捷键 Alt+Delete，填充蒙版为黑色，然后选择"画笔工具" ，在文字局部涂抹，效果如图 15-47 所示。

09 选择"钢笔工具" ，选择工具选项栏中的 "路径"，绘制路径，按快捷键 Enter+Ctrl，转换路径为选区，如图 15-48 所示。

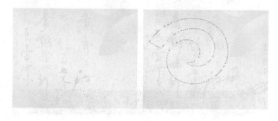

图 15-47 图 15-48

10 新建一个图层，设置前景色为黄色 （#ecdf87），按快捷键 Alt+Delete，填充效果如图 15-49 所示。设置前景色为深黄色为（# ddcc5b），选择"画笔工具" ，设置"不透明度"为 50%，沿着选区边缘涂抹上色，涂抹的时候用力要均匀，先涂上淡色然后再加重，如图 15-50 所示。

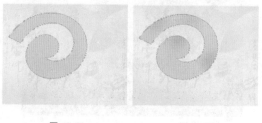

图 15-49 图 15-50

11 运用同样的操作方式，绘制图形，制作图形效果，如图 15-51 所示。继续添加素材，如图 15-52 所示。

图 15-51 图 15-52

12 单击图层面板上，设置图层的不透明度为 21%，效果如图 15-53 所示。

13 按快捷键 Ctrl+Alt+G，创建剪贴蒙版，如图 15-54 所示，多余的图像被隐藏。

图 15-53 图 15-54

14 按快捷键 Ctrl+O，添加"树叶 1"和"树叶 2"素材，如图 15-55 所示。

图 15-55

15 在图层面板中单击"添加图层样式"按钮 ，在弹出的快捷菜单中选择"投影"选项，弹出"图层样式"对话框，设置"投影"的参数及效果如图 15-56 所示。

图 15-56

16 将光标放置"树叶 1"图层上单击右键，在弹出的下拉列表中选择"复制图层样式"，单击"树叶 2"图层，单击鼠标右键，在快捷菜单中选择"粘贴图层样式"选项，效果如图 15-57 所示。

图 15-57

17 运用同样的操作方法继续添加素材，如图 15-58 所示。

图 15-58

18 单击图层面板上的"添加图层蒙版"按钮 ，为图层添加图层蒙版。按 D 键，恢复前背景色为默认的黑白颜色，选择"画笔工具" ，在碗的旁边进行涂抹，隐藏多余图像，效果如图 15-59 所示。

图 15-59

19 调整图层顺序，按快捷键 Ctrl+Alt+E，创建剪贴蒙版，并绘制一个绿色的矩形，如图 15-60 所示。

图 15-60

20 运用同样的操作方法，添加素材，如图 15-61 所示。

图 15-61

21 创建剪贴蒙版，效果如图 15-62 所示。

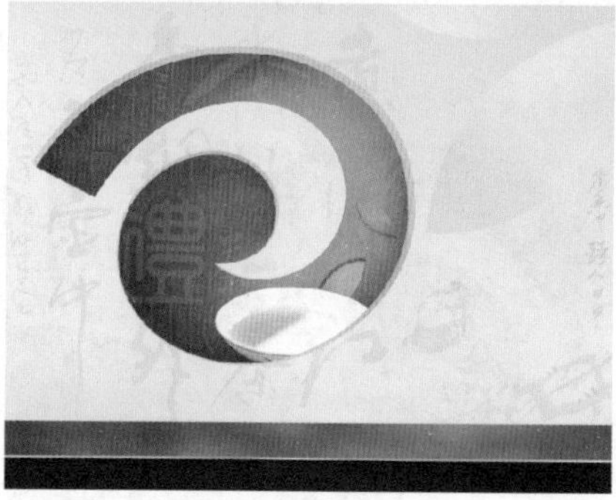

图 15-62

22 设置前景色为黄色为（#f5f5bf），新建一个图层，选择“椭圆工具” ，选择工具选项栏中的“像素”，按 Shift 键的同时拖动光标，绘制一个正圆，如图 15-63 所示。

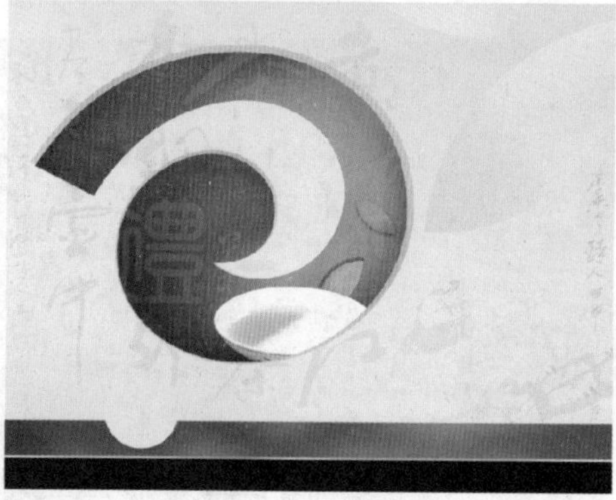

图 15-63

23 运用同样的操作方法，设置前景色为深绿色（#14421f），新建一个图层，继续绘制正圆如图 15-64 所示。

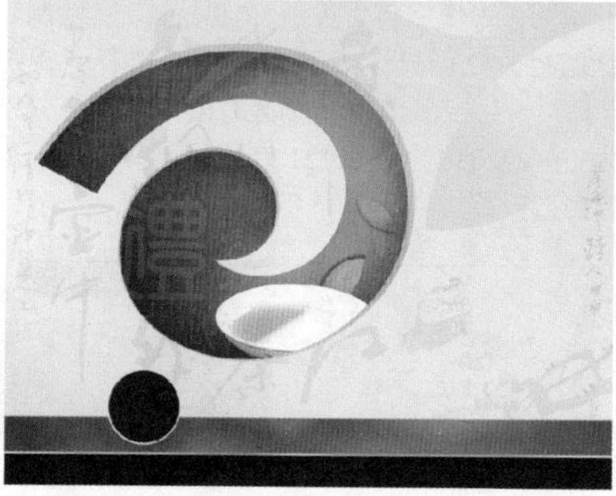

图 15-64

24 选择“渐变工具” ，单击工具选项栏中的渐变条 ，打开“渐变编辑器”对话框，设置参数，其中绿色的参考值为（#69a04c），黄色的参考值为（#ecf2c7），如图 15-65 所示。

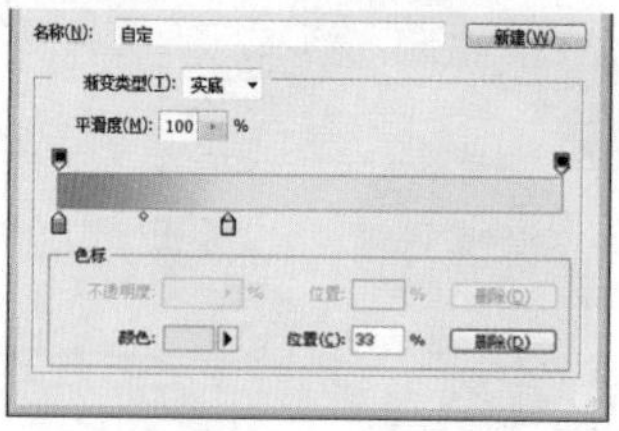

图 15-65

25 单击“确定”按钮，关闭“渐变编辑器”对话框。按下工具选项栏中的“径向渐变”按钮 ，再次绘制一个正圆，在图像中按住并拖动光标，填充渐变效果如图 15-66 所示。

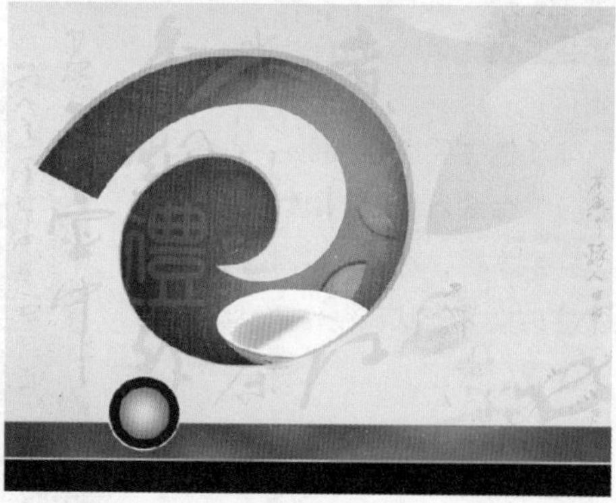

图 15-66

26 添加其他的素材，如图 15-67 所示。

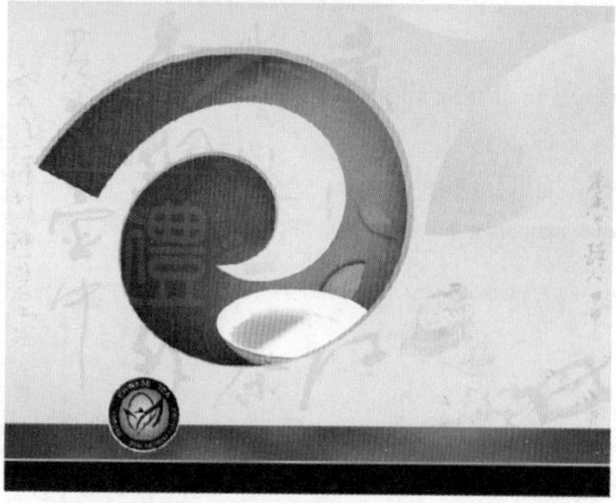

图 15-67

27 设置前景为红色（#da550f），选择“矩形工具” ，在图像窗口中按住光标并拖动，绘制矩形形状。选择"直排文字工具" IT ，在工具选项栏中选择"方正黄草简体"、"大小"为 30 点，输入文字，如图 15-68 所示。

28 运用同样的操作方法，输入其他的文字，得到最终的效果，如图 15-69 所示。

图 15-68

图 15-69

213 月饼纸盒包装——浓浓中秋情

本实例主要通过"新建"命令、"打开"命令、移动工具、矩形工具、图层样式、"高斯式模糊"命令、将文字转换为形状，制作月饼纸盒包装的效果展示。

📖 难易程度：★★★★★

📁 文件路径：素材\第 15 章\213

🎬 视频文件：mp4\第 15 章\213

01 启用 Photoshop CC 后，执行"文件"|"新建"命令，弹出"新建"对话框，在对话框中设置参数，如图 15-70 所示，单击"确定"按钮，新建一个空白文件。

02 选择"矩形工具" ■ ，单击工具选项栏中的"形状"，设填充色为黄色（#f8ea0c），绘制矩形形状路径，如图 15-71 所示。继续选择"矩形工具" ■ ，绘制多个矩形形状路径，填充色分别设置为（#e92030）（#6c151b）和（#e20517）如图15-72 所示。

图 15-70

图 15-71

图 15-72

03 隐藏包装正面中的两个矩形形状图层。添加"茶具"素材至画面中，移至黄色矩形图层上，按快捷键 Ctrl+Alt+G，创建剪贴蒙版，如图 15-73 所示。

04 添加"茶具 2""月饼展示"素材至画面中，分别对两个图层执行"滤镜"|"模糊"|"高斯式模糊"命令，在弹出的"高斯式模糊"对话框，设置半径为 5 像素，单击"确定"按钮。

05 分别为两个图层添加图层蒙版，隐藏不需要的图像，效果如图 15-74 所示。

图 15-73   图 15-74

06 单击图层面板底部的"创建新的填充或调整图层"按钮 ，在弹出的快捷菜单中选择"选取颜色"选项，设置参数及效果如图 15-75 所示。

图 15-75

07 打开"月饼展示"素材，选择"钢笔工具" ，沿月饼竹篮边缘绘制路径，完毕后，按快捷键 Ctrl+Enter，将其载入选区，如图 15-76 所示。

08 按 V 键切换到移动工具，拖动选区至包装平面图中，调整好大小，如图 15-77 所示。

图 15-76   图 15-77

09 新建图层，设前景色为黑色，按 B 键切换到画笔工具，在月饼竹篮底部涂抹，为月饼竹篮添加投影效果，按快捷键 Ctrl+【,将图层移至月饼竹篮图层下面，如图 15-78 所示。

图 15-78

10 显示隐藏的两个矩形形状图层。新建图层，选择"矩形选框工具" ，绘制矩形选框，按 G 键切换到渐变工具，单击工具选项栏中的渐变条，弹出"渐变编辑器"，设置参数如图 15-79 所示。

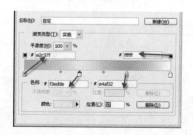

图 15-79

11 单击"确定"按钮，在选框中拉出一条直线，如图 15-80 所示，按快捷键 Ctrl+D，取消选区。

12 设前景色为土黄色（#dbb35e），新建图层，选择"椭圆选框工具" ，设工具选项栏中的羽化值为 8 像素，按 Shift 键绘制正圆，按快捷键 Alt+Delelte，填充前景色，如图 15-81 所示，按快捷键 Ctrl+D，取消选区。

图 15-80   图 15-81

13 添加"祥云"素材至画面中，并填充黄色
（#e2b35b），双击"祥云"图层，弹出"图层样
式"对话框，设置参数及效果如图 15-82 所示。

图 15-82

14 选择"横排文字工具" T ，设置工具选项栏
中的字体为方正大标宋，颜色为白色，编辑文字，
如图 15-83 所示。逐个选中文字，更改其大小，单
击右键，在弹出的快捷菜单中选择"转换为形状"
选项，按 A 键切换到直接选择工具 ，结合 Alt
和 Ctrl 键，调整文字的形状，如图 15-84 所示。

图 15-83   图 15-84

15 添加"祥云"素材至画面中，按 Shift 键选中
祥云和形状文字图层，按快捷键 Ctrl+E，将其合
并，并双击图层，弹出"图层样式"对话框，设置
参数及效果如图 15-85 所示。

图 15-85

16 通过运用相同的方法，编辑其他的文字，如
图 15-86 所示。

图 15-86

17 添加"标志"素材至画面中，并复制四份至
不同的位置上，得到纸盒包装的平面效果，如图
15-87 所示。

图 15-87

18 选中最上面的图层，按快捷键 Ctrl+Shift+Alt+
E，盖印可见图层。新建文件，设置具体的参数如
图 15-88 所示。

19 设前景色为（# ca806f），前景色为（#
7d0101），按 G 键切换到渐变工具 ，单击渐变
条下拉列表按钮 ，在弹出的窗口中选择"前景色
到背景色渐变"，单击"径向渐变"按钮 ，由
中心往外拉出一条直线，效果如图 15-89 所示。

图 15-88   图 15-89

20 回到平面效果窗口，拖动盖印图层至新建文件中，按 M 键切换到"矩形选框工具" ，框选包装正面，按快捷键 Ctrl+J，复制图层，如图 15-90 所示。

图 15-90

21 通过采用相同的方法，复制左边的侧面图。选中复制的"包装正面"图层，按快捷键 Ctrl+T，进入自由变换状态，结合 Ctrl 键调整控制点，如图 15-91 所示，使其产生透视效果。

图 15-91

22 调整完毕后，按 Enter 键确定变换，如图 15-92 所示。

图 15-92

23 通过相同的方法，制作侧面的透视效果和制作一份倾斜的效果，并给包装添加投影效果，如图 15-93 所示。

图 15-93

214 月饼手提袋——雅趣

本实例主要通过"添加杂色"滤镜、定义图案、图层样式、描边路径、自由变换、多边形选择工具，制作一个月饼的包装袋。

难易程度：★★★★★

文件路径：素材\第 15 章\214

视频文件：mp4\第 15 章\214

01 按快捷键 Ctrl+N，弹出"新建"对话框，在对话框中设置参数如图 15-94 所示，单击"确定"按钮，新建一个空白文件。

02 设置前景色为浅灰色（# bbbbbb）。设背景色为灰色（#858585）。选择"渐变工具" ，按下工具选项栏中的"线性渐变"按钮 ，单击渐变条下拉列表框按钮 ，从弹出的渐变列表中选择"前景到背景"渐变。在图像窗口中从左至右拖动光标，得到如图 15-95 所示的效果。

图 15-94　　　　　　图 15-95

03 执行"滤镜"|"杂色"|"添加杂色"命令，弹出"添加杂色"对话框，设置参数如图 15-96 所示。单击"确定"按钮，执行滤镜效果并退出"添加杂色"对话框，效果如图 15-97 所示。

图 15-96　　　　　　图 15-97

04 选择"矩形选框工具" ，在图像窗口中按住鼠标并拖动，绘制选区如图 15-98 所示。

05 选择"渐变工具" ，单击工具选项栏中的变条 ，打开"渐变编辑器"对话框，设置参数如图 15-99 所示，其中深红色的参考值为（#590003），红色的参考值为（#b90005）。

06 单击"确定"按钮，关闭"渐变编辑器"对话框。按下工具选项栏中的"线性渐变"按钮 ，新建图层，在图像中按住并由左至右拖动鼠标，填充渐变效果如图 15-100 所示。

图 15-98　　　　　　图 15-99

07 运用上述绘制选区的操作方法，继续绘制选区，填充从黄色（#f1e5cb）到桔黄（#c27f52）的渐变，如图 15-101 所示。

图 15-100　　　　　　图 15-101

08 执行"文件"|"打开"命令，在"打开"对话框中选择"花纹"素材，单击"打开"按钮，如图 15-102 所示。选择打开的"花纹"图像，执行"编辑"|"定义图案"命令，打开"图案名称"对话框，在对话框中设置图案"名称"为"花纹"，单击"确定"按钮。

09 按 Ctrl 键，单击"渐变矩形"图层缩略图，将矩形载入选区。选择"油漆桶工具" ，在工具选项栏上选择刚刚定义的"花纹"图案，在选区内填充图案，如图 15-103 所示。

图 15-102　　　　　　图 15-103

10 选中"花纹"图层,设置图层混合模式为"颜色减淡","不透明度"为79%,如图15-104所示。

11 运用上述添加"花纹"素材的操作方法,添加"荷花"素材至文件中,调整至合适的角度和位置,如图15-105所示。

图 15-104　　　　　　　图 15-105

12 双击图层,弹出"图层样式"对话框,选择"投影"选项,设置参数如图15-106所示。继续选择"外发光"选项,设置参数如图15-107所示。

图 15-106　　　　　　　图 15-107

13 单击"确定"按钮,退出"图层样式"对话框,添加"投影"和"外发光"的效果如图15-108所示。

14 选择"椭圆选框工具" ,按 Shift 键的同时拖动鼠标,绘制一个正圆选区。新建一个图层,设置前景色为浅黄色(#fef8ca),填充选区,如图15-109所示。

图 15-108　　　　　　　图 15-109

15 保持选区,执行"选择"|"修改"|"收缩"命令,打开"收缩选区"对话框,设置收缩量为50像素,单击"确定"按钮,退出"收缩选区"对话框。在工具选项栏上设置"羽化"为50像素。

16 设置前景色为黄色(#fdf203),填充颜色如图15-110所示,完成后取消选区。

17 双击图层,弹出"图层样式"对话框,选择"外发光"选项,设置参数及效果如图15-111所示。

图 15-110　　　　　　　图 15-111

18 选择"月亮"图层,按住Ctrl键不放,单击"竖条"图层缩略图,载入图层选区,如图15-112所示。

19 执行"选择"|"反向"命令,删除图像,取消选区,如图15-113所示。

图 15-112　　　　　　　图 15-113

20 新建一个图层,选择"钢笔工具" ,绘制一条路径,如图15-114所示。

21 设置前景色为白色,选择"画笔工具" ,设置画笔"大小"为"130 像素"、"硬度"为60%。选择"钢笔工具" ,在绘制的路径上方单击鼠标右键,在弹出的快捷菜单中选择"描边路径"选项,在弹出的对话框中选择"画笔"选项,并选中"模拟压力"复选框,单击"确定"按钮,描边路径,得到如图15-115所示的效果。

图 15-114　　　　　图 15-115

22 选择"钢笔工具" ，添加锚点，闭合路径，如图 15-116 所示。按快捷键 Enter+Ctrl，转换路径为选区，按 Delete 键删除图像，如图 15-117 所示。

图 15-116　　　　　图 15-117

23 按快捷键 Ctrl+J，将"烟雾"图层复制一层，调整至合适的位置，如图 15-118 所示。

24 选择"横排文字工具" T，设置工具选项栏中的字体为"汉仪行楷简"字体，"字体大小"为 40 点，输入文字，如图 15-119 所示。

图 15-118　　　　　图 15-119

25 单击图层面板中的"添加图层样式"按钮 **fx.**，在弹出的快捷菜单中选择"描边"选项，弹出"图层样式"对话框，设置参数如图 15-120 所示。

26 单击"确定"按钮，退出"图层样式"对话框，添加"描边"的效果如图 15-121 所示。

图 15-120　　　　　图 15-121

提 示：如果当前的文字使用了伪粗体格式，那么在使用文字变形时，系统会弹出一个提示对话框，提示伪粗体格式文字不能应用文字变形。单击"确定"按钮可去除伪粗体格式而应用文字变形。

27 运用同样的操作方法，输入其他的文字，如图 15-122 所示。

28 运用上述添加素材的操作方法，添加"标志"素材，如图 15-123 所示。

图 15-122　　　　　图 15-123

29 按快捷键 Ctrl+Shift+Alt+E，盖印所有可见图层，命名为"平面"图层。

30 按快捷键 Ctrl+T，进入自由变换状态，单击鼠标右键，在弹出的下拉列表中选择"扭曲"，变换图像,如图 15-124 所示。

31 选择"多边形套索工具" ，创建一个三角选区，填充颜色为灰色(#25292d)，取消选区，如图 15-125 所示。

图 15-124　　　　　　图 15-125

32 新建一个图层，设置前景色为深灰色（#3b0003），选择"椭圆工具" ，按 Shift 键的同时拖动光标，绘制一个正圆。按快捷键 Ctrl+J，将图层复制一层，放置合适的位置，如图 15-126 所示。

33 新建一个图层，选择"钢笔工具" ，选择工具选项栏中"像素"，绘制图形，如图 15-127 所示，制作出手提绳的效果。

图 15-126　　　　　　图 15-127

34 双击图层，弹出"图层样式"对话框，选择"投影"选项，设置投影的参数如图 15-128 所示。单击"确定"按钮，退出"图层样式"对话框，添加"投影"的效果如图 15-129 所示。

图 15-128　　　　　　图 15-129

35 选择"多边形套索工具" ，制作阴影效果如图 15-130 所示。运用上述制作手提袋的操作方法，继续制作一个礼品袋，如图 15-131 所示。

图 15-130　　　　　　图 15-131

215　食品包装——香蕉片包装

本实例主要通过"新建"命令、钢笔工具、渐变工具、变形文字、液化滤镜、自由变换命令等操作，制作一个香蕉片的立体包装设计。

📕 难易程度：★★★★★

📁 文件路径：素材\第 15 章\215

🎬 视频文件：mp4\第 15 章\215

01 启用 Photoshop CC 后，执行"文件"|"新建"命令，弹出"新建"对话框，在对话框中设置参数如图 15-132 所示，单击"确定"按钮，新建一个空白文件。

02 执行"文件"|"打开"命令，在"打开"对话框中选择"草原"素材，单击"打开"按钮，选择"移动工具" ，将素材添加至文件中，放置在合适的位置，如图 15-133 所示。

图 15-132　　　　图 15-133

03 添加"香蕉片"素材至画面中，单击图层面板底部的"添加图层蒙版"按钮，为图层添加图层蒙版，按 D 键系统默认前背景色为黑白，选择"画笔工具"，在香蕉片的上部分涂抹，使其隐藏，如图 15-134 所示。

04 新建一个图层，选择"渐变工具"，在工具选项栏中单击渐变条，打开"渐变编辑器"对话框，设置参数如图 15-135 所示，其中黄色的参数值为（#fff102）。

图 15-134　　　　图 15-135

05 单击"确定"按钮，关闭"渐变编辑器"对话框。按下工具选项栏中的"线性渐变"按钮，在图像中按住并由上至下拖动光标，填充渐变效果如图 15-136 所示。

06 运用同样的操作方法，继续新建图层，填充渐变效果如图 15-137 所示。

图 15-136　　　　图 15-137

07 按快捷键 Ctrl+O，添加"香蕉"素材，放置合适的位置，如图 15-138 所示。

08 选择"钢笔工具"，选择工具选项栏中的"形状"，设填充色为土黄色（#c1b400），绘制图形，如图 15-139 所示。

图 15-138　　　　图 15-139

09 按快捷键 Ctrl+J，将"形状 1"图层复制一层。填充色改为（#920000），选择"移动工具"，移动图形复制图层，如图 15-140 所示。

10 新建图层，继续选择"钢笔工具"，选择工具选项栏中的"路径"，绘制一个不规则的图形，按快捷键 Enter+Ctrl，转换路径为选区。

11 选择"渐变工具"，单击工具选项栏中的渐变条，打开"渐变编辑器"对话框，设置参数如图 15-141 所示，其中乳白色的值为（#fffce0）、黄色的值为（#e0a900）、橙色的值为（#c06a00）、红色的值为（#920000）。单击"确定"按钮，关闭"渐变编辑器"对话框。按下工具选项栏中的"径向渐变"按钮，在图像中按住并拖动光标，填充渐变效果如图 15-142 所示。

图 15-140　　　　　　图 15-141

12 新建图层，设置前景色为黄色（# d2ab67），选择"矩形工具" ，选择工具选项栏中的"像素"，在图像窗口上方按住光标并拖动，绘制线条如图 15-143 所示。

13 按快捷键 Ctrl+J，将图层复制一份，放置在底部，如图 15-144 所示。

图 15-142　　　　图 15-143　　　　图 15-144

14 运用上述添加素材的操作方法，添加其他素材，放置合适的位置，如图 15-145 所示。

图 15-145　　　　　　图 15-146

15 选择"横排文字工具" ，设置工具选项栏中的字体为"Brush Script Std"，"字体大小"为43、"颜色"为红色（#e60012），输入文字，如图15-146 所示。

16 单击工具选项栏中的"文字变形"按钮 ，弹出"变形文字"对话框，设置参数如图 15-147 所示。单击"确定"按钮，退出"变形文字"对话框，此时文字效果如图 15-148 所示。

图 15-147　　　　　　图 15-148

17 双击图层，弹出"图层样式"对话框，勾选"描边"，设置参数及效果如图 15-149 所示。

18 通过相同的方法，编辑其他的文字，并添加其他的素材至画面中，得到包装的平面效果图，如图 15-150 所示。

图 15-149　　　　　　图 15-150

19 执行"文件"|"新建"命令，弹出"新建"对话框，设置参数如图 15-151 所示。单击"确定"按钮，关闭对话框，新建一个图像文件。

图 15-151

20 切换至平面效果文件，按快捷键 Ctrl+Shift+Alt +E，盖印所有可见图层，按快捷键 Ctrl+A 全选，按快捷键 Ctrl+C 复制。切换立体效果文件，按快捷键 Ctrl+V 粘贴。

21 按快捷键 Ctrl+T，单击鼠标右键，在弹出的快捷菜单中选择"旋转"选项，调整效果如图 15-152 所示。

22 单击鼠标右键，在弹出的快捷菜单中选择"变形"选项，调整效果如图 15-153 所示。

图 15-154　　　　　　　图 15-155

图 15-152　　　　　　　图 15-153

23 单击鼠标右键，在弹出的快捷菜单中选择"斜切"选项，按住鼠标并向下拖动右上角的控制点，按 Enter 键确认，调整透视。

24 执行"滤镜"|"液化"命令，弹出"液化"对话框，使用"向前变形工具"，在图像中拖移，制作出塑料包装的变形效果，如图 15-154 所示。

25 单击"确定"按钮，退出"液化"对话框，选择"套索工具"，绘制包装袋侧面选区，新建一个图层，将图层的顺序向下移一层。

26 设置前景色为浅红色（#d02a2a），背景色为深红色（#591517）。选择"渐变工具"，单击工具选项栏中的渐变条，在弹出的"渐变编辑器"对话框中选择"前景色到背景色渐变"类型，按下工具选项栏中的"线性渐变"按钮，在图像窗口中填充渐变，如图 15-155 所示，然后按快捷键 Ctrl+D，取消选择。

27 选择"套索工具"，绘制一个选区，新建一个图层，填充颜色为白色，然后按快捷键 Ctrl+D，取消选择，设置图层的"不透明度"为 50%，并添加图层蒙版，隐藏不需要的图像，制作塑料包装袋的高光效果，如图 15-156 所示。

28 新建图层，选择"画笔工具"，设置前景色为黑色，在工具选栏中设置"硬度"为 0%，降低"不透明度"和"流量"，绘制立体包装的阴影，设置图层的"不透明度"为 70%，如图 15-157 所示。

图 15-156　　　　　　　图 15-157

29 添加一张"背景"素材至画面中，调整好包装的大小和位置，并复制一份，得到最终的效果如图 15-158 所示。

图 15-158

216 汤类杯装——天鹭菠菜蛋汤

本实例主要通过"变形"命令、钢笔工具、图层样式、描边路径、自由变换、椭圆选框工具，制作一个汤类的杯子包装。

难易程度：★ ★ ★ ★ ★

文件路径：素材\第 15 章\216

视频文件：mp4\第 15 章\216

01 启动 Photoshop CC，执行"文件"|"新建"命令，弹出"新建"对话框，在对话框中设置参数，如图 15-159 所示，单击"确定"按钮，新建一个文档。

图 15-159

02 设置前景色为米白色（#f6f3cb），按快捷键 Alt+Delete，填充前景色。

03 选择"钢笔工具" ，选择工具选项栏中的"形状"，设填充色为渐变色，参数及效果如图 15-160 所示。

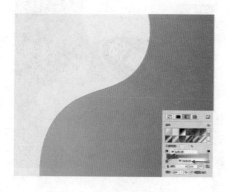

图 15-160

04 新建图层，设前景色为黄色（#f7f08b），选择"画笔工具" ，选择"柔边圆"，绘制图形，如图 15-161 所示。

05 添加"菠菜蛋汤"素材至画面中，移至合适的位置上，如图 15-162 所示。

 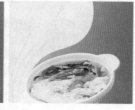

图 15-161　　　　　　　　图 15-162

06 参数设置完毕后，单击"确定"按钮，按 V 键切换到移动工具，将素材移至画面中，调整好大小和位置。新建图层，设前景色为白色，选择"画笔工具" ，选择"柔边圆"，绘制出热气的效果，如图 15-163 所示。

图 15-163

07 添加"菠菜""鸡蛋""标志"素材至画面中，移至合适的位置，并复制一份菠菜图层，放置不同的位置，如图 15-164 所示。

图 15-164

08 选择"椭圆工具" ⬭，选择工具选项栏中的"形状"，设填充色为浅绿色（#bfde9a），绘制椭圆形状路径，如图 15-165 所示。

图 15-165

09 双击形状图层，弹出"图层样式"对话框，勾选"投影"，设置参数及效果如图 15-166 所示。

图 15-166

10 再次绘制椭圆，设填充色为墨绿色（#003805），如图 15-167 所示。

图 15-167

11 添加"太阳光"素材至画面中，放置墨绿色椭圆上方，按快捷键 Ctrl+Alt+G，创建剪贴蒙版，如图 15-168 所示。

图 15-168

12 新建图层，选择"钢笔工具" ✐，选择工具选项栏中的"路径"，绘制路径，按快捷键 Ctrl+Enter，将其载入选区，填充浅绿色（#bfde9a）。

13 选择"横排文字工具" T，设置工具选项栏中的字体为"方正综艺简体"，颜色为白色，输入文字，按快捷键 Ctrl+T，调整文字的角度，如图 15-169 所示。

图 15-169

14 右键单击文字图层的缩览图，在弹出的快捷菜单中选择"栅格化文字"选项。执行"编辑"|"变换"|"变形"命令，出现变形框，调整文字的形状，如图 15-170 所示。

图 15-170

15 调整完毕后，按 Enter 键，确定变换，并复制一份，按快捷键 Ctrl+【，向下一层，微调文字复制的位置，更改颜色为墨绿色，如图 15-171 所示。

图 15-171

16 设前景色为白色，选择"圆角矩形工具" ，选择工具选项栏中的"路径"，半径为 15 像素，新建图层，绘制圆角矩形路径。

17 按快捷键 Ctrl+Enter，将其载入选区，按 M 键切换到椭圆选框工具，按 Shift 键在圆角矩形上绘制一个椭圆，如图 15-172 所示。

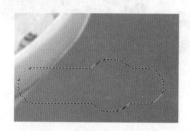

图 15-172

18 填充前景色，按快捷键 Ctrl+D，取消选区，双击图层，弹出"图层样式"对话框，勾选"描边"，设置参数及效果如图 15-173 所示。

图 15-173

19 通过采用上述方法，完成其他文字的编辑，得到杯装的平面效果，如图 15-174 所示。

图 15-174

20 选中图层最上层，按快捷键 Ctrl+Alt+Shift+E，盖印可见图层。

21 按快捷键 Ctrl+N，新建图层，设置具体参数如图 15-175 所示，单击"确定"按钮。

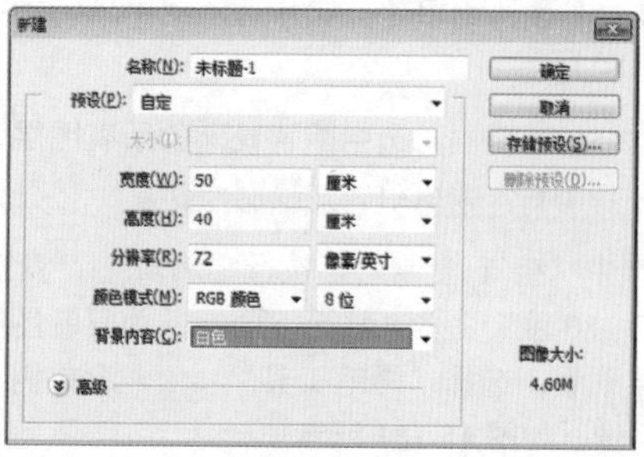

图 15-175

22 添加"杯子"包装素材至画面中，移至合适的位置，如图 15-176 所示。

23 回到平面效果窗口，按 V 键切换到移动工具，拖动盖印图层至杯装素材上。执行"编辑"|"变换"|"变形"命令，对平面效果进行变形，使其粘贴在杯子上，如图 15-177 所示。

图 15-176　　　　　图 15-177

24 调整完毕后，按 Enter 键确定变形，如图 15-178 所示。单击图层面板底部的"添加图层蒙版"按钮 ▣，选中图层蒙版，设前景色为黑色，选择"画笔工具" ✐，涂抹杯子边缘，隐藏多余的图像，如图 15-179 所示。

图 15-178　　　　　图 15-179

25 新建图层，选择"画笔工具" ✐，设置工具选项栏中的画笔为柔角尖，设置合适的不透明度和流量值，涂抹杯子边缘，使其立体效果更明示，如图 15-180 所示。

26 按 Shift 键同时选中除背景外的所有图层，按快捷键 Ctrl+G，编织组，并复制一份。

27 选中"组 1 复制"，执行"编辑"|"变换"|"旋转 180 度"命令，移至下面，并为复制图层添加图层蒙版，选择"画笔工具" ✐，涂抹需要隐藏的图像，如图 15-181 所示。

图 15-180　　　　　图 15-181

28 添加"菠菜""香菇""鸡蛋"素材至画面中，调整好位置及大小，以及之间的顺序位置，如图 15-182 所示。

图 15-182

29 新建两个图层，设前景色为黑色，选择"画笔工具" ✐，设置工具选项栏中的画笔为柔角尖，在"香菇"和"菠菜"底部涂抹，使其产生投影效果，效果如图 15-183 所示。

图 15-183

第 **16** 章
UI 与网页设计

随着网络的普及和网络技术的飞速发展，网页图像制作已经成为图形图像软件的一个重要应用领域。现代的网页和软件多媒体界面，在注重功能和内容的同时，也在不断地追求着界面的精美和别致。美观的界面，不仅能吸引浏览者的眼球，而且还能提高利用率。本章以 7 个设计实例，介绍在 Photoshop CC 中网页设计与制作的方法和技巧，内容涵盖了网页设计中按钮、图标、导航条、广告条、网招、登录界面、个人主页、商业网站等各个方面。

217 水晶按钮——我的电脑

本实例主要通过"新建"命令、形状工具、图层样式、钢笔工具等，制作一个具有个性的水晶按钮。

难易程度：★ ★ ★ ★

文件路径：素材\第 16 章\217

视频文件：mp4\第 16 章\217

01 启用 Photoshop CC 后，执行"文件"|"新建"命令，弹出"新建"对话框，在对话框中设置参数，如图 16-1 所示，单击"确定"按钮，新建一个空白文件。

02 设置前景色为绿色（#015c31）。执行"图层"|"新建"|"图层"命令，新建图层，按快捷键 Alt+Delete，填充前景色，效果如图 16-2 所示。

图 16-1　　　　　图 16-2

03 选择"钢笔工具" ，在工具选项栏中选择"形状"，单击"填充"颜色框，在弹出的快捷菜单中选择"渐变填充"，设置渐变色从草绿色（#74a740）到深绿色（#5f9831）再到白色，如图 16-3 所示。

04 设置"描边"为"无"，在文档中绘制如图 16-4 所示的形状，系统会自动填充所设置的渐变。

05 单击图层面板底部的"添加图层样式"按钮 **fx.**，为该形状图层添加样式，在弹出的对话框中选择"斜面与浮雕""投影"选项，参数设置如图 16-5 所示。

图 16-3　　　　　图 16-4

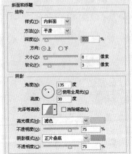 

图 16-5

06 单击"确定"按钮，关闭"图层样式"对话框，此时形状效果如图 16-6 所示。

07 按快捷键 Ctrl+J，复制形状，将"添加图层样式"按钮拖曳至面板底部的"删除"按钮上，删除其图层样式，如图 16-7 所示。

图 16-6　　　　　　　图 16-7

08 按快捷键Ctrl+T，显示"自由变换"定界框，按快捷键 Ctrl+Shift 的同时缩小复制的图层，得到如图16-8所示的效果。按回车键确定此操作。双击该图层，打开"图层样式"对话框，在弹出的对话框中选择"渐变叠加"选项，设置参数如图16-9所示，其中颜色条的渐变色为浅绿色（#dce5a2）到绿色（#8db739）再到草绿色（#c3d663）。

图 16-8　　　　　　　图 16-9

09 单击"确定"按钮，关闭"图层样式"对话框，按快捷键 Ctrl+H，隐藏路径，此时图像的效果如图16-10所示。

10 选择"钢笔工具"，在工具选项栏中选择"形状"，单击"填充"颜色框，在弹出的快捷快菜单中选择"渐变填充"，设置渐变色从绿色（#588812）到草绿色（adc41e）到白色，如图 16-11所示。

图 16-10　　　　　　　图 16-11

11 设置"描边"为"无"，在文档中绘制如图16-12所示的形状。

图 16-12　　　　　　　图 16-13

12 双击该图层，打开"图层样式"对话框，在弹出的对话框中选择"投影"选项，设置参数如图16-13所示，单击"确定"按钮，关闭对话框，此时图形的效果如图16-14所示。

13 按快捷键Ctrl+J复制该形状，适当调整大小，更改其填充色为白色，如图16-15所示。

图 16-14　　　　　　　图 16-15

14 选择"钢笔工具"，在"填充"颜色框设置草绿色（#bdd318）到浅绿色（#a8c014）的渐变，如图 16-16所示，"描边"为"无"，在文档中绘制如图16-17所示的图形。

图 16-16　　　　　　　图 16-17

15 双击该图层，打开"图层样式"对话框，在弹出的对话框中选择"内阴影"选项，参数设置如图 16-18 所示，单击"确定"按钮，此时图像效果如图 16-19 所示。

图 16-18　　　　　　　图 16-19

16 新建图层，选择"椭圆选框工具" ⬭，在图形上创建椭圆选区，填充白色。单击图层面板底部的"添加图层蒙版"按钮 ▣，添加图层蒙版，选择"渐变工具" ▣，在"渐变编辑器"中选择"黑色到透明"的渐变，从蒙版的上边往下边拉出渐变，隐藏多余部分，如图 16-20 所示。

17 同上述制作形状的操作方法，绘制另外的形状，如图 16-21 所示。

图 16-20　　　　　　　图 16-21

18 选择"钢笔工具" ✐，设置"填充"为浅绿色（#edf796）到草绿色（#b5c936）的渐变，如图 16-22 所示。"描边"为"无"，在文档中绘制如图 16-23 所示的图形。

图 16-22　　　　　　　图 16-23

19 双击该图层，打开"图层样式"对话框，在弹出的对话框中选择"斜面与浮雕"和"投影"选项，设置参数如图 16-24 所示。单击"确定"按钮，关闭对话框，得到最终效果如图 16-25 所示。

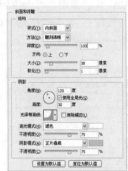 

图 16-24

图 16-25

218 网页按钮——音乐播放按钮

本实例主要运用钢笔工具、形状工具、椭圆工具、矩形工具、图层样式、文字工具等来制作一款创意新颖音乐播放器。

难易程度：★ ★ ★ ★ ★

文件路径：素材\第 16 章\218

视频文件：mp4\第 16 章\218

音乐播放器

01 启用 Photoshop CC 后，执行"文件"|"新建"命令，弹出"新建"对话框，在对话框中设置参数，如图 16-26 所示，单击"确定"按钮，新建一个空白文件。

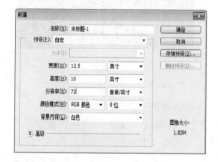

图 16-26

02 选择"渐变工具" 🔲，在工具选项栏中单击渐变条 ▬▬，打开"渐变编辑器"对话框，设置参数如图 16-27 所示，其中灰色为（#474746）、黑色。

图 16-27

03 单击"确定"按钮，关闭"渐变编辑器"对话框。按下工具选项栏中的"线性渐变"按钮 🔲，从文档的底部往上拉出渐变，得到如图 16-28 所示的效果。

04 选择"钢笔工具" ✐，在工具选项栏中设置"工作模式"为"形状"，"填充"为"棕色（#301504）"，"描边"为"无"，绘制如图 16-29 所示的形状。

图 16-28　　　　　　　　　图 16-29

05 单击图层面板底部的"添加图层样式"按钮 fx，在弹出的快捷菜单中选择"斜面与浮雕"选项，设置参数如图 16-30 所示，单击"确定"按钮，关闭"图层样式"对话框，得到如图 16-31 所示的效果。

图 16-30　　　　　　　　　图 16-31

06 选择"椭圆工具" ⬭ ，在其工具选项栏中选择"形状"，设置"填充"与"描边"参数如图 16-32 所示。

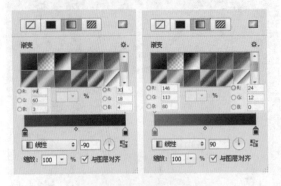

图 16-32

07 在文档中绘制椭圆，如图 16-33 所示。

图 16-33

08 双击该图层，打开"图层样式"对话框，在弹出的对话框中选择"斜面与浮雕"选项，设置参数如图 16-34 所示，单击"确定"按钮，关闭对话框，此时图像效果如图 16-35 所示。

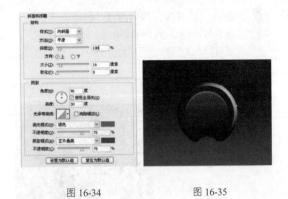

图 16-34　　　　图 16-35

09 同上述操作方法，依次制作圆形界面，如图 16-36 所示。

图 16-36

10 在绿色与深绿色界面上添加图层蒙版，用黑色的画笔将多余部分隐藏，图像效果如图 16-37 所示。

图 16-37

11 选择"椭圆工具" ⬭ ，设置"工作模式"为"形状"，"填充"为"白色"，在圆形界面上创建形状。选择"添加图层蒙版"按钮 ▣ ，添加蒙版，选择"画笔工具" ✏ ，用黑色的画笔将多余的部分隐藏，得到如图 16-38 所示效果。

图 16-38

12 新建图层。选择"画笔工具" ✏ ，设置前景色为白色，在图形上涂抹，制作出界面的高光区域，如图 16-39 所示。

13 选择"钢笔工具" ✐ ，在其工具选项栏中选择"形状"，设置"填充"与"描边"参数如图 16-40 所示，在文档中绘制如图 16-41 所示的形状。

图 16-39

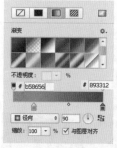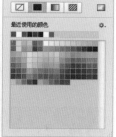

图 16-40

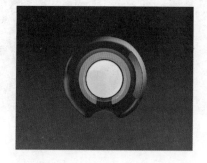

图 16-41

14 双击该图层，打开"图层样式"对话框，在弹出的对话框中选择"斜面与浮雕"和"光泽"选项，设置参数如图 16-42 所示。单击"确定"按钮，关闭对话框，此时图像效果如图 16-43 所示。

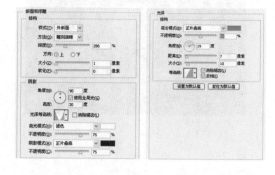

图 16-42

图 16-43

15 选择"钢笔工具" ，在图形上绘制高光区域，如图 16-44 所示。

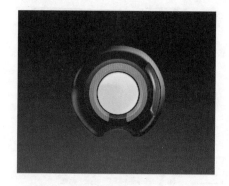

图 16-44

16 同上述绘制图形的方法，绘制另一边的图形，如图 16-45 所示。

图 16-45

17 选择"钢笔工具" ，设置其"工作模式"为"形状"，"填充"为"黑色"，在文档中绘制效果如图 16-46 所示。

18 双击该图层，打开"图层样式"对话框，设置参数如图 16-47 所示。

图 16-46

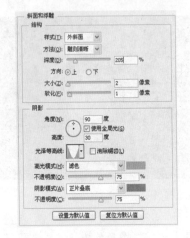

图 16-47

19 单击"确定"按钮，关闭对话框，图形效果如图 16-48 所示。

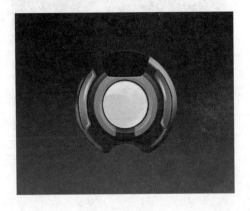

图 16-48

20 同绘制图形的操作，依次绘制图形，如图 16-49 所示。

图 16-49

21 选择"矩形工具" ，设置其"工作模式"为"形状"，"填充"为"黑色"，"描边"为"无"，在文档中绘制矩形，如图 16-50 所示。

图 16-50

22 同上述方法，制作另外的图形，如图 16-51 所示。

图 16-51

23 选择"横排文字工具" ，在文档中输入相关文字，如图 16-52 所示。

图 16-52

24 选择"钢笔工具" ，在文档中绘制其他的图形，如图 16-53 所示。

图 16-53

25 按住 Shift 键选中除背景图层的全部图层，按快捷键 Ctrl+J 复制制图层，按快捷键 Ctrl+T 显示定界框，单击右键，在弹出的快捷菜单中选择"垂直翻

转"选项，并移动至合适位置。选择"添加图层蒙版"按钮 ，添加蒙版，选择"画笔工具" ，用黑色的画笔将多余部分隐藏，如图 16-54 所示。

图 16-54

26 选择"横排文字工具" ，在文档中输入相关文字，得到最终效果如图 16-55 所示。

图 16-55

219 网页登录界面——网络办公室

本实例通过椭圆工具、矩形工具、椭圆选框工具、矩形选框工具、渐变工具、钢笔工具，一款登陆界面，画面清新简洁，以球形形状加网络特有标志，突出主体，给人以耳目一新之感。

难易程度：★★★★

文件路径：素材\第 16 章\219

视频文件：mp4\第 16 章\219

01 启用 Photoshop CC 后，执行"文件"|"新建"命令，弹出"新建"对话框，在对话框中设置参数，如图 16-56 所示，单击"确定"按钮，新建一个空白文件。

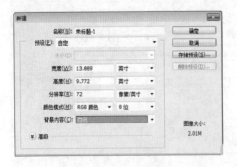

图 16-56

02 执行"文件"|"打开"命令，在"打开"对话框中选择"背景"素材，单击"打开"按钮，选择"移动工具" ，将素材添加至文件中，放置在合适的位置，如图 16-57 所示。

图 16-57

03 选择图层面板底部的"添加图层样式"按钮 ，打开"图层样式"对话框，设置参数如图 16-58 所示。

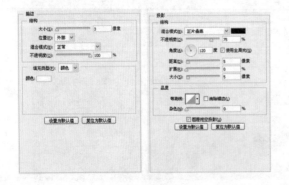

图 16-58

04 单击"确定"按钮，关闭对话框，此时效果如图 16-59 所示。

图 16-59

05 选择工具箱中的"矩形选框工具" ，在文档中绘制矩形选区，新建图层，填充白色，更改其不透明度为 20%。选择"添加图层蒙版"按钮 ，添加蒙版，选择"渐变工具" ，设置"黑色到透明"的渐变，按下"线性渐变"按钮 ，从矩形条的右边往左边拉出渐变，如图 16-60 所示。

图 16-60

06 同上述方法，制作另一条矩形条，如图 16-61 所示。

图 16-61

07 选择"钢笔工具" ，在工具选项栏中设置填充色为白色，在文档中绘制如图 16-62 所示的形状。

图 16-62

08 双击该图层，打开"图层样式"对话框，在弹出的对话框中选择"颜色叠加"和"外发光"选项，设置参数如图 16-63 所示。

图 16-63

09 单击"确定"按钮。此时图像效果如图 16-64 所示。

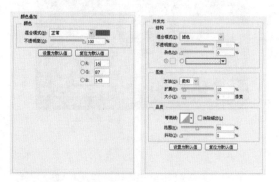

图 16-64

10 选择"钢笔工具" ，在工具选项栏中设置填充色为白色，在文档中绘制如图 16-65 所示的形状。

图 16-65

11 双击该图层，打开"图层样式"对话框，在弹出的对话框中选择"颜色叠加"选项，设置参数如图 16-66 所示。

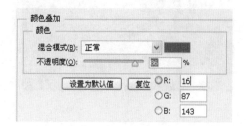

图 16-66

12 单击"确定"按钮。此时图像效果如图 16-67 所示。

图 16-67

13 参照绘制矩形形状的方法，制作其他的矩形条，如图 16-68 所示。

14 执行"文件"|"打开"命令，在"打开"对话框中选择"背景"素材，单击"打开"按钮，选择"移动工具" ，将素材添加至文件中，放置在合适的位置，如图 16-69。

图 16-68

按下"左对齐文本"按钮▇，在文档中输入相关文字，如图 16-70 所示。采用上述参数输入文字的方法，输入另外的文字，得到如图 16-71 所示的效果。

图 16-70

图 16-69

15 选择"横排文字工具" ▇，设置字体为"宋体"，"大小"为"12 点"，"颜色"为"白色"，

图 16-71

220 网页 Banner 广告条——为美鲜行

本实例主要通过新建命令、移动工具、画笔工具、图层蒙版、文字工具等，制作一幅以"美"为主题的网页广告条，画面颜色鲜艳、字体醒目，能瞬间抓住观众的眼球，达到宣传的目的。

📘 难易程度：★ ★ ★ ★

📂 文件路径：素材\第 16 章\220

🎬 视频文件：mp4\第 16 章\220

01 按快捷键 Ctrl+N，弹出"新建"对话框，在对话框中设置参数如图 16-72 所示，单击"确定"按钮，新建一个空白文件。

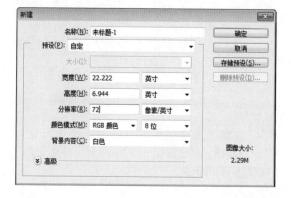

图 16-72

02 执行"文件"|"打开"命令，在"打开"对话框中选择"背景"素材，单击"打开"按钮，选择"移动工具" ，将素材添加至文件中，放置在合适的位置，如图 16-73 所示。

图 16-73

03 按快捷键 Ctrl+O，打开"草地"素材并添加至编辑的文档中，适当调整位置。选择图层面板上的"添加图层蒙版"按钮 ，为"背景"图层添加图层蒙版。编辑图层蒙版，设置前景色为黑色，选择"画笔工具" ，在图像下方进行涂抹，效果如图 16-74 所示。

图 16-74

04 按快捷键 Ctrl+O，打开"鲜花""人物"素材并添加至编辑的文档中，适当调整位置，效果如图 16-75 所示。

图 16-75

05 按快捷键 Ctrl+J 两次，复制人物图层。切换至图层面板，隐藏"人物"图层，选中"人物复制"图层，执行"滤镜"|"模糊"|"动感模糊"，在弹出的对话框中设置相关参数如图 16-76 所示。

06 选择图层面板底部的"添加图层蒙版"按钮 ，添加蒙版，选择"画笔工具" ，用黑色的画笔将多余的部分隐藏，如图 16-77 所示。

图 16-76　　　　　　　　图 16-77

07 同上述操作方法，将另一人物也进行模糊处理，如图 16-78 所示。

08 显示"人物"图层，选择"添加图层蒙版"按钮 ，为该图层添加蒙版，选择"画笔工具" ，用黑色的画笔将人物涂抹，如图 16-79 所示。

图 16-78　　　　　　　　图 16-79

09 选择"钢笔工具" ，在工具选项栏中选择"形状"，"填充"为"绿色（＃ 2d8100）"，在文档中绘制如图 16-80 所示的形状。

图 16-80

10 选择 "添加图层蒙版" 按钮 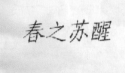，添加蒙版。选择 "画笔工具" 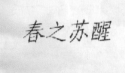，用黑色的画笔工具在蒙版上图层涂抹，显示部分花朵，如图 16-81 所示。

图 16-81

11 新建图层，设置前景色为黑色。选择 "画笔工具"，在涂抹出来的花朵上图层，制作阴影区域，如图 16-82 所示。

图 16-82

12 选择 "横排文字工具" T，设置字体样式为 " 仿宋_GB2312 ▾ "，"大小" 为 "48"，"颜色" 为 "深绿色（# 103807）"，在文档中输入文字，如图 16-83 所示。

13 输入文字，切换至图层蒙版，双击文字缩览图选中该文字，按下工具选项栏中的 "字符" 面板，在面板中设置参数，如图 16-84 所示，更改字体类型等。

14 关闭该面板，此时文字效果如图 16-85 所示。

图 16-83   图 16-84

15 复制该文字图层，更改文字颜色为绿色（#114d04），单击键盘上的 "←" 键，移动文字，如图 16-86 所示。

图 16-85   图 16-86

16 新建图层，设置前景色为白色。选择 "画笔工具"，在字体上涂抹高光区域，更改混合模式为 "叠加"，按快捷键 Ctrl+Alt+G，将绘制的高光剪贴到蒙版中，如图 16-87 所示。

图 16-87

17 按快捷键 Ctrl+O，打开字体素材并添加到文档中，适当调整位置和大小，如图 16-88 所示。

18 选择 "钢笔工具" ，在工具选项栏中选择 "形状"，"填充" 为 "橙色（# d45800）"，在文字旁绘制如图 16-89 所示的形状。

图 16-88

图 16-89

19 新建图层，设置前景色为绿色（# 114d04）。选择"画笔工具"，在文档中涂抹，按快捷键 Ctrl+Alt+G，创建剪贴蒙版，将涂抹的区域剪贴到蒙版中，如图 16-90 所示。继续输入相关文字，并添加素材，最终效果如图 16-91 所示。

图 16-90

图 16-91

221 葡萄酒网站——法国葡萄酒

本实例主要通过画笔工具、"打开"命令、移动工具、钢笔工具、图层蒙版、图层样式、文字工具等操作，来制作一则葡萄酒网页。

📖 难易程度：★ ★ ★ ★

🖼 文件路径：素材\第 16 章\221

💿 视频文件：mp4\第 16 章\221

01 执行"文件"|"打开"命令，在"打开"对话框中选择"背景"素材，单击"打开"按钮，如图 16-92 所示。

02 按快捷键 Ctrl+J，复制图层，更改图层混合模式为"正片叠底"，得到如图 16-93 所示的效果。

图 16-92　　　　　　图 16-93

03 单击图层面板底部的"创建新的填充或调整图层"按钮 ⚫，创建"曲线"调整图层，在弹出的对话框中设置相关参数，如图 16-94 所示。

图 16-94

04 按快捷键 Ctrl+Shift+Alt+N，新建图层，设置前景色为白色。选择"画笔工具"，在天空的中间涂抹一下，执行"滤镜"|"模糊"|"高斯模糊"命令，设置相关参数，如图 16-95 所示。

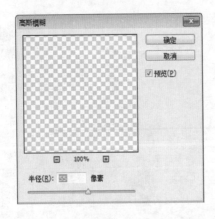

图 16-95

05 单击"确定"按钮，更改不透明度为 70%，效果如图 16-96 所示。

06 按快捷键 Ctrl+Alt+Shift+N，新建图层。选择

"矩形选框工具" ▢，在文档中创建矩形选区，设置前景色为黄色（#fef282），按快捷键 Alt+Delete，填充前景色，其不透明度更改为 30%，如图 16-97 所示。

图 16-96

图 16-97

07 选择"横排文字工具" T，在工具选项栏中选择"字符"面板，设置参数，如图 16-98 所示，在黄色矩形上输入相关中文文字，如图 16-99 所示。

图 16-98

图 16-99

08 选择"横排文字工具" $\boxed{T}$，设置其"字体"为"Kaufmann BT"、"大小"为 12 点、"颜色"为"棕色（#613500）"，在文档中输入英文文字，如图 16-100 所示。

图 16-100

09 按快捷键 Ctrl+O，打开"按钮"素材。选择"移动工具" $\boxed{\text{▶♦}}$ 将素材添加至编辑的文档中，调整大小及位置，如图 16-101 所示。

图 16-101

10 选择"横排文字工具" $\boxed{T}$，按下"字符"面板，在弹出的快捷键菜单设置参数，如图 16-102 所示。在文档中输入文字，双击该文字图层，打开"图层样式"对话框，在弹出的对话框中选择"描边""渐变叠加"选项，如图 16-103 所示。

图 16-102

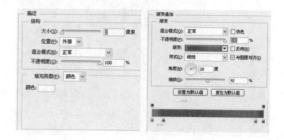

图 16-103

11 单击"确定"按钮，关闭该对话框，此时文字效果如图 16-104 所示。

图 16-104

12 同上述制作文字的方法，制作其他文字，如图 16-105 所示。

图 16-105

13 新建图层。选择"矩形选框工具" ，在文档中创建矩形选区，填充黑色，更改不透明度为30%，如图 16-106 所示。

图 16-106

14 新建图层，创建矩形选区，设置前景色为黄色。选择"渐变工具" ，在"渐变编辑器"对话框中选择"黄色到透明"的渐变，从选区的上边往下边拉出渐变，选择"添加图层蒙版"按钮 ，添加蒙版，用黑色的画笔在蒙版上涂抹，隐藏部分区域，如图 16-107 所示。

图 16-107

15 新建图层，选择"矩形选框工具" ，在文档中创建选区。选择"渐变工具" ，在"渐变编辑器"中设置红色(#d33d1e)到深红色(#5e1409)的渐变，按下"径向渐变"按钮 ，从选区的中心向四周拉出渐变，如图 16-108 所示。

图 16-108

16 按快捷键 Ctrl+O，打开"红酒"素材并添加至编辑的文档中，调整大小及位置。按快捷键 Ctrl+J，复制图层，按快捷键 Ctrl+T 显示"自由变换"定界框，单击鼠标右键，在弹出的快捷菜单中选择"垂直翻转"选项，将素材垂直翻转，单击"添加图层蒙版"按钮 ，添加蒙版，选择"渐变工具" ，用黑色到透明的渐变色在蒙版区域从下往上拉出渐变，制作红酒的倒影，如图 16-109 所示。

图 16-109

17 选择"横排文字工具" ，设置"字体"为"长城黑宋体"，"大小"为 6 点，"颜色"为"浅黄色（#f7d496）"，在文档中输入文字，如图 16-110 所示。

18 同上述方法，输入另外相关的文字，如图 16-111 所示。

图 16-110

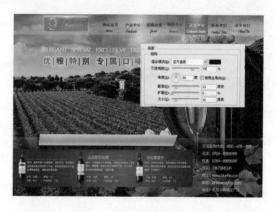

图 16-113

图 16-111

21 新建图层，选择"矩形选框工具" ，填充黄色。双击该图层，添加图层样式，得到如图 16-114 所示的效果。

图 16-114

19 选择工具箱中的"钢笔工具" ，在工具选项栏中选择"路径"，在文档中绘制路径，按快捷键 Ctrl+回车将路径转换为选区。新建图层，选择"渐变工具" ，在"渐变编辑器"对话框中设置黄色（#ecc675）到橙色（#dd9b2f）到黄色的渐变，按下"线性渐变"按钮 ，在选区中拉出渐变，如图 16-112 所示。

22 同上述输入文字的操作方法，输入其他文字，如图 16-115 所示。

图 16-115

图 16-112

23 选择"创建新的填充或调整图层"按钮 ，创建"曲线"调整图层，在弹出的对话框中设置相关参数，如图 16-116 所示。

24 创建"照片滤镜"调整图层，设置参数，得到最终效果如图 16-117 所示。

20 双击该图层，添加图层样式，效果如图 16-113 所示。

图 16-116

图 16-117

222 商业网站——女性时尚网页

本实例主要通过画笔工具、"打开"命令、移动工具、钢笔工具、图层蒙版、图层样式等操作，制作一则色彩鲜艳，主题突出的女性时尚网页。

📖 难易程度：★★★★★

🖼 文件路径：素材\第 16 章\222

🎬 视频文件：mp4\第 16 章\222

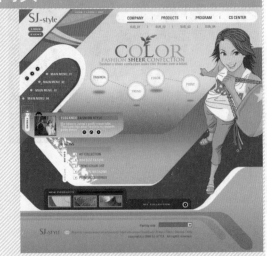

01 按快捷键 Ctrl+N，弹出"新建"对话框，在对话框中设置参数，如图 16-118 所示。单击"确定"按钮，新建一个空白文件。

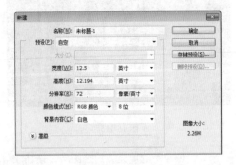

图 16-118

02 选择工具箱中的"渐变工具" ▣，打开"渐变编辑器"对话框，在弹出的对话框中设置颜色参

数如图 16-119 所示。单击"确定"按钮，按下"线性渐变"按钮 ▣，在文档中从下往上拉出线性渐变，效果如图 16-120 所示。

图 16-119　　　　　图 16-120

03 选择"钢笔工具" ✎，在工具选项栏中选择"形状"、单击"填充"颜色框，在弹出的快捷快

菜单中选择"渐变填充",设置渐变色从黄色(#ffb43f)到橙色(#f9495a),如图 16-121 所示。设置"描边"为"无",在文档中绘制如图 16-122 所示的形状。

图 16-121　　　　　　图 16-122

04 选择图层面板底部的"添加图层蒙版"按钮 ▣,添加蒙版。选择"渐变工具" ▣,在"渐变编辑器"中选择"黑色到白色"的渐变,拉出渐变隐藏部分形状,如图 16-123 所示。

05 选择"矩形工具" ▣,在工具选项栏中选择"形状","填充"为"深红色(#d14469)到浅红色(#efa3b7)的渐变","描边"为"无",在文档中绘制形状,如图 16-124 所示。

图 16-123　　　　　　图 16-124

06 同上述方法,绘制其他的形状,如图 16-125 所示。

07 执行"文件"|"打开"命令,在"打开"对话框中选择"人物"素材,单击"打开"按钮,选择"移动工具" ⊹,将素材添加至文件中,放置在合适的位置,如图 16-126 所示。

08 选择"横排文字工具" T,在文档中输入文字,如图 16-127 所示。

09 新建图层,选择"椭圆选框工具" ◯,按住 Shift 键的同时创建正圆选区,填充白色,如图 16-128 所示。

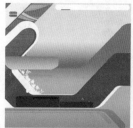 

图 16-125　　　　　　图 16-126

图 16-127　　　　　　图 16-128

10 按快捷键 Ctrl+D 取消选区。选择"椭圆工具" ◯,在工具选项栏中选择"形状","填充"为"无","描边"为"灰色(#535353)","描边大小"为 1 点,"形状描边类型"为"虚线",创建如图 16-129 所示的虚线框。

11 同上述操作方法,绘制正圆和虚线框,如图 16-130 所示。

图 16-129　　　　　　图 16-130

12 选择"横排文字工具" T,设置不同的颜色,在文档中输入文字,如图 16-131 所示。

13 新建图层,选择"椭圆选框工具" ◯,在白色的正圆下创建椭圆选区,按快捷键 Shift+F6 羽化 3 像素,填充黑色,设置其不透明度为 80%,如图 16-132 所示。

图 16-131　　　　　　图 16-132

15 按快捷键 Ctrl+O，打开所需要的素材并添加至编辑的文档中，得到如图 16-134 所示的最终效果。

图 16-133　　　　　　图 16-134

14 同上述添加文字的操作方法，为文档添加文字，如图 16-133 所示。

223　数码网站——三星网页

本实例主要通过画笔工具、"打开"命令、移动工具、钢笔工具、图层蒙版、图层样式等操作，制作一则大气磅礴的数码网页。

难易程度：★★★★★

文件路径：素材\第 16 章\223

视频文件：mp4\第 16 章\223

01 执行"文件"|"打开"命令，在"打开"对话框中选择"背景"素材，单击"打开"按钮，如图 16-135 所示。

02 按快捷键 Ctrl+J，复制图层，单击图层面板底部的"添加图层蒙版" 圆 ，添加蒙版，选择"画笔工具" ✓ ，用黑色的画笔隐藏多余图像，如图 16-136 所示。

图 16-135　　　　　　　　　　　　　图 16-136

03 选择"创建新的填充或调整图层"按钮 ，创建"色彩平衡"调整图层，更改背景的色彩。选择"画笔工具" ，用白色画笔在调整图层蒙版中涂抹，显示山体的色彩，如图 16-137 所示。

图 16-137

04 创建"色相/饱和度"调整图层，更改背景的色彩。选择"画笔工具" ，用白色画笔在调整图层蒙版中涂抹，显示山体的色彩，如图 16-138 所示。

图 16-138

05 按快捷键 Ctrl+O，打开"山"素材并添加至文档中，如图 16-139 所示。

图 16-139

06 选择"矩形选框工具" ，在文档中心创建选区。选择"创建新的填充或调整图层"按钮 ，创建"色阶"调整图层，设置相关参数，如图 16-140 所示。

图 16-140

07 创建"曲线"调整图层，设置相关参数，提亮矩形选区，如图 16-141 所示。

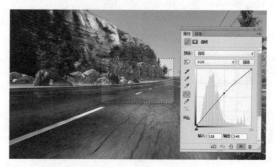

图 16-141

08 按快捷键 Ctrl+D 取消选区。同上述添加素材的方法，添加"天空"及"山体"等素材，如图 16-142 所示。

图 16-142

09 分别创建"照片滤镜""色相/饱和度""色阶""曲线"等调整图层，设置相关参数，如图 16-143 所示。

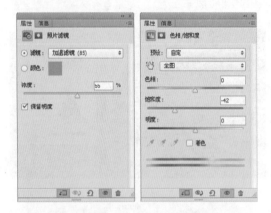

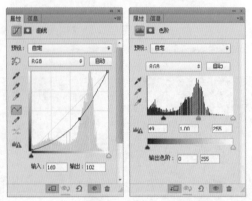

图 16-143

10 按快捷键 Ctrl+Alt+G，将上一步操作中所有的调整图层创建剪贴蒙版，只影响山体图层，如图 16-144 所示。

11 按快捷键 Ctrl+O，打开所需要的素材，同上述添加素材的操作方法，添加素材，如图 16-145 所示。

图 16-144

图 16-145

12 创建"色阶"调整图层，在弹出的对话框中设置相关参数，更改整体色彩，如图 16-146 所示。

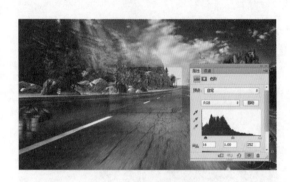

图 16-146

13 新建图层，设置前景色为白色。选择"画笔工具"，设置画笔"大小"为 1 像素，"硬度"为100%。选择"钢笔工具"，在文档中绘制"箭头"的路径，单击鼠标右键，在弹出的快捷菜单中选择"描边路径"，为路径进行画笔描边，如图 16-147 所示。

图 16-147

14 选择"横排文字工具"，在文档中输入相关文字，如图 16-148 所示。

图 16-148

15 按快捷键 Ctrl+G，新建图层组。选择"矩形工具" ，在工具选项栏中选择"形状"，"填充"为"深蓝色（#1b2329）"，"描边"为"无"，绘制矩形，降低"填充"为 70%。单击"添加图层蒙版"按钮 ，用黑色的画笔隐藏多余部分，如图 16-149 所示。

图 16-149

16 选择"钢笔工具" ，设置其"工作模式"为"形状"，"填充"为"蓝色（#161c73）"，在文档中绘制多边形，如图 16-150 所示。

图 16-150

17 新建图层，选择"画笔工具" ，设置前景

色为白色，在多边形上涂抹，制作高光区域，按快捷键 Ctrl+Alt+G 创建剪贴蒙版，将高光区域剪贴到多边形中，如图 16-151 所示。

图 16-151

18 选择"钢笔工具" ，设置"填充"色为白色，在文档中绘制如图 16-152 所示的形状。

图 16-152

19 选择"横排文字工具" ，在文档中输入文字，如图 16-153 所示的形状。

图 16-153

20 按快捷键 Ctrl+O，打开所需要的素材，同上述添加素材的操作方法，添加素材，如图 16-154 所示。

图 16-154

图 16-156

21 新建图层，设置前景色为黑色。选择"画笔工具" ，用画笔在文档的两侧及车轮下涂抹，绘制阴影区域，如图 16-155 所示。

图 16-155

22 按快捷键 Ctrl+O，打开"火花"素材并添加至车子的轮子上，更改图层混合模式为"滤色"，效果如图 16-156 所示。

23 创建"色阶"调整图层，在弹出的对话框中设置参数，更改整体的亮度，如图 16-157 所示。

图 16-157

24 同上述输入文字及添加素材的方法，继续为文档添加素材、输入文字，得到如图 16-158 所示的最终效果。

图 16-158

第17章
产品造型设计

实例欣赏

　　产品造型设计是为实现企业形象统一识别目标的具体表现。它是以产品设计为核心而展开的系统形象设计，塑造和传播企业形象，显示企业个性，创造品牌，赢利于激烈的市场竞争中。产品形象的系统评价是基于产品形象内部和外部评价因素，用系统和科学的评价方法去解决形象评价中错综复杂的问题，为产品形象设计提供理论依据。

　　本章选取5个经典的实例，介绍运用Photoshop CC进行产品造型设计的方法和技巧。

224 家电产品——电视机

本实例主要通过"新建"命令、圆角矩形工具、矩形选框工具、"添加杂色"命令、图层蒙版、剪贴蒙版等操作，制作了一款家电产品的设计。

📙 难易程度：★ ★ ★ ★ ★

🗂 文件路径：素材\第 17 章\224

📹 视频文件：mp4\第 17 章\224

01 按快捷键 Ctrl+N，弹出"新建"对话框，在对话框中设置参数如图 17-1 所示，单击"确定"按钮，新建一个空白文件。

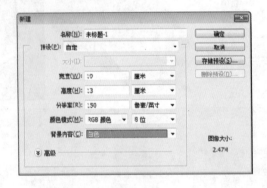

图 17-1

02 选择"圆角矩形工具" ▢，设置工具选项栏中的填充色为灰色（#6e6c6c），半径为 7 像素，绘制圆角矩形路径，如图 17-2 所示。

03 运用同样的操作方法，设置填充色为白色，绘制矩形，如图 17-3 所示。

图 17-2　　　　　　　图 17-3

04 选择"矩形选框工具" ▢，在图像窗口中按住光标并拖动，绘制选区如图 17-4 所示。

05 执行"选择"|"修改"|"羽化"命令，或按快捷键 Shift+F6，弹出"羽化选区"对话框，设置羽化半径为 10 像素。

06 单击"确定"按钮，退出"羽化选区"对话框。设置前景色为灰色（#b3b3b3），填充颜色如图 17-5 所示。

图 17-4　　　　　　　图 17-5

07 新建一个图层，选择"画笔工具" ✏，新建图层，设前景色为白色，沿着选区的边缘进行涂抹，制作边缘高光效果如图 17-6 所示。

图 17-6

08 运用上述绘制矩形的操作方法，设置前景色为黑色，绘制矩形如图 17-7 所示。

图 17-7

09 双击图层，弹出"图层样式"对话框，勾选"外发光"，设置外发光的参数及效果如图 17-8 所示。

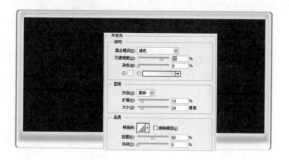

图 17-8

10 单击"确定"按钮，退出"图层样式"对话框。

11 选择"渐变工具" ，单击工具选项栏中的渐变条 ，打开"渐变编辑器"对话框，设置参数如图 17-9 所示，其中蓝色的参数值为（#b2c4d9），紫色的参数值为（#9696c6）。

12 单击"线性渐变"按钮 ，在图像中按住并由上至下拖动光标，填充渐变效果如图 17-10 所示。

图 17-9 图 17-10

13 执行"滤镜"|"杂色"|"添加杂色"命令，在弹出的"添加杂色"对话框中设置参数如图 17-11 所示。

14 单击"确定"按钮，为图层添加"添加杂色"滤镜，效果如图 17-12 所示。

图 17-11 图 17-12

15 添加"海底世界"素材至画面中，移至合适的位置，并调整好大小，按快捷键 Ctrl+Alt+G，创建剪贴蒙版，如图 17-13 所示。

图 17-13

16 运用同样的操作方法，绘制电视机下面的按钮图形。添加"背景"素材至画面中，调整好大小、位置和图层顺序，得到如图 17-14 所示的效果。

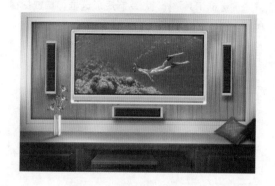

图 17-14

225 家居产品——书桌

本实例主要通过"新建"命令、钢笔工具、"填充"命令、图层蒙版、图层样式等操作，制作一款家居产品书桌设计。

📖 难易程度：★★★★★

🖼 文件路径：素材\第 17 章\225

🎬 视频文件：mp4\第 17 章\225

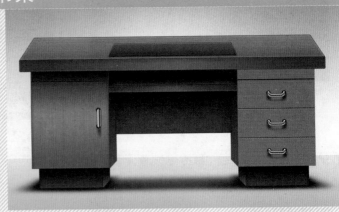

01 启用 Photoshop CC 后，执行"文件"|"新建"命令，弹出"新建"对话框，在对话框中设置参数，如图 17-15 所示，单击"确定"按钮，新建一个空白文件。

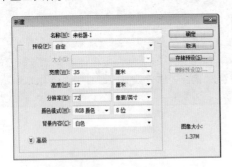

图 17-15

02 新建图层，设前景色为灰色（#3e3e3e），选择"矩形选框工具" ▢，绘制矩形选框，按快捷键 Alt+Delete，填充前景色。

03 双击图层，弹出"图层样式"对话框，设置参数及效果如图 17-16 所示，按快捷键 Ctrl+D，取消选区。

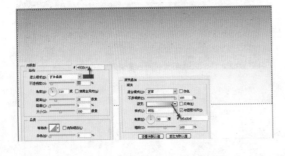

图 17-16

04 通过采用相同的方法，在底部的位置上，绘制一个矩形选框并添加"渐变叠加"样式，如图 17-17 所示。

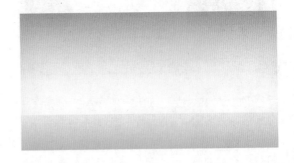

图 17-17

05 新建图层，设前景色为（#6f6969），按 M 键切换到矩形选框工具，再按快捷键 Shift+M 切换到椭圆选框工具，设工具选项栏中的羽化为 50 像素，绘制椭圆选框，按快捷键 Alt+Delete，填充前景色，如图 17-18 所示。

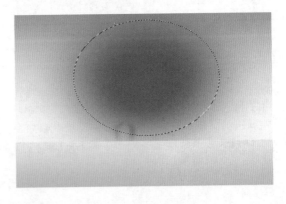

图 17-18

06 按快捷键 Ctrl+D，取消选区，设图层的混合模式为"颜色减淡"。

07 按 Shift 键选中除背景外的所有图层，按快捷键 Ctrl+G，编辑组，更改组名为背景组，效果如图 17-19 所示。

图 17-19

08 选择"矩形工具" ▣ ，选择工具选项栏中的"形状"，设填充色为黄色（#d99e1f），绘制矩形路径。

09 新建图层，执行"编辑"|"填充"命令，或按快捷键 Shift+F5,弹出"填充"对话框，设置参数如图 17-20 所示。

10 设置完毕后，单击"确定"按钮，选中"图案填充"图层，按 Ctrl 键单击矩形形状图层，载入选区，单击图层面板底部的"添加图层蒙版"按钮 ▣ ，隐藏选区外的图像，如图 17-21 所示。

图 17-20　　　　　　　　图 17-21

11 选择"钢笔工具" ✐ ，选择工具选项栏中的"形状"，设填充色为黄色（#a97401），绘制桌子侧面的形状路径。

12 双击图层，弹出"图层样式"对话框，设置参数及效果如图 17-22 所示。

13 设置完毕后，单击"确定"按钮，复制一份"图案填充"图层至侧面形状图层上，选择复制图层，删

除复制图层蒙版，按 Ctrl 键单击侧面形状图层，载入选区，单击图层面板底部的"添加图层蒙版"按钮 ▣ ，隐藏选区外的图像，效果如图 17-23 所示。

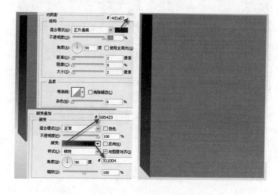

图 17-22　　　　　　　　图 17-23

14 运用同样的操作方法，绘制其他的图形，效果如图 17-24 所示。

15 选择"矩形工具" ▣ ，选择工具选项栏中的"形状"，设填充色为黄色（#815803），绘制矩形路径，双击图层，弹出"图层样式"对话框，设置参数及效果如图 17-25 所示。

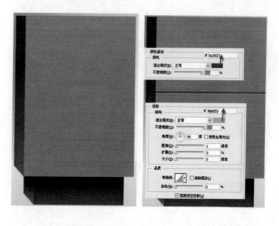

图 17-24　　　　　　　　图 17-25

16 按 Alt 键，拖动矩形形状至合适的位置，松开鼠标，复制矩形形状，再次复制一份，如图 17-26 所示。

17 选择"钢笔工具" ✐ ，选择工具选项栏中的"形状"，设填充色为白色，绘制手柄轮廓，如图 17-27 所示。

18 双击图层，弹出"图层样式"对话框，勾选"斜面和浮雕""渐变叠加""描边"，设置参数如图 17-28 所示。

图 17-26　　　　　　　图 17-27

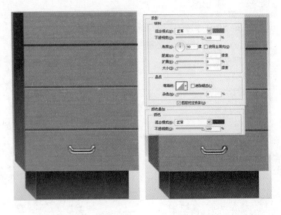

图 17-29　　　　　　　图 17-30

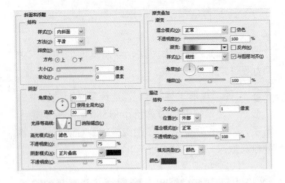

图 17-28

图 17-31　　　　　　　图 17-32

19 参数设置完毕后，单击"确定"按钮，效果如图 17-29 所示。

20 选择"椭圆工具" ，选择工具选项栏中的"形状"，设填充色为白色，按 Shift 键绘制正圆。

21 双击图层，弹出"图层样式"对话框，勾选"颜色叠加""椭圆"，设置参数及效果如图 17-30 所示。

22 按快捷键 Shift+Alt，向左水平复制对象。采用相同的方法，绘制手柄的投影，效果如图 17-31 所示。

23 通过上述方法，复制两份手柄，并放在不同的位置上，如图 17-32 所示。

24 综合运用上述方法，绘制其他的图形，得到最终效果如图 17-33 所示。

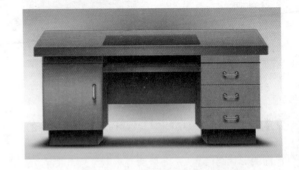

图 17-33

226 电子产品 1——手机

本实例主要通过添加图层蒙版、移动工具、多边套索工具、钢笔工具、横排文字工具，制作一款手机。

📖 难易程度：★★★★★

🗂 文件路径：素材\第 17 章\226

🎬 视频文件：mp4\第 17 章\226

ALCATEL
a mobile phone individual character vogue

01 启用 Photoshop CC 后，执行"文件"|"新建"命令，弹出"新建"对话框，在对话框中设置参数，如图 17-34 所示，单击"确定"按钮，新建一个空白文件。

02 行"文件"|"打开"命令，在"打开"对话框中选择"背景"素材，单击"打开"按钮，选择"移动工具" ⊞，将素材添加至文件中，放置在合适的位置，如图 17-35 所示。

图 17-36　　　　　图 17-37

06 按快捷键 Ctrl+Enter，将路径转换为选区，按快捷键 Shift+F6 羽化 10 像素，在添加的蒙版中填充黑色，按快捷键 Ctrl+H，隐藏路径，效果如图 17-39 所示。

图 17-34　　　　　图 17-35

03 选择图层面板底部的"新建图层组"按钮 📁，新建图层组。选择工具箱中的"钢笔工具" ✎，在工具选项栏中选择"形状"，"填充"为"青色（#01b5b7）"，"描边"为"无"，绘制如图 17-36 所示的形状。

04 按快捷键 Ctrl+J 复制该形状。更改"填充"色为"蓝色（#09797f）到透明"的线性渐变，如图 17-37 所示。

05 选择"添加图层蒙版"按钮 ▣ ，为该图层添加蒙版。选择"钢笔工具" ✎，在工具选项栏中的"路径"，绘制如图 17-38 所示的路径。

图 17-38　　　　　图 17-39

07 选择"多边形套索工具" ▱，在形状上创建选区，按快捷键 Shift+F6 羽化 15 像素，填充白色，更改其混合模式为"柔光"，如图 17-40 所示。

08 选择"钢笔工具" ✎，在形状下绘制弧形路径，按快捷键 Ctrl+Enter 将路径转换为选区，并羽化 10 像素，填充深绿色（#013737）。选择"添加图层蒙版"按钮 ▣，添加蒙版，选择"画笔工具" ✎，将多余的部分擦除，更改其图层混合模式为"深色"，"不透明度"为 79%，得到如图 17-41 所示的效果。

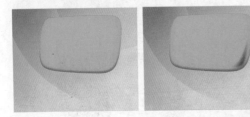

图 17-40   图 17-41

09 同上述绘制阴影的操作方法，给文档绘制高光区域，如图 17-42 所示。

10 按快捷键 Ctrl+H 显示路径，按快捷键 Ctrl+Enter 转换为选区。新建图层，填充白色，其不透明度改为 60%，此时图像的效果如图 17-43 所示。

图 17-42   图 17-43

11 按快捷键 Ctrl+J 复制白色的矩形，载入选区，更改其填充色为灰色（#707475）；双击该图层，在打开的图层样式中设置相关参数，如图 17-44 所示。

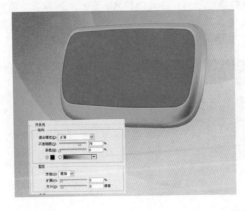

图 17-44

12 同上述操作方法，绘制手机的阴影区域，如图 17-45 所示。

13 新建图层。选择"多边形套索工具" ，在屏幕上创建选区，填充黑色。双击该图层，在打开的"图层样式"中设置相关参数，如图 17-46 所示。

图 17-45

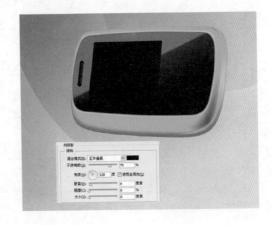

图 17-46

14 按快捷键 Ctrl+O，打开素材并添加至文档中，调整大小和位置。按快捷键 Ctrl+Alt+G 创建剪贴蒙版，将素材剪贴到图形中，如图 17-47 所示。

图 17-47

15 选择"钢笔工具" ，在工具选项栏中选择"形状"，"填充"色为"蓝色（#3fa8a7）"，绘制如图 17-48 所示的形状。

图 17-48

16 双击该图层，打开"图层样式"对话框，在弹出的对话框中选择"斜面与浮雕"选项，设置参数如图 17-49 所示。

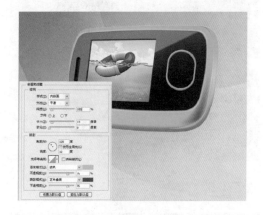

图 17-49

17 同上述操作方法，绘制其他的图形，如图 17-50 所示。

图 17-50

18 选择"钢笔工具" ，绘制深绿色（#003d3d）形状。双击该图层，在打开的"图层样式"中设置参数，如图 17-51 所示

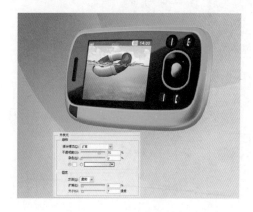

图 17-51

19 同样的方法，在深绿色形状上再次绘制蓝色（#0ab8bb）形状，并添加"内阴影"的图层样式，如图 17-52 所示。

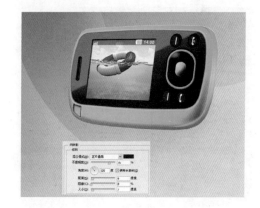

图 17-52

20 同样的方法，绘制按键上的高光区域，如图 17-53 所示。

图 17-53

21 同上述绘制按钮的操作方法，绘制其他的按钮，如图 17-54 所示。

图 17-54

22 选择"横排文字工具" T，在文档中输入相关文字并添加素材，如图 17-55 所示。

图 17-55

23 同上述制作游戏机的方法，制作另一半游戏机，如图 17-56 所示。

24 按快捷键 Ctrl+T，将制作的游戏机进行缩小。切换至图层面板，在背景图层上新建图层，选择"多边形套索工具"，创建阴影选区，填充棕黄色（#9b8764），更改其混合模式为叠加，如图 17-57 所示。

25 选择"横排文字工具" T，在文档中输入相关文字，得到如图 17-58 所示的最终效果。

图 17-56

图 17-57

图 17-58

227 电子产品 2——鼠标

本实例主要通过"添加杂色"滤镜、"路径"面板、图层样式、画笔工具、钢笔工具，制作一款电子产品的造型设计。

难易程度：★★★★★

文件路径：素材\第 17 章\227

视频文件：mp4\第 17 章\227

01 按快捷键 Ctrl+N，弹出"新建"对话框，在对话框中设置参数如图 17-59 所示，单击"确定"按钮，新建一个空白文件。

02 切换到"路径"面板，单击路径面板底部的"创建新路径"按钮，选择"钢笔工具"，绘制新的路径，如图 17-60 所示的效果。

图 17-59　　　　　　图 17-60

03 单击路径面板右上角的按钮，在弹出的快捷菜单中选择"建立选区"选项，弹出"建立选区"对话框，保持默认值，单击"确定"按钮，如图 17-61 所示。

04 切换到"图层"面板，单击图层面板底部的"创建新图层"按钮，设前景色为黑色，按快捷键 Alt+Delete，填充前景色，效果如图 17-62 所示。

图 17-61　　　　　　图 17-62

05 按快捷键 Ctrl+D，取消选区。通过相同的方法，绘制图形，如图 17-63 所示。

06 选中该图层，按快捷键 Ctrl+J，复制一份，并更改颜色为黑色，单击图层面板底部的"添加图层蒙版"按钮，并选中图层蒙版，设前景色为黑色，选择"画笔工具"，涂抹需要隐藏的图像，如图 17-64 所示。

图 17-63　　　　　　图 17-64

07 选择"椭圆工具"，选择工具选项栏中的"形状"，设填充色为黑色，在鼠标线头绘制一个椭圆。

08 选择"钢笔工具"，选择工具选项栏中的"形状"，设填充色为浅灰色（#d3d3d3），在鼠标线上绘制一个不规则图形，单击图层面板底部的"添加图层蒙版"按钮，并选中图层蒙版，设前景色为黑色，选择"画笔工具"，涂抹需要隐藏的图像，如图 17-65 所示。

09 使用钢笔工具绘制图形，设填充色为（#a5b2b0），如图 17-66 所示。并复制一份，更改填充色为白色，给图层添加图层蒙版，使用画笔涂抹隐藏不需要的图像，如图 17-67 所示。

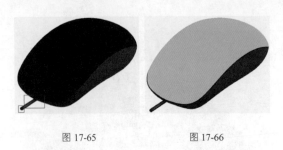

图 17-65   图 17-66

10 通过采用相同的方法,绘制图形,并为其添加图层蒙版,隐藏不需要的图形,如图 17-68 所示。

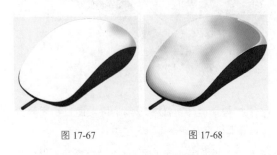

图 17-67   图 17-68

11 绘制图形,填充绿色(#00a928),如图 17-69 所示。

图 17-69

12 选中该图层,并复制两份,选中复制图层更改其颜色为深绿色(#005c1d),并为复制图层添加图层蒙版,隐藏不需要的图形,如图 17-70 所示。

图 17-70

13 选中复制 2 图层,更改其颜色为黄色(#ffd756),并为复制图层添加图层蒙版,隐藏不需要的图形,如图 17-71 所示。

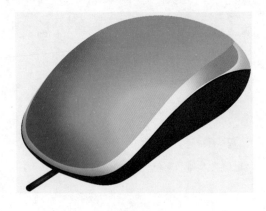

图 17-71

14 单击图层面板底部的"创建新的填充或调整图层"按钮 ⬤,在弹出的快捷菜单中选择"色相/饱和度"选项,设置参数及效果如图 17-72 所示。

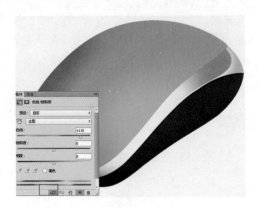

图 17-72

15 采用相同的方法,绘制图形,效果图 17-73 所示。

图 17-73

16 选择"钢笔工具" ✐ ，设填充色为（#0bb956），绘制形状路径，如图 17-74 所示。

图 17-74

17 新建两个图层，先后设前景色为黑白色，选择"画笔工具" ✐ ，在两个新建的图层上分别涂抹上暗部和高光效果，如图 17-75 所示。

图 17-75

18 通过采用相同的方法，绘制出鼠标的滚轮，如图 17-76 所示。

19 新建图层，设前景色为深灰色（#645f5f），按快捷键 Alt+Delete，填充前景。执行"滤镜"|"杂色"|"添加杂色"命令，在弹出的"添加杂色"对话框中设置数量为 150%，分布为"高斯分布"，单击"确定"按钮。

20 设图层的不透明度为 6%，并为图层添加图层蒙版，使用黑色的画笔在图层蒙版上涂抹需要隐藏的图形，得到效果如图 17-77 所示。

图 17-76

图 17-77

21 按 Shift 键选中除背景外的所有图层，按快捷键 Ctrl+G，编辑组，选中并双击组，弹出"图层样式"对话框，设置参数及效果如图 17-78 所示。

图 17-78

431

228 电子产品 3——MP4

本实例主要通过"新建"命令、圆角矩形工具、渐变填充、横排文字工具、矩形工具等操作，制作一款 MP4 电子产品。

难易程度：★★★★★

文件路径：素材\第 17 章\228

视频文件：mp4\第 17 章\228

01 启用 Photoshop CC 后，执行"文件"|"新建"命令，弹出"新建"对话框，在对话框中设置参数如图 17-79 所示，单击"确定"按钮，新建一个空白文件。

图 17-79

02 单击图层面板底部的"创建新的填充或调整图层"按钮 ，在弹出的快捷菜单中选择"渐变"选项，设置参数及效果如图 17-80 所示。

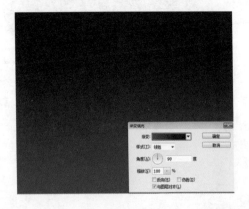

图 17-80

03 单击图层面板底部的"创建新组"按钮 ，新建组 1。选择"矩形工具" ，选择工具选项栏中的"形状"，设填充色为天蓝色（＃00b0f2），绘制矩形形状路径。

04 双击矩形形状图层，弹出"图层样式"对话框，勾选"渐变叠加"和"投影"，设置参数如图 17-81 所示。效果如图 17-82 所示。

图 17-81

图 17-82

05 按快捷键 Ctrl+ J，复制两份矩形形状图层，选中"形状复制"图层，更改"图层样式"去除"渐变叠加"和"投影"效果，勾选"斜面／浮雕"，设置参数如图 17-83 所示。参数设置完毕后，单击"确定"按钮，退出"图层样式"对话框，单击图层面板底部的"添加图层蒙版"按钮 ，选中图层蒙版，使用黑色的画笔涂抹需要隐藏的图像，如图 17-84 所示。

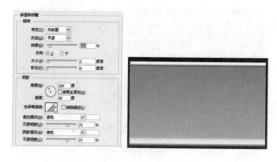

图 17-83　　　　　　图 17-84

06 选中"形状 复制 2"图层，设图层不透明度为 0%，更改"图层样式"去除"渐变叠加"和"投影"效果，勾选"内阴影"，设置参数及效果如图 17-85 所示。

图 17-85

07 选择"圆角矩形工具" ，选择工具选项栏中的"形状"，设填充色为黑色，设半径为 2 像素，绘制圆角矩形路径，双击图层，弹出"图层样式"对话框，勾选"斜面/浮雕"，设置参数及效果如图 17-86 所示。

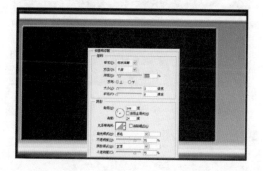

图 17-86

08 使用圆角矩形工具绘制圆角矩形路径，设填充色为白色，设图层的填充值为 18%，并添加"斜面/浮雕"样式，设置的参数及效果如图 17-87 所示。

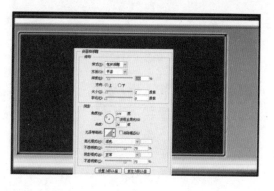

图 17-87

09 添加"电影"素材至画面中，移至合适的位置，按快捷键 Ctrl+Alt+G，创建剪贴蒙版，如图 17-88 所示。

图 17-88

10 选择"圆角矩形工具" ，选择工具选项栏中的"形状"，设填充色为灰色（#494949），设半径为 5 像素，绘制圆角矩形路径，设图层的填充值为 80%，双击图层，弹出"图层样式"对话框，勾选"内阴影"和"投影"，设置参数及效果如图 17-89 所示。

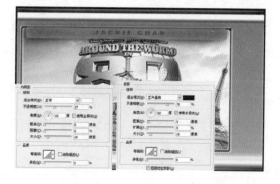

图 17-89

11 采用相同的方法，绘制其他的图形，效果如图 17-90 所示。

图 17-90

12 选择"圆角矩形工具" ，选择工具选项栏中的"形状"，设填充色为白色，设半径为 10 像素，绘制圆角矩形路径，选择合并形状按钮 ，继续绘制多个圆角矩形。

13 绘制完毕后，设图层的填充值为 0%，双击图层，弹出"图层样式"对话框，勾选"斜面/浮雕"和"描边"，设置参数及效果如图 17-91 所示。

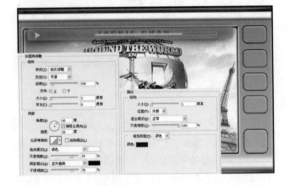

图 17-91

14 运用相同的方法，绘制其他的图形，并选择"横排文字工具" ，编辑文字，得到 MP4 屏幕效果如图 17-92 所示。

15 选中"形状 1"图层，按快捷键 Ctrl+J，复制图层，选中"形状 1 复制"，按快捷键 Ctrl+[，向下一层，移至形状 1 下方，并为复制图层添加图层蒙版，使用黑色的画笔涂抹出倒影效果如图 17-93 所示。

图 17-92

图 17-93

16 运用相同的方法，完成另一个 MP4 的制作，效果如图 17-94 所示。

图 17-94

提 示：在设计电子产品造型时，添加高光则会增添几分质感。